建築物隔震、防震與控振

武田壽一 等編著
王鎮遠 / 編譯

鼎達實業有限公司出版部

譯　序

台灣屬世界上遭受地震災害嚴重的國家之一，本世紀以來陸續發生具有破壞性的地震，給人民生命財產帶來了巨大的損失。尤其是去年（1999年）9月21日發生在南投埔里的921大地震。震驚中外，它帶給台灣人民的心靈創痛既深且鉅，給貪逸惡勞的台灣社會的教訓也是慘痛的。

爲了記取921的慘痛經歷和減輕日後因地震所帶給人民和社會的傷害，幫助地震工程工作者致力於提昇建築物抗震能力的研究之便，特別選在921屆滿一周年之際出版本書，深具特殊之意義。

衆所皆知，日本獨特的地理位置，決定了它是世界上首屈一指的多地震國家之一。有史以來，日本的地震災害是相當慘痛的，例如，自1949年至1985年間，日本共發生芮氏地震儀7級以上震度四十餘次。痛定思痛，日本結構工程方面的技術工作者集中力量，進行一系列有關抗震理論和實用研究並有了令人刮目相看的成果，其建築抗震研究居於世界各國之前，獨占鰲頭。

本書是根據日本技報堂出版社所發行的《構造物の免震，防震と制振》一書翻譯而來的，內文中將地震工程和振動工程中具有共性的隔震、防震和控振做了系統的闡述。日本的結構工程界已經將相當一部分力量用於研究如何減少地震後結構物內部設備和裝修破壞的問題。許多研究顯示，要解決這一難題，與其從增加結構剛度等「抗震」的方面來考慮，不如使用「隔震」的方法，即將橡膠墊層放置於上部建築物與基礎之間，增大建築物的固有周期，以避開地震的卓越周期，避免共振；同時在上部建築物和基礎之間加設阻尼減震裝置，用以吸收地震能量。理論和實際地震都顯示，這種結構可以大大地減少地震時，上部結構物的加速度和層間變形，從而可以大大減少建築物的內部破壞。最近（1994 年 1 月）的美國洛杉磯地震也充分地證明了這一點。本書的第一篇用相當篇幅敘述了近十年來這方面的研究成果。

本書的第二篇是「防震」的內容，即如何減小由於外界擾動而產生的微小共振。這一方面的研究成果對於隨著新科學、新技術的不斷發展而逐漸增加的精密實驗室，以及與半導體工業、生物工程有關的建築設計都具有重要的參考意義。

本書的第三篇敘述了被稱爲是二十一世紀的建築技術之一的「主動控振」，即使用機械設備對建築物的地震反應進行主動的、實時(Real Time)的控制技術。由於這一技術與實用化尙有一些距離，本書主要敘述了數值分析的結果。希望本書的出版，除了能爲國內從事地震研究的專家學者、建築業者和結構設計工程人員，提供理論上和實用上足以借鏡和助益之處；也希望能爲在這一片搖晃動盪的土地上生活的人民，提供更多免於驚嚇的居住安全上的幸福。

前　言

就文字意義上說，所謂隔震就是指隔離地震；所謂防震主要則是指防止由於機械和人的步行等而產生的振動，一般說來，它不以地震作爲直接研究對象；而控振就是控制振動的意思，儘管包含地震振動，但就本書而言，這個詞的意思只限於透過傳感器檢知振動，而後控制之，即所謂主動控制。

對於振動問題，不管在哪一種場合，共振都是一個嚴重的問題，因此，如何設法避免共振或準共振是一個極爲重要的課題。

與普通抗震理論透過抗震強度或由塑性化引起的能量吸收，即所謂粘性抵抗地震動不同，隔震是採用動態的抵抗方法。

就日本而言，隔震結構始於1980年才逐漸引人注目，這可能是因爲對隔震裝置的信賴性增加，其設計理論被確立之緣故。

例如，由橡膠片和鋼板疊合而成的材料，可以在水平方向爲柔性且發生較大變形的情況下，比較剛性而又穩定地承受建築物的重量。利用這一點，使建築物水平方向的周期加長，基本上可以避免短周期的地震影響，也可再使用各種阻尼減震裝置以減少振動量。如果根據實驗確定這些材料的物理性能，再確定輸入的地震波，就可以用計算機預想結構物的反應。

最近，經常有由於中、小地震而引起建築物的門窗玻璃破損等等的報導，在這一點上，採用層間變形較小的隔震結構將有其優越性。地震時對隔震建築的實際觀測顯示，隔震建築物內的機器和其他用品等也不容易遭到損壞。

另一方面，半導體積集電路工廠的微小振動，工廠中機械對鄰近建築物的影響等等，還將產生許多防震的課題。

1988 年春季竣工的日本科學技術廳無機材質研究所，有很多諸如高性能的透過型電子顯微鏡一類的精密儀器，對這些儀器來說，不管什麼樣的振動都是不被允許的；為此，採用疊合橡膠墊塊支承建築物，使建築物水平方向的周期加長，垂直方向上則在建築物內部採用防震台以隔絕日常的微小振動，即建築物的隔震和防震同時進行。

此外，防止交通振動和噪音，並將整個建築物作隔震化處理的嘗試也在進行中。

作為抵抗中小地震和風的對策，上面提到的主動控制近來也出現了應用實例。

隨著技術的不斷進步，居住條件的不斷改善，今後還需要採用各式各樣綜合的振動對策。若本書對此能有一點幫助，筆者將深覺榮幸。

本書是由與筆者一起工作的株式會社大林組的以下各位先生共同完成的，在幾度修改的過程中，如果產生了表達上的失誤，以至錯誤，責任全在於主編。

武田寿一

各篇章的執筆者（按日語發音順序排列）

內田　墾	Ⅰ－1，Ⅰ－2
岡田　宏	Ⅰ－5
柏原康則	Ⅰ－5
蔭山　滿	Ⅲ－10
島口正三郎	Ⅰ－2，Ⅱ－9
鈴木　哲夫	Ⅰ－4，Ⅲ－10
関　松太郎	Ⅰ－1，Ⅰ－2，Ⅰ－5，Ⅰ－6，Ⅲ－10
武田　寿一	Ⅰ－6
寺村　彰	Ⅰ－2，Ⅰ－4，Ⅰ－6，Ⅱ－7，Ⅱ－8
中村　嶽	Ⅰ－3
沼本要七	Ⅰ－5
野畑有秀	Ⅰ－4，Ⅲ－10
藤谷芳男	Ⅰ－5

目　錄

第 I 篇
建築物的隔震

第 1 章　隔震的歷史和原理

1. 1　歷　　史

1.1.1　隔震結構實用化的歷史

隔震的思想可以說具有相當悠久的歷史，但在對隔震歷史的研究尚不足的今天，隔震研究的起始時間則尚未有公論。在這裡，從現代抗震理論的角度，將隔震實用化的過程作一綜合敘述。

表 1.1 是與隔震有關的年表，表 1.2 是與日本最初的隔震方案有關的，主要以專利申請爲中心的年表。

表 1.1　隔震結構歷史

公歷	日本年號	國外		日本		
		研究文獻	事　　例	研究文獻	事　　例	
700						
1200					*法隆寺五重塔	8 世紀
1400					* 鎌倉大佛(1252)	13 世紀
1900			* 故宮（紫禁城）(1420)（中國明朝）	*河谷浩藏的隔震結構		15 世紀
1910	明　治 M.43	*Calantarients 的絕緣工程方	* 舊金山地震（1906 美）			19 世紀 ’00

續表

公歷	日本年號	國外		日本		
		研究文獻	事　例	研究文獻	事　例	
		式（1990 美）				
1920	M.43 T.1 大正 T.9					’10
1930	昭和 S.5	・柔性底層的思想（1929美）		・鬼頭健三郎「滾軸軸承」(1924) ・山下興家「柱腳加設彈簧」(1924) ・中村太郎「泵裝置」(1927) ・岡隆一「隔震」(1928) 可搖動式鉸接柱（分析）(1932)	・F. L. Light「帝國飯店」(1921) ・關東大地震(1923) ・大佛修理「抗震構造」(1926) ・「剛柔論爭」武滕與眞島	’20
1940	S.15	Martel(1929) Green(1935) Jocobsen(1938)	・美洛極比奇強震計記錄（1933 美）	・眞島健三郎「鷄腿式結構」(1934) ・岡隆一「漂浮式隔震」(1932) ・鷹部屋福平「動態減震裝置」(1938～1940)	「不功銀行姬路，下關分行」(1934)	’30
1950	S.25					’40
1960	S.35	Perlam 橋（1956 英）			大佛修理「隔震構造」(1960.6.1)	’50

續表

公歷	日本年號	國外		日本		
		研究文獻	事　例	研究文獻	事　例	
1970	S.45	Caspe「隔震系統」提案（1970美）	• Albany法院（1966英） • 佩思德羅奇小學（1969南斯拉夫） • 奧立佛伏醫院（1970美）	• 石田信一「振動能量-吸收裝置」(1961) • 萬年眞也「漂浮式建築物」(1961) • 勝田千利・益頭倘和「自動控制的隔震方法」 • 43WCEE・松下・和泉(1965) • 4WCEE 松下 • 和泉(1969)		'60
1980	S.55	• Ikonomou的「Alexiscs-mon」（1972.79希臘） • MRPRA（英）及Kelly等（1975～美） • Skinner Megger等體系（1975紐西蘭） • EDF的計劃「德式隔震」（1977～德） • Delfosse.「GAPEC系統」（1977～德）	• 聖費爾南多地震（1971美） • 高層辦公樓（1972希臘） • 拉姆貝斯克小學（1977德） • 開貝魯古核電站（1977～1984南非）	• 樓板隔震「大材組動態樓板系統」 • 6WCEE・松下・和泉(1977)		'70

續表

公歷	日本年號	國外		日本		
		研究文獻	事例	研究文獻	事例	
1990	S.61	・7WCC（1968：伊斯坦堡） ・6SMIRT (1981) ・7SMIRT (1983) ・8WCEE（1984 舊金山）	・W・克林頓大廈（1981 紐西蘭） ・尤尼奧思住宅（1963 紐西蘭） ・克魯阿斯核電站（1984 德） ・加利福尼亞州法院（1985 美）	・多田英之「與隔震器有關的研究」(1780～) ・藤田隆史等「免震研究」(1982～) ・大型建築企業（鹿島、竹中、大林）(1983～)	・東京理工大 1 號館，松下・和泉 (1981) ・日立本社大廈，松下・和泉(1983) ・八千代台住宅、多田尤尼齊卡 (1983) ・高技術 R&D 中心；大林組(1986)	'80

註：WCEE——世界地震工程會議的簡稱

表 1-2 隔震結構的演變(1924～1965)

1924 （大正 13）	鬼頭健三郎： ・在基礎和柱腳間，相對凹面設置的皿形盤之間，夾入滾軸軸承，用以支撐建築物 ・專利號：No.61135，大正 13 年「建築物抗震裝置」
1924 （大正 13）	山下興家： ・採用了由於柱腳移動，減小地震力並有復原能力的彈簧 ・專利號：No.63867，大正 13 年「建築物抗震裝置」
1927 （昭和 2）	中村太郎 ・採用靠液體的位置變化來吸收地震能量的機械（泵）的避震方法，地震能量的一部分由鉸支承部分的摩擦力負擔 ・《建築雜誌》「就地震能量的吸收設備談起」昭和 9 年，第 496 號
1928 （昭和 3）	岡隆一 ・一般的隔震基礎理論 ・《建築雜誌》「對隔震基礎的考察」昭和 3 年
1929 （昭和 4）	岡隆一 ・擺動式鉸柱的分析研究，利用了抵抗滑動摩擦的能量吸收裝置（滑動劑爲石墨），並用於不動銀行姬路，下關分行（昭和 9 年竣工） ・《建築雜誌》「建築物隔震基礎的研究」昭和 9 年，第 527 號
1932 （昭和 7）	岡隆一 ・專利號 No.95076，昭和 7 年「建築物隔震裝置」 ・在不動銀行使用可擺式絞柱的專利申請得到批准

續表

1934（昭和 9）	眞島健三郎 ・專利號：No.108167，昭和 9 年「抗震房屋結構」 ・一個建築物從基礎開始分開，獨立起來，上層靠裸柱支持的方法（鷄腿建築）
1938（昭和 13）	岡隆一 ・專利號：No.127092，昭和 13 年，「建築物基礎施工法」 ・將構建築物的地下部分作爲漂浮體，用相當於排土重量大小的浮力，像支承船體一樣支承結構物
1938（昭和 13）	鷹部屋福平 ・在結構物的屋頂附近，設置一組球做成的控震層，利用震動的衰減性，以防止結構物變形增大。該理論後經岡隆一的實驗驗證（昭和 16） ・《建築雜誌》「控震性抗震結構法」，昭和 13 年 3 月
1940（昭和 15）	鷹部屋福平 ・專利號：No.136411，昭和 15 年「控震性抗震結構」 ・在構築物上部，介於滾輪設置荷載層，以防止振幅的增大
1961（昭和 36）	石田信一 ・專利公報，昭和 36 年，1843 號「建築物的抗震基礎構成法」 ・上部結構的各柱腳和各基礎上端之間設置基礎束，其與附近的土一起共同吸收強震時振動能量的方法
1961（昭和 36）	萬年眞也 ・專利公報：昭和 36 年 21135 號「抗震、抗風、抗原子彈和氫彈的建築物」 ・在球形面上成凹形的基礎內注滿水，使其在中心部位沒有水井的球形建築物浮起，通過水井壓力的調整來控制建築物的沉浮狀態
1964（昭和 39）	勝田千利、益頭尙和 ・在振動台上放置構造物與電氣油壓式傳動器，通過傳動器的控制，以減小振動台產生地震時的振動進行理論和實驗研究。 ・《日本建築學會論文報告集》「自動控制隔震方法的研究（Ⅰ）（Ⅱ）」，昭和 39 年。
1965（昭和 40）	勝田千利 ・專利公報：昭和 40 年 24157 號「隔震裝置」 ・研究方法：根據地震動傳感機構的指令，由可以有選擇的「開、關油壓線路伺服」閥的作用，使附在可自由伸縮斜桿上的液壓油缸工作，以使上部結構在地震時保持靜止狀態

㈠隔震思想的出現

首先，以文獻中的兩個古老的隔震方案爲例作一個介紹。

其一是《建築雜誌》1881 年（明治 24 年）12 號登載的河合浩藏所著《地震時不受大震動的結構》（此爲講演速記稿，講演時間爲同年五月）一文[1]（圖 1.1）。當時，對於配置有天平或其他測量儀器等對振動較爲敏感的設備的建築物，演說以「建造的房屋不是壞不壞的問題，而是要求它即使發生地震晃動也不搖擺和移動這樣一個相當難以對付的問題……」作爲命題，闡述了種種解決的思路，他的辦法是在現場作業時，首先將並排圓木分層交錯重疊成幾層，其上澆注混凝土形成相當厚的地基，然後再在該地基上建造房屋。使地震動難以傳遞到建築物上。除此，對高度較低的建築物，也提出了放置測量儀器的台座支承於端部帶有輪子的三腳架上等或在地震通路採取挖地窗外坑、擋住地震的傳播等設想的建議。

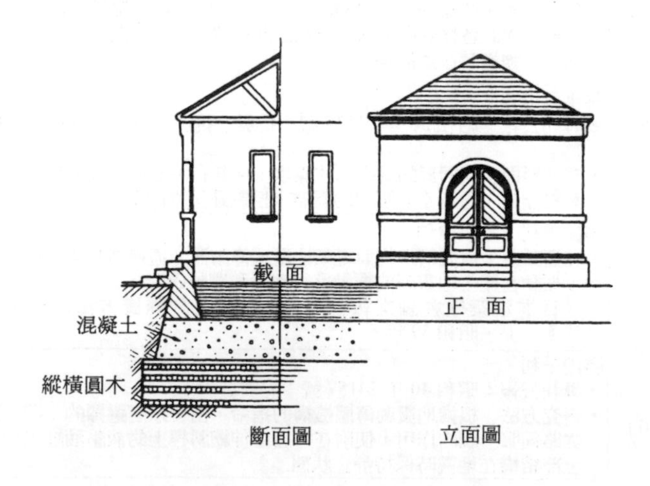

圖 1.1　河合浩藏的「地震時不受大震動的結構」

其二是以居住在美國的英國醫生 J.A. Calantarients1909 年申請的專利[2]爲例（圖 1.2），其方法是採用在建築物和地基之間設置石（雲母）層，使地震時建築物可以滑動的所謂基礎絕緣方式。此外，其方案對各種管道的安全性的考慮也值得注意。

抗震工程學在日本始於河合的卓越講演和同年十月的濃尾地震之後。而在美國，則是始於 J.A. Calantarients 申請專利前三年發生的舊金山地震（1906 年）。因此，這兩個方案的任何一個，只能認爲是尙無地震工程科學基礎時代的產物。儘管如此，今天看來他們的隔震方案仍有許多可取之處，從這點考慮，可見隔震結構的想法是容易直觀理解的。因此，可以想像在他們之前可能有許多隔震的想法。

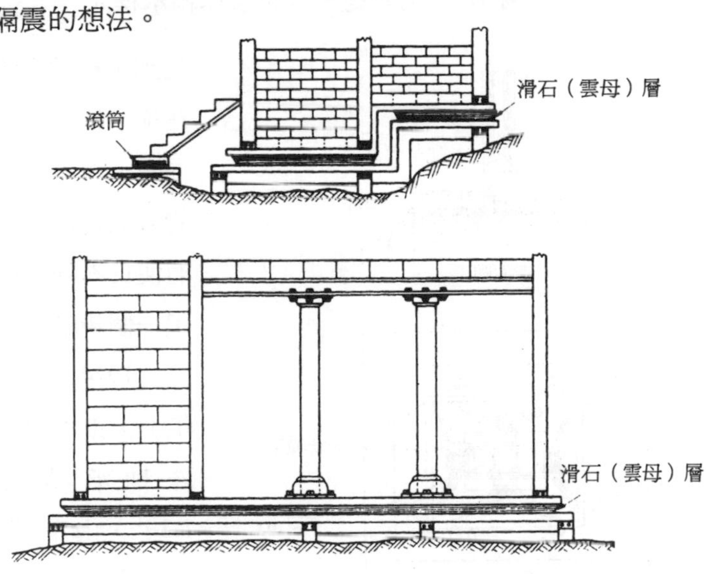

圖 1.2　英國 Calantarients 的隔震構造

㈡隔震的基礎研究

1923 年（大正 13 年）的關東大地震，使日本的抗震工程學

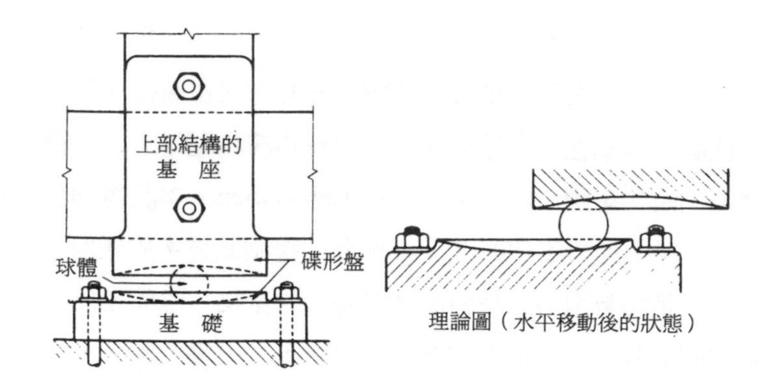

圖 1.3 鬼頭健三郎的滾珠軸承模式

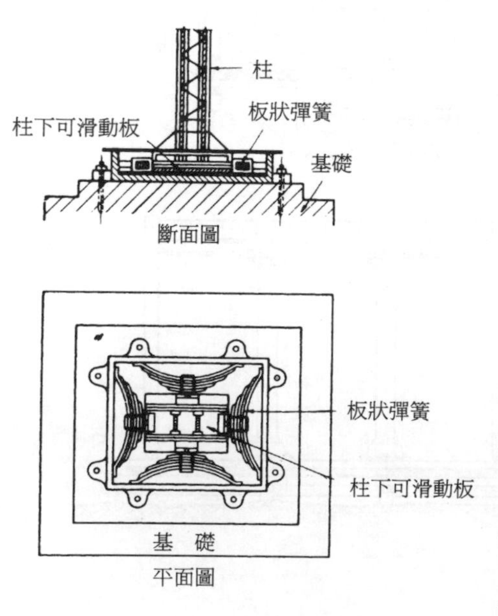

圖 1.4 山下興家的彈簧方式

受到了相當大的影響，在探求快速發展途徑的同時，與隔震結構有關的方案也相繼出現，從而使日本隔震研究迎向了一個新階段。

1924 年（大正 14 年），鬼頭健三郎的滾珠軸承模式[3]（圖 1.3），山下興家的彈簧模式[4]（圖 1.4）等，以構築物的柱腳爲對象申請了具體的專利。而中村太郎在論述了吸收地震能量的必要性之後[5]，於 1927 年（昭和 2 年）提出了在地面下設置兩端鉸支的雙長柱，並在產生較大相對變形的柱頭設置能量吸收裝置——泵式阻尼器的方案(6)（圖 1.5）。七年後的 1934 年（昭和 9 年），眞島健三郎提出的鷄腿式結構隔震方案(7)（圖 1.6）與幾乎同期由美國提出的所謂柔性底層建築原理(8)～(10)是一樣的。但眞島健三郎和美國的方案都沒有考慮能量吸收的問題，豎直方向的支撐構件（柱）在破損後有產生不穩定現象的危險。數年後，美國考慮了用柱子的塑性鉸機構來吸收能量。但經過許多

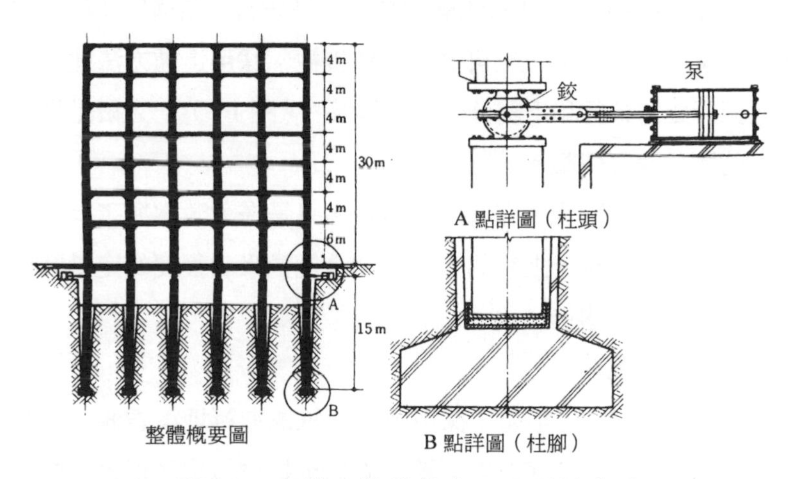

圖 1.5　中村的雙長柱和阻尼器模式圖

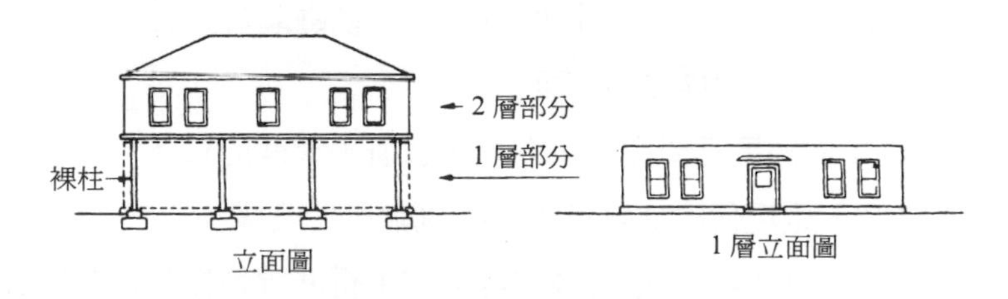

圖 1.6　眞島健三郎的「底層柔性」

年之後，用柔性底層方法建造的「綠景」(olive view)醫院（1970年），在竣工次年的聖・費爾南多大地震中遭到很大的損壞[11]，因而，人們對柔性底層方法的實用性產生了疑問[12]。從這種觀點出發，將豎向支承桿性和能量吸收部分分離的中村方案還是相當先進的。

這段時期，應提及對隔震結構進行了精心研究的建築家——岡隆一。他進行了基礎隔震的理論探討及實驗，提出了設計方法並付諸實施[13][14]，他所建議的隔震結構，是兼有使結構周期延長和吸收能量的特殊機構——可擺動式鉸接柱。採用這種方法建造的不動銀行姬路分行和下關分行二座建築[15]（圖 1.7），大概是世界首創的實用隔震建築。

岡隆一等的研究，在當時的日本，只是在大致掌握了有關基礎隔震原理的情況下進行的，而周期及能量吸收程度的定量計算則是很久以後的事情。

㈢隔震研究的展開

美國約從 1930 年起，採用強震記錄儀進行地震觀測，1933 年，在長灘首次測定了強震記錄，對研究抗震做出了很大貢獻；1950 年左右起，在進行非線性振動理論研究的同時，爲現代分析方法逐步打下了基礎。在這樣的背景下，基礎隔震以外的新的隔震方法不斷出現。現舉幾例說明。

1940 年鷹部屋福平提出了在屋頂放置帶滾輪的質量控震性抗震結構法[16]，是現代附加質量方法控制振動的先驅。

1954 年左右開始，小堀鐸二等人在進行非線性振動理論研究的基礎上提出了「控震結構」方案[17]，並進行了分析研究。該方案是將像控制地震動引起結構振動那樣的非線性特性賦予結構物的抗震要素中。

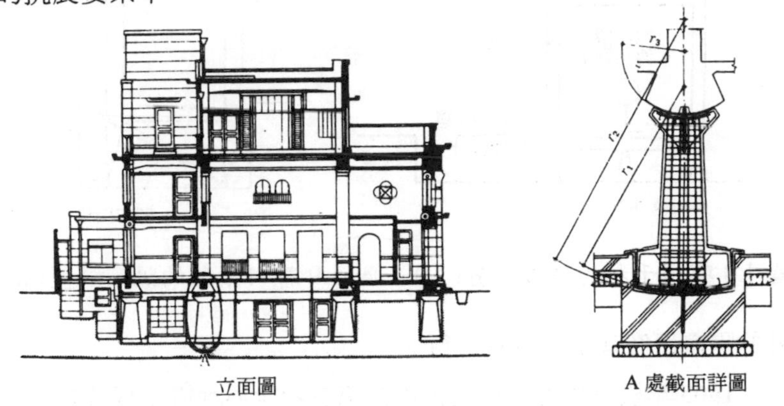

圖 1.7　不動銀行姬路分店

對於地震動主動地用機械方式進行抵抗，即現代所謂的主動控振的最初想法始於 1954～1965 年勝由千利等人的研究[18][19]，就是利用電氣油壓式自動控制系統，根據結構物的動態情況進行控制。它由測震器、電氣油壓傳動裝置及電子線路組成。如在滾軸支承的結構物內部設置測震器，由基礎取得反向力來驅動傳動裝置（1964 年，圖 1.8）或在結構物的下部斜向桿件內設置傳動裝置，根據在結構物外部設置的測震器的信號進行控制（1965 年，圖 1.9）。

㈣隔震研究的國際化

以上是 1924 年至 60 年代前期日本的隔震研究的綜述。在此期間，正如前文提到的在美國有關底層柔性結構的研究情況，國

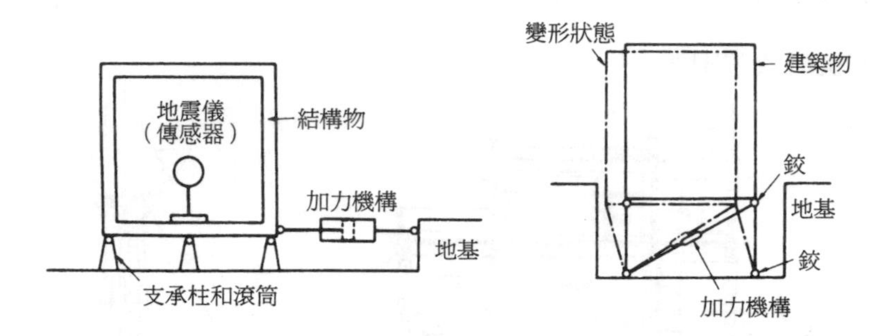

圖 1.8 勝田千利的隔震裝置(Ⅰ)　圖 1.9 勝田千利的隔震裝置(Ⅱ)

外的隔震研究基本上沒有進行。

1965 年松下清夫及和泉正哲在第三次世界地震工程會議上，展示了採用轉動球式簡單隔震結構模型進行時域分析、反應加速度值降低的結果。爲此，60 年代後期至 70 年代，隔震研究走上了國際化、更實用化的道路。

㈤隔震結構的實用化

現代的隔震結構進入實用化時代，稱爲疊合橡膠的結構部件的出現起了很大的作用。1969 年震災後，重建時的南斯拉夫的斯考比市，在柏斯坦勞奇小學工程中首先使用了隔震橡膠支承（參照第 6 章）。所使用的橡膠支承僅由橡膠層組成，中間未加鋼板。

另一方面，疊合橡膠本身並不是全新的東西，從 50 年代後期開始，在歐洲的橋樑支承和建築物的防震支承中即廣泛使用著。建築物中使用最老的例子是英國的阿爾貝尼法院（Albany Court, 1966 年，圖 1.10）[21]，其使用的目的是爲了防止地鐵振動對建築物的影響。

而疊合橡膠眞正作爲實用的隔震結構的思想，大概始於 1970

年初的法國。此後，法國、紐西蘭、美國等國家，大致在同一時期，對作爲隔震支承的疊合橡膠進行了大量的性能實驗研究，並於70年代後期開始在實際建築物中使用，直到今日。以下列舉幾個主要實例。

圖 1.10 英國 Albany 法院

法國：GAPEC 組織的小學（1977年），法國電力公司的開貝魯古發電站（南非，1977年～1984年）、克魯阿斯發電站（1984年）等。

紐西蘭：首先是使用了疊合橡膠插入鉛棒的 William Clayton Building（1981年，參考第Ⅰ篇第6章），然後是採用了非橡膠支承、帶彈塑性阻尼器的朗格定克(ぅニグライケ)橋墩（1981年，圖1.11）及地下雙長杜和鋼阻尼器並用的新尼奧住宅樓。

美國：採用了在橡膠中加入石墨材料，使其成爲「阻尼疊合橡膠，在加利福尼亞的市法院大樓採用（1985年，參考第Ⅰ篇第6章）。

另一方面，從歷史的角度來看，隔震研究稍微先進一些的日本，對國外採用疊合橡膠的隔震構造的動向不是很敏感。1978年

(a)全景

(b)橋腳

圖 1.11

左右，多田英之等人對疊合橡膠開始大力研究，並以大量的研究成果爲基礎(22)、(22)，在八千代台建造了鋼筋混凝土實驗性住宅。隨後以大林組爲首的各大建築企業，開始從事這方面的技術開發，從 1983 年左右起，不斷進行隔震建築物的建設。此外，70 年代，在日本紮實地進行疊合橡膠以外的隔震研究的松下清夫及和泉正哲，1981 年將雙柱和鋼製阻尼器用到了東京理科大學一號館的(12)的建造中（圖 1.12）。

然而，上述是以建築物全體作爲隔震對象的，而 70 年代，日本已經開始在放置電子計算機的樓板處局部設置隔震機構(24)（參考第Ⅱ篇第3章），此後，藤田隆史等則進行了以機器等爲對象的樓板隔震研究[25]。

綜上所述，現在的隔震結構不僅有以疊合橡膠爲主流的基礎隔震方式，還有其他種種富於變化的方式，它們將陸續不斷地展現在我們面前。

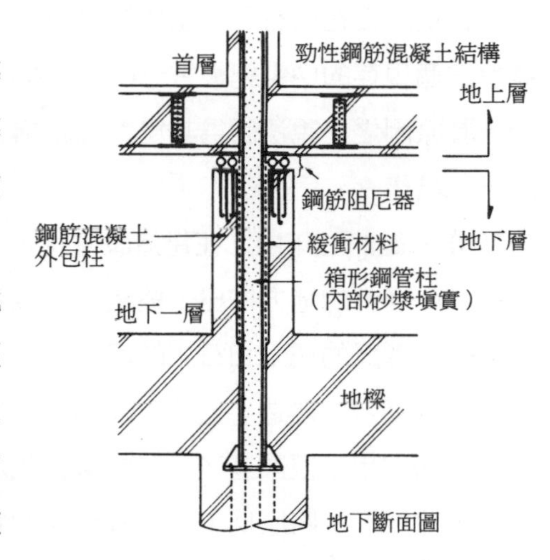

圖 1.12　松下和泉的東京理科大學1號館

1.1.2　從古建築看隔震

如前所述，「隔震的思考方法早已存在」。因爲原理非常簡單，自古以來，地震發生的地域產生了許多想法，根據經驗和智慧，一些想法付諸了實施，並取得了有益的經驗。

讓我們把眼光投向現存的歷史建築物，略微回溯一下隔震結構的起源。

㈠中國的紫禁城

現爲「北京故宮博物館」的著名的紫禁城，是明成祖永樂年間，即1406年開始建造，花了14年時間完成的皇宮。

在南北長約1公里，東西寬700餘公尺，面積72萬平方公尺的城內，包括門樓在內有數百座建築物所形成的一個巨大的宮殿群。據說這個現存的中世紀最古老的木結構建築群遭受地震的破壞很少。其原因之一說法認爲其爲柔性結構。此說的源由乃歸結於它的下部結構[26]。

1975年開始的三年中，在建造設備管道工程時，以紫禁城中心向下約5m～6m的地方挖出一種稍粘有氣味的物質。研究結果顯示似乎是「煮過的糯米和石灰的混合物」。主要的建築全部在白色大理石的高台上建造，若其下部爲柔軟的有阻尼的糯米層，當然，隔震的作用就很顯著了。在中國古代就有稱作「飯築」的基礎處理方法。即：將原爲10cm～15cm的粘土層砸實乾燥，將若干排列著的繩子與土混置於其上，逐漸形成一個較厚的土台，在上面建造房屋，有人認爲其做法含有抗震的意圖[27]。也可認爲這種技術的變種，並將其發展就成了進行地基隔震的紫禁城的地下結構。但是，究竟有無隔震的原意，還是一個疑問。

(二)鐮倉的大佛

鐮倉大佛（圖1.13）對隔震原理極有說明意義，「地震時，大佛在台上滑動，不會翻倒。」現在的鐮倉青銅大佛是1252（建長4）年建造的。儘管對當時是否有意考慮了上述的隔震原理尚有疑問，但經過關東大地震後，鐮倉大佛則有了十分有趣的經歷，據安放大佛的高德院中「國寶鐮倉大佛由來記」記載：「大正 12(1923)年的大地震時，台座崩裂，佛像前傾，卻沒有倒伏。」根據其他震災資料[28]，經歷了關東大地震，大佛約向前滑出40cm，更有趣的是大佛的修理過程。1926（大正15）年的大正修理時，曾將佛像當作固定於台座之上的抗震結構加以修復；

圖 1.13 鐮倉大佛

而1960～1961（昭和35～36）年的修理時，則改成了在台座和佛像之間加設不鏽鋼板的隔震方法。其考慮在於，大地震時，基礎固定的抗震結構，由於佛像本身承受了較大的力，有可能將較薄弱的頭部折斷。從這已經至少是二十五年前的隔震結構的思想來看，是否可以認爲這是國際上首先使用的基礎絕緣型隔震構築物。這樣一來昭和修理過的鐮倉大佛恰好變成了具有隔震結構的價值，此外，在該次修理時由內側採用粘土強化塑料的方式將大佛頭部進行了補強。

㈢法隆寺的五重塔

以7世紀～8世紀建造的法隆寺五重塔（圖1.14）[29]爲代表，是日本殘留下來的可數的木塔之一。大正以來，日本抗震工程學發展過程中的許多著名結構學家對「五重塔的耐震原理」提出了各式各樣的見解。這些學者包括眞島健三郎、谷口忠、妹沢克雄、武藤清、坂靜雄、棚橋涼、小堀鐸二等。

這些見解的一個共同點是：都指出了此爲長周期（柔性）結構物這一事實。五重塔採用的並不是狹意的基礎隔震的結構。將結構物長周期化，巧妙傳遞地震力，從這個意義來看，五重塔也是一種隔震結構。

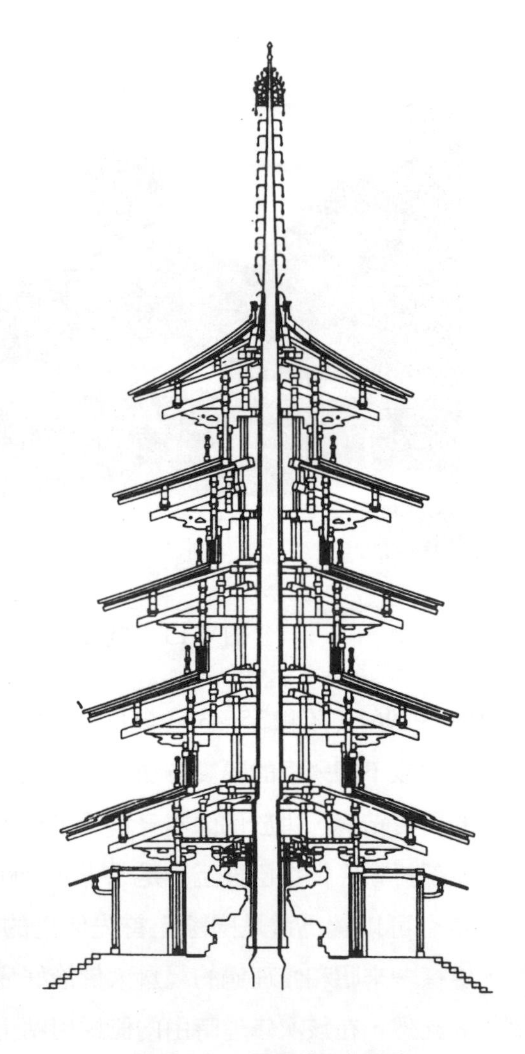

圖 1.14　法隆寺五重塔

迄今爲止，對「五重塔的抗震原理」的說法仍沒有窮盡，還有進一步討論的餘地。在將隔震技術與抗震工程學交融及採用控振等新思想對結構物的抗震性能進行充分討論的今天，這仍是一個饒富興趣的問題。

1.2　原理和方法

考慮地震反應譜的隔震原理如下所述。加速度反應譜和變位反應譜定性地示於圖 1.15，通常鋼筋混凝土結構中、低層建築物的剛度較大，因而周期短、輸入加速度較大，但位移變小，所以如果僅加阻尼器而基本不改變周期，反應加速度只有很小的下降。進一步將周期加長，反應加速度才會有較大的下降，但反之位移反應增大。輸入實際記錄的 EL Centro [NS, 100gal (cm/s^2)]地震波，單質點系彈性反應譜的例子示於圖 1.16。由於周期延長，

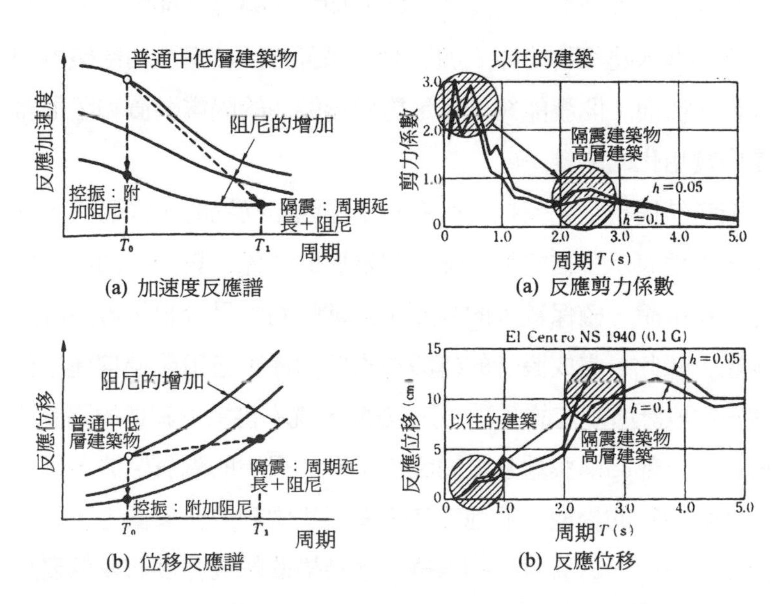

圖 1.15　降低地震輸入的方法　　**圖 1.16　地震反應譜**

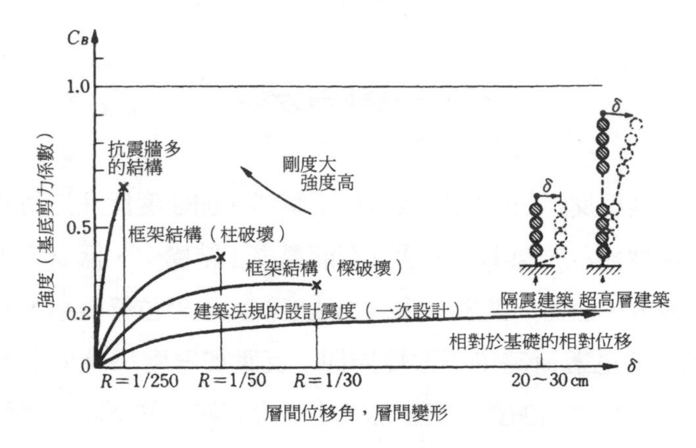

圖 1.17　構築物強度與變形

反應加速度大大降低，而反應位移則加大。隔震結構的主要目的在於降低進入建築物的輸入加速度，保證上部結構及內部機器的安全性。從而，開發能夠確保足夠變形能力的隔震裝置和阻尼器是走向實用化的關鍵。

究竟結構物是如何抵抗地震的？這因結構物的不同而異，圖 1.17 定性地表示了結構物的強度和變形的關係。對一般的中、低層建築物來說，確保較大的強度和適當的韌性是今日抗震設計的基本點。據此，完成設計的建築物的剪力係數必須超過按建築標準法一次設計所規定的 0.2。另一方面，就本書主要敘述的隔震結構而言，上部結構與地基之間設置了剛性很小的隔震裝置，延長了整個結構物的周期，使地震時的變形集中到隔震裝置上，即：相對於以往中、低層建築物根據上部結構的較高強度和較低變形來吸收地震能量而言，隔震結構則避開了地震的卓越短周期，完全依靠隔震裝置吸收能量，它們之間有很大差別。超高層建築與中、低層建築不同，它是固有周期較長的柔性結構，但各層吸收的能量大致相等，這一點與隔震結構也不相同。

縱觀國內外隔震方法，它的概念很久以前就有了。其歷史如前所述。圖 1.18 及表 1.3 是約五十年前佐野利器和武藤淸的《房屋抗震及抗風結構》(30)一書中記述的建築結構方法分類，按固定或絕緣的方法將地基和上部結構之間關係進行分類，指出了今日隔震結構的全部內容。由此再向前追溯十年，在日本提出了第一份有關隔震結構的專利申請。但這些方法，時至隔震裝置走到了實用化的今日，並沒有跳出上述概念的範圍。

表 1.3　房屋構造方法的分類(31)

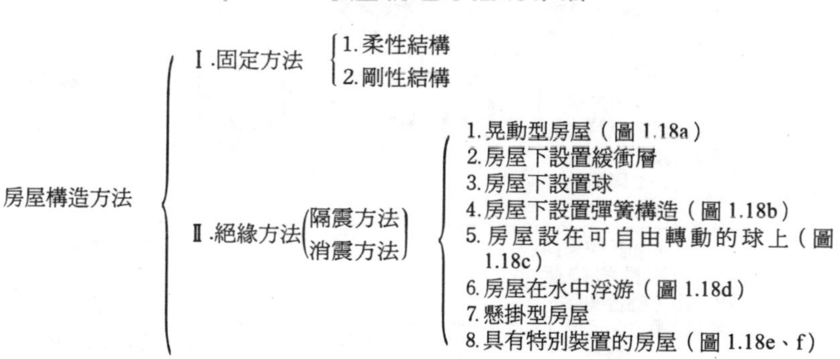

隔震方法的分類如表 1.4 所示，對象部分分成三大類：(1)地基；(2)建築物的基礎；(3)上部結構。

㈠地基

可分成絕緣和屏蔽二種，絕緣是希望在地基自身中降低輸入波的方法。軟弱地基或像人工地基那樣較軟的地基有輸入加速度降低的性質。但是，爲了保證對建築物有長期支承能力，有必要對地基塑性位移的發生加以注意。此外，也有根據加大埋深後的高剛性基礎，利用地基逸散衰減的方法。屏蔽是或在建築物周圍挖深溝或埋作屏蔽板等，將長周期為卓越的那部分表面波隔斷，但這種方法有不能屏蔽直下型輸入波的缺點。這兩種方法不管哪一種，都是將地基作為對象，以減少地震波輸入的，但現在還沒有實用的例子，可作為今後的課題。從狹義上看，這也許不屬於隔震的範疇。

表 1.4　隔震結構方法的分類

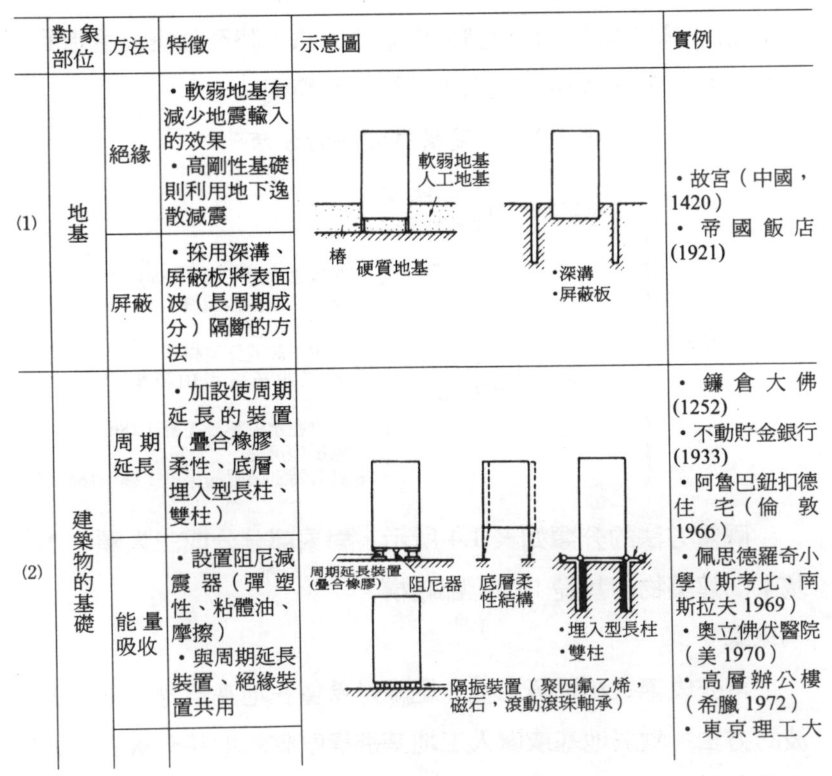

	對象部位	方法	特徵	示意圖	實例
(1)	地基	絕緣	・軟弱地基有減少地震輸入的效果 ・高剛性基礎則利用地下逸散減震	軟弱地基 人工地基 樁　硬質地基	・故宮（中國，1420） ・帝國飯店(1921)
		屏蔽	・採用深溝、屏蔽板將表面波（長周期成分）隔斷的方法	・深溝 ・屏蔽板	
(2)	建築物的基礎	周期延長	・加設使周期延長的裝置（疊合橡膠、柔性、底層、埋入型長柱、雙柱）	周期延長裝置（疊合橡膠）　阻尼器　底層柔性結構 ・埋入型長柱 ・雙柱	・鐮倉大佛(1252) ・不動貯金銀行(1933) ・阿魯巴鈕扣德住宅（倫敦 1966） ・佩思德羅奇小學（斯考比、南斯拉夫 1969） ・奧立佛伏醫院（美 1970） ・高層辦公樓（希臘 1972） ・東京理工大
		能量吸收	・設置阻尼減震器（彈塑性、粘體油、摩擦） ・與周期延長裝置、絕緣裝置共用	隔振裝置（聚四氟乙烯，磁石，滾動滾珠軸承）	

續表

	對象部位	方法	特徵	示意圖	實例
		絕緣	・在基礎下加設絕緣機構（磁懸浮、滾動軸承、滾動環）		(1981) ・克林頓大廈(1981) ・尤尼奧恩住宅(1983) ・八千代台住宅(1983) ・開貝魯古核電站（南非，1984） ・加利福尼亞州法院（美，1985）
(3)	上部結構	能量吸收	・在任意層設置阻尼器（彈塑性、粘性體、摩擦）、可變形抗震牆	阻尼器 附加振動體（屋頂） 附加振動體（任意層） ・附加彈簧質量系 ・附加擇動系	・西台考普中心（紐約） ・韓考克英秀阿萊斯大廈（波士頓） ・日立本社大廈(1983) ・千葉波特塔(1986) ・大宮產業文化中心(1987)
		附加振動體	・在任意層附加振動體，以構造新的振動體系 ・對風亦有效		

(二)建築物的基礎

在基礎與上部的構造之間設置隔震裝置的方法，分爲周期延長、能量吸收及絕緣等方法。周期延長法是採用某種裝置將整個結構體系周期加長的方法。

作爲裝置，有將橡膠和鋼板相互交錯重疊的疊合橡膠。此外，還有柔性底層、深埋長柱(6)、雙柱(13)等方案，但不論哪種方案，由於反應位移集中於此，有必要保證該處有充分的變形能力和韌性。實用中，一般同時加上減震阻尼裝置。能量吸收是採用減震裝置以控制地震時不產生過大變形，並在地震終了時盡早停

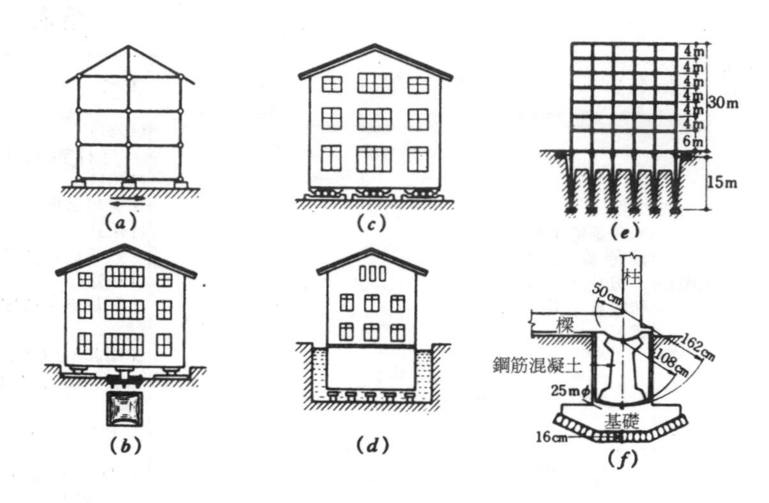

圖 1.18 房屋構造方法的分類

止振動。一般是周期延長裝置和絕緣裝置共同使用。減震阻尼裝置中有如鋼棒那樣的彈塑性履歷能量型、粘性體或像油那樣的速度比例型及摩擦型等等。而絕緣則是採用液體浮游、磁懸浮、滑動支承、滾動軸承等裝置將地震動斷開，如能保證機構的穩定性，這種方法是理想的隔震方法。這種圍繞結構物基礎設置隔震機構的方法是現在開發的重點，因而表中的實例最多。

㈢上部結構

分為能量吸收和附加振動體兩種型式。能量吸收型是在任意層設置彈塑性履歷型、粘性體或像油那樣速度比例型或摩擦型等各種阻尼器以吸收地震能量。附加振動體型式則是指在任意層上加設振動體，構成新的振動體系，將振動由結構物本身向附加振動體轉移。它們對地震和風等外力的抑制都有效果。

参考文獻

1) 河合浩藏：地震ノ際大震動ヲ受ケザル構造，建築雜誌，60 號，pp. 319-329，明治 24 年。

2) Calantarients, J. A.: Improvements in and Connected with Building and Other Works and Appurtenances to Resist the Action of Earthquake and the Like. Parper No. 325371, Engineering Library, Stanford University, California, 1909.

3) 鬼頭健三郎：建築物耐震裝置，特許 No. 61135 號，大正 13 年。

4) 山下興家：建築物耐震裝置，特許 NO. 63867 號，大正 13 年。

5) 中村太郎：エネルギーり見たる耐震理論，建築雜誌，493 號，昭和 2 年。

6) 中村太郎：地震動エネルギーの吸收設備に就いて，建築雜誌，496 號，昭和 2 年。

7) 真島健三郎：耐震家屋構造，特許 No. 108167 號，昭和 9 年。

8) Martel, R. R.: The Effects of Earthquakes on Buildings with a Flexible First Story, Bulletin of the Seismological Society of America, Vol.19, No.3, 1929.

9) Green, N. B.: Flexible First Story Construction for Earthquake Resistance, Transactions, American Society of Civil Engineers, Vol. 100, 1935.

10) Jacobsen, L. S.: Effect of a Flexible First Story in a Bulding Located on Vibrating Ground, Proceedings, Symposium Honoring S. Timoshenko on His Sixtieth Anniversary, MacMillan and Co., New York, N. Y. 1938.

11) Mahin, S. A., Bertero, V. V., Chopra, A. K. and Collins, R. G.:Response ot the Olive View Hospital Main Building during the San Fernand Earthquake, No. EERC 76-22, University of California, 1976.

12) 和泉正哲：幾つかの試みを通しての所感，Structure，20，pp.25-28, 1986. 10.

13) 岡　隆一：免震基礎に對する一考察，建築雜誌，511 號，昭和 3 年。

14) 剛　隆一：築造物の免震耐風構造法に就いて，建築雜誌，552 號，昭和 6 年。

15) 關根要太郎：免震構造の實施に就いて，建築雜誌，600 號，昭和 10 年。

16) 鷹部屋福平：制振性耐震構造法，建築雜誌，636 號，昭和 13 年。

17) 小堀鐸二・南井良一郎：制振系の解析（制限構造に關する研究 1），建築學會論文報告集，66 號，昭和 35 年。

18) 勝田千利・益頭尚和ほか：自動制御による免震法の研究（Ⅰ，Ⅱ），建築學會論文報告集，102 號，昭和 39 年。

19) 勝田千利：免震裝置，特許公報 24157 號，昭和 40 年。

20) Matsushita, K. and Izumi, M.: Some Analysis on Mechanism to Decrease Seismic Force Applied to Buildings, Proceedings, The Third World Conference on Earthquake Engineering, Vol. Ⅳ, Aukland and Wellington, New Zealand, 1965.

21) Waller, R. A.: Building on Springs, Pergamon Press, 1969.

22) 多田英之ほか：Aseismic Isolatorに關する研究（その 2-その 8），日本建築學會大會學術講演梗概集，昭和 56 年-58 年，他關連論文。

23) 多田英之ほか：免震構造に關する實物實驗（その 1-その 4），日本建築學會大會學術講演梗概集，昭和 58 年，59 年。

24) 山下信夫：電算機室の免震床構造，計裝（工業技術社），224 號，pp. 41-46，昭和 51 月 11 月。

25) 藤田隆史・藤田　聰ほか：積層ゴムによる重量機器の免震支持（第1報-第4報），東京大學生產技術研究所，生產研究，Vol.34, No.2, No.3, 昭和57年，Vol.35, No.2, No.3,昭和58年。

26) 橘　弘道：悠久の歷史を秘ぬ生きる，朝日新聞，1982年。

27) 稻葉和也：古代中國建築と耐震技法，建築の技術施工，88，彰國社，1982.10.

28) 法隆寺國寶保存委員會：法隆寺國寶保存工事報告書第13冊，昭和30年。

29) 今村明恒：關東大地震調查報告，震災預防調查會報告百號（甲），pp. 39-40，大正14年3月。

30) 石田修三：心柱閂說，京都傳統建築技術協會誌「普請」，第8號，1982. 7.

31) 佐野利器・武藤　清：家屋耐震並耐風構造，常盤書房，1935。

第 2 章　隔震部件的力學特性

隔震部件的分類如圖 2.1 所示，隔震部件分作支承和減震阻尼器兩大類，前者穩定地支承建築物的自重，後者在地震時抑制較大的變形，地震結束時則起到迅速中止晃動的作用。支承分爲彈簧與滑動支承兩種，前者在水平方向起彈簧的效果，有天然橡膠類疊合橡膠（以下稱爲標準疊合橡膠）、插入鉛棒的疊合橡膠、高阻尼疊合橡膠等。另一方面，滑動支承通過支承的滑動，將建築物與地基隔開，其摩擦起到阻尼器的作用；與彈簧支承具有特定的周期相反，它沒有明確的周期。在減震阻尼器中，有可期望彈塑性滯回能量的彈塑性阻尼器；有可期望依賴於地震反應速度的衰減能量的粘性體或油阻尼器；也有寄希望於摩擦能量的摩擦阻尼器。

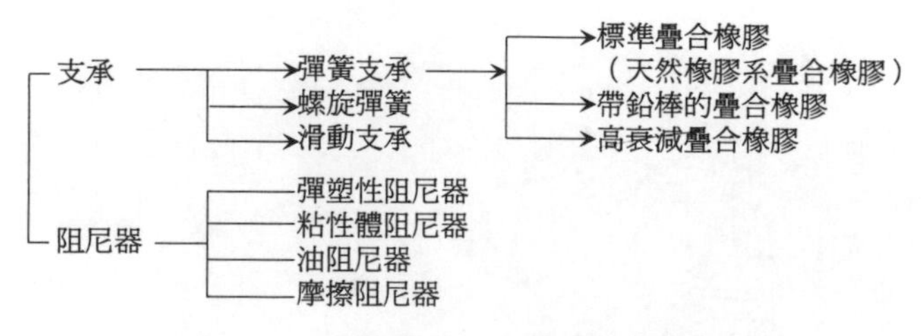

圖 2.1　隔震部件的分類

上述部件中，插入鉛棒的疊合橡膠和高阻尼疊合橡膠等一般單獨地作爲一種隔震裝置加以使用。標準疊合橡膠滑動支承一般與阻尼器一併使用。此外，像隔震樓板那樣，也可以考慮將給定恢復力的螺旋彈簧組合到滑動支承中構成複合型減震裝置。

本章針對這些隔震部件的力學性能，特別是就剛度、等效粘性阻尼比、溫度等與位移反覆作用次數、頻率以及表面壓力等有關的問題作一敘述。

2. 1　支承

2.1.1　彈簧支承

可採用各種疊合橡膠做成彈簧支承，疊合橡膠的概要和基本性質如圖 2.2 及圖 2.3 所示。橡膠薄片與鋼板交互疊合在一起加硫粘合。其特徵爲與沒有鋼板的情況相比，水平方向的剛度很小，對垂直荷載來說，由於此方向的變形受到鋼板的約束，該方向的剛度變大。

對於彈簧支承來說，既要求其穩定地支持建築物的自重，同時又要求有水平方向上周期較長的特性，可以說這些疊合橡膠是

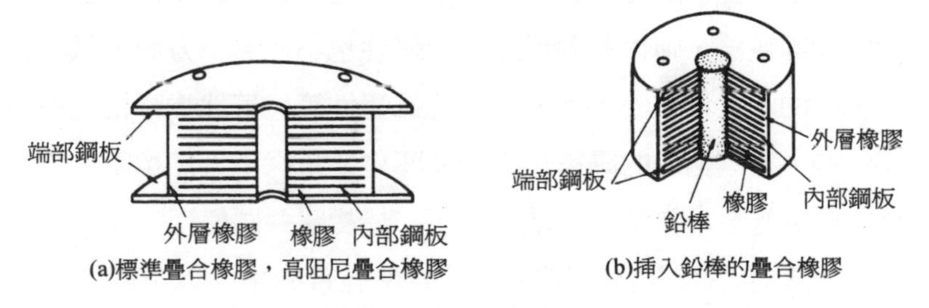

(a)標準疊合橡膠，高阻尼疊合橡膠　(b)插入鉛棒的疊合橡膠

圖 2.2　疊合橡膠概要

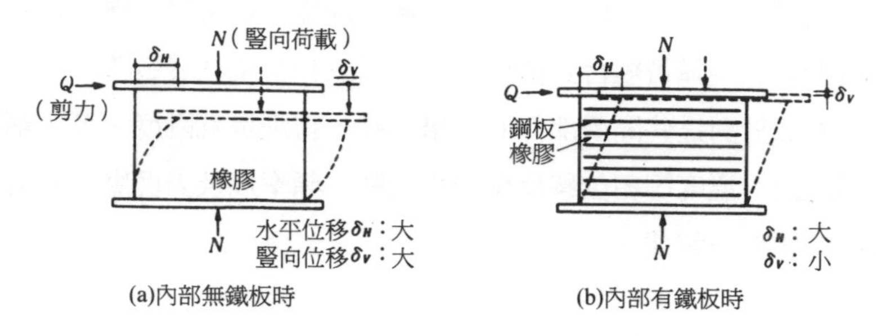

圖 2.3　疊合橡膠的力學性質

能滿足其要求的。疊合橡膠中，除了僅作爲彈簧部件的標準疊合橡膠之外，還有橡膠本身具有阻尼效果的高阻尼疊合橡膠和插入鉛棒的疊合橡膠。

㈠標準疊合橡膠

橡膠原料中，有橡膠樹上採集的天然橡膠，有 1930 年美國杜邦公司開發的氯丁二烯橡膠，還有其他多種人造橡膠。現在日本國內橋樑上使用的橡膠墊塊及歐洲等國使用的隔震用疊合橡膠主要是氯丁二烯橡膠。在日本，用於隔震的疊合橡膠中，使用著天然橡膠。材料特性的比較顯示於表 2.1 [(1)(2)]，可見，天然橡膠除抗臭氧等耐候性不良外，其破壞特性、抗蠕變性，對變形的恢復性能特性等較優，彈性率對溫度的依賴性也小。另一方面，氯丁二烯橡膠的耐候性較優，耐寒性和抗蠕變性等與天然橡膠相比稍微差一些。日本國內的隔震用疊合橡膠主要是採用天然橡膠，爲了增加其耐候性，常常部分地與氯丁二烯橡膠共同使用，在這裡將使用天然橡膠的疊合橡膠定義爲標準疊合橡膠，以下敘述其特性。

表 2.1　橡膠材料特性比較

橡膠的種類	天然橡膠	氯丁二烯橡膠	高衰減橡膠注
破壞特性（抗屈曲性）	◎	○	◎
耐候性（耐臭氧性、耐酸化劣化性）	×	○	△
抗蠕變性	◎	△	×
反覆復元性	◎	△	△
耐寒性（彈性率變化）	○	△	△

注：在天然橡膠中添加填料（石墨）。
評價◎：優；○：良；△：一般；×：有些問題。

以承受垂直荷載250t(250kN)，豎直方向純壓縮的疊合橡膠爲例（橡膠總厚：6.5mm × 30 層＝ 195mm，橡膠直徑：840mm，橡膠硬度：40）[3]。其荷載——位移曲線爲應力彈簧力硬化型，設計軸力附近爲線性（圖 2.4）。當水平變形爲 25cm時，伴隨水平方向變形的豎向變形約爲總厚度的百分之一（2mm～3mm），非常小（圖 2.5）。

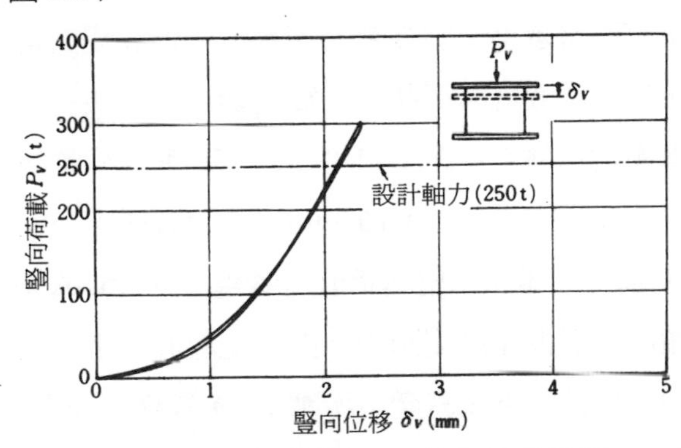

圖 2.4　垂直荷載——垂直位移曲線

水平方向的恢復力特性，在實用範圍是直線型的（圖 2.6），在大變形範圍內，荷載加大，剛性也慢慢增加，即成爲所謂彈簧硬化型（圖 2.7）。隨著變形的增加，原點與骨架曲線相連的割線

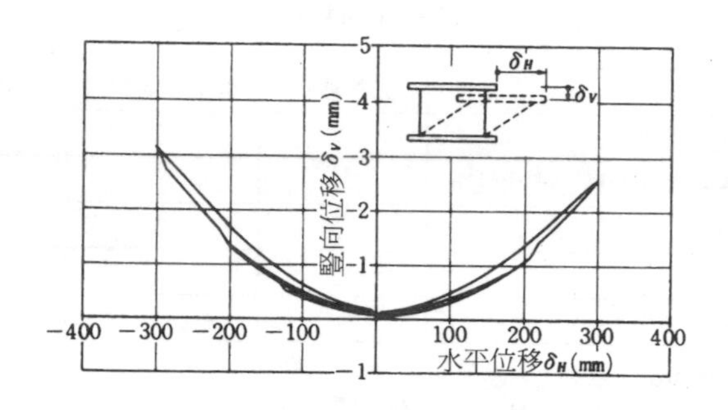

圖 2.5　豎向變形

剛度在設計範圍內稍有下降（圖 2.8）。另外，根據滯回曲線求得的等效阻尼比爲 1％～2％（圖 2.9）。動態加力(0.5Hz)與靜力相比較，無論是恢復力特性（圖 2.10），還是剛度（圖 2.8），幾乎看不出區別。面壓（軸向力）的不同，對水平荷載－水平位移的影響示於圖 2.11、圖 2.12。就圖 2.11 的垂直荷戴爲 250t 的疊合橡膠來看，雖有面壓越小、剛性越大的趨勢，但其變動幅度小，比起直徑來，呈高度較低的形狀。在實用範圍內，設計位移幾乎可以不考慮面壓的影響[4]。圖 2.12 是承受 5t 垂直荷載的疊合橡膠（橡膠總厚 2.5mm × 65 層＝ 163mm，橡膠直徑：150mm，橡膠硬度：40)的情況。雖顯示出與垂直荷載爲 250t(2500kN)的疊合橡膠同樣的傾向。而大變形範圍內，由於比起直徑來其高度較高，在大軸向力作用情況下，將產生所謂 $P-\delta$ 效應。多次承受 50 次反覆位移的情況如圖 2.13 所示（0.5Hz, ±200mm，正弦波），恢復力特性是穩定的。此時對橡膠內部溫度上升的測定表明（在距表面約 15mm 處內），對應 100 次反復位移(0.5Hz, ±200mm)，溫度僅上升 1°C～2°C（圖 2.14）。

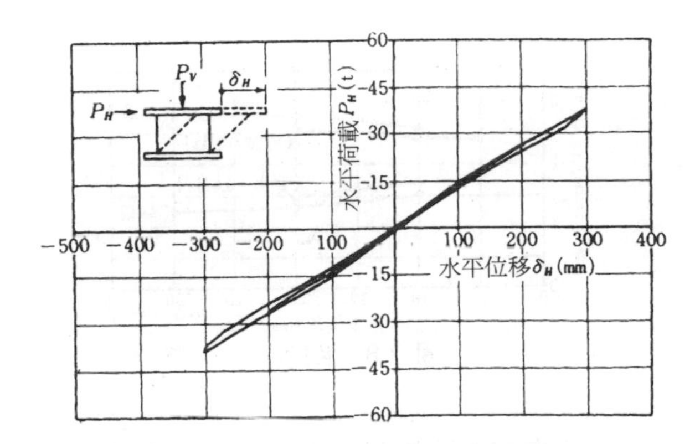

圖 2.6　水平荷載－水平位移關係

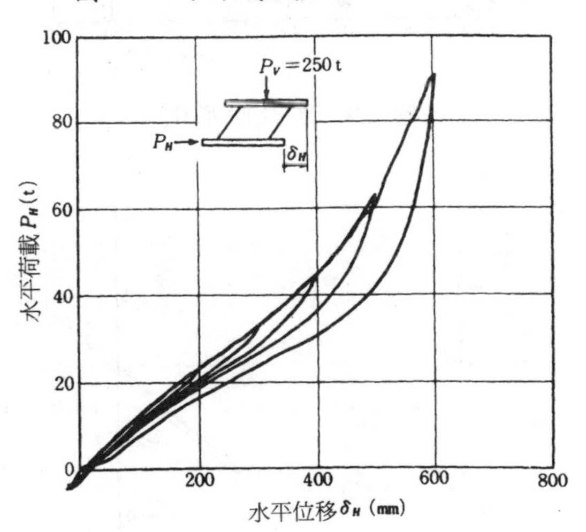

圖 2.7　水平方向大變形實驗

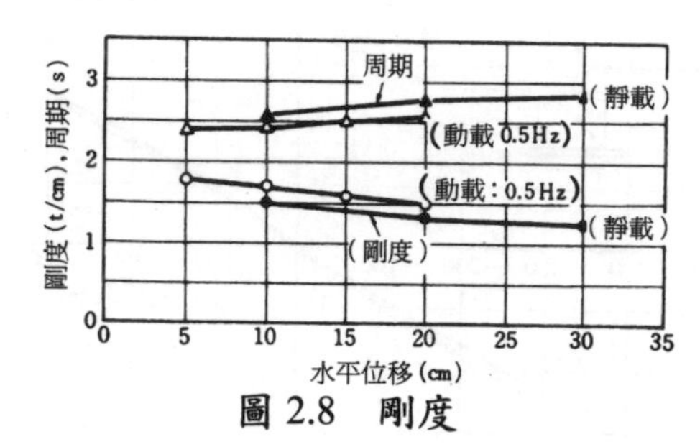

圖 2.8　剛度

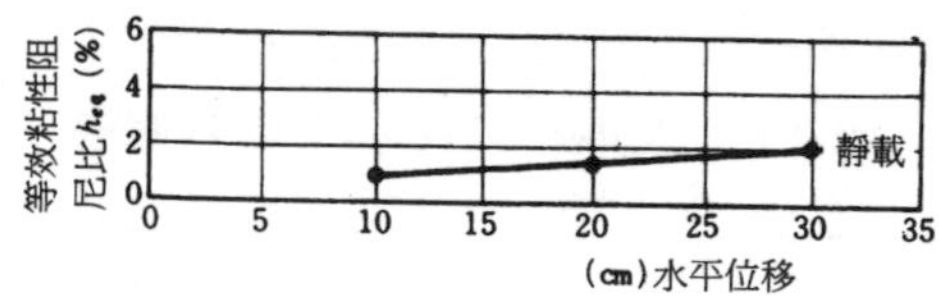

圖 2.9　等效阻尼比

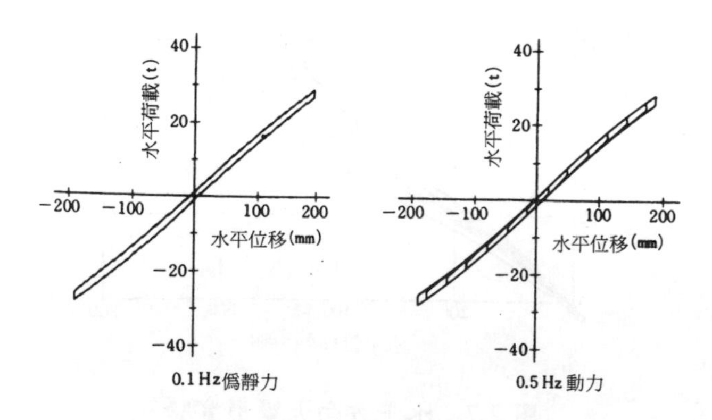

圖 2.10　恢復力特性

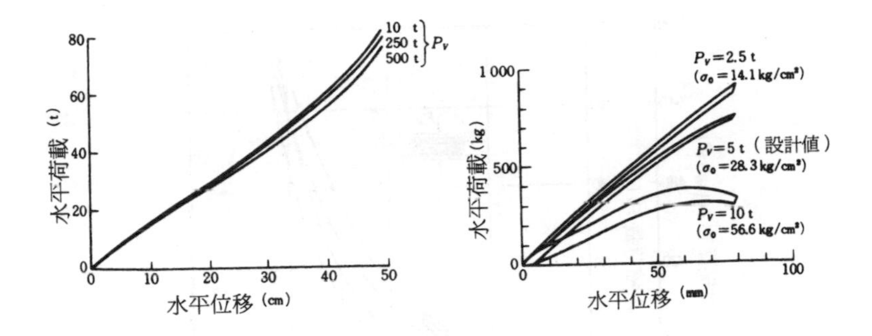

圖 2.11　水平荷載－水平位移關係　　　圖 2.12　恢復力特性

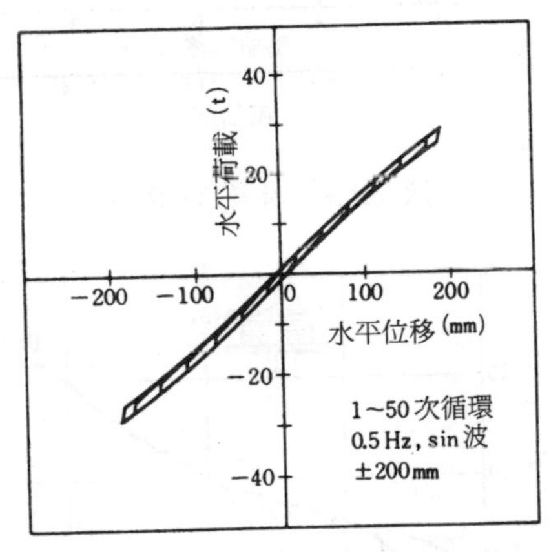

圖 2.13　水平荷載－水平變形曲線

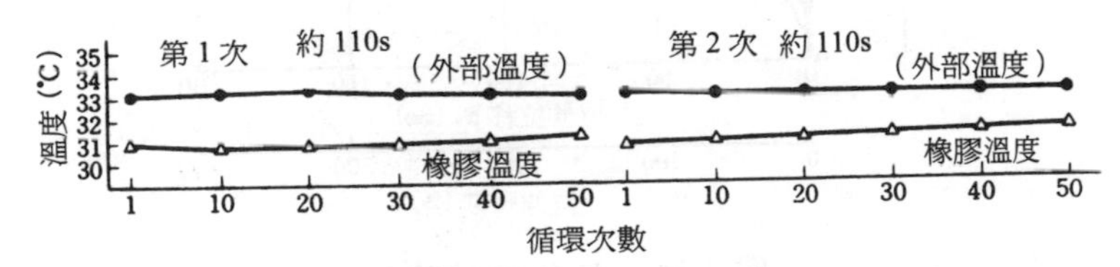

（注）橡膠溫度：距表面 15mm 深處，總高 1/2 的位置

圖 2.14　溫度變化

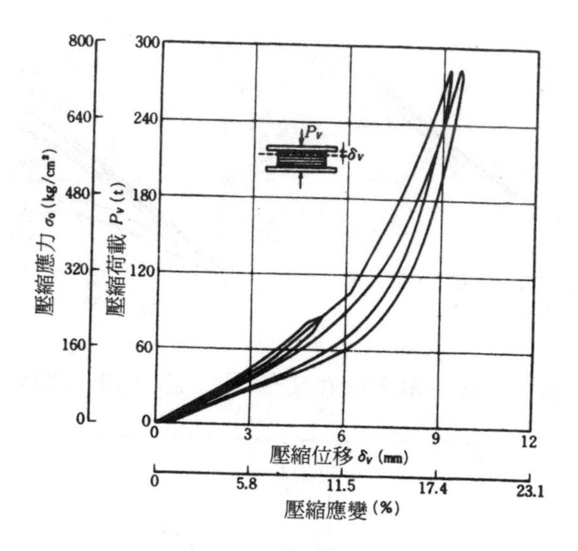

圖 2.15 純壓縮實驗

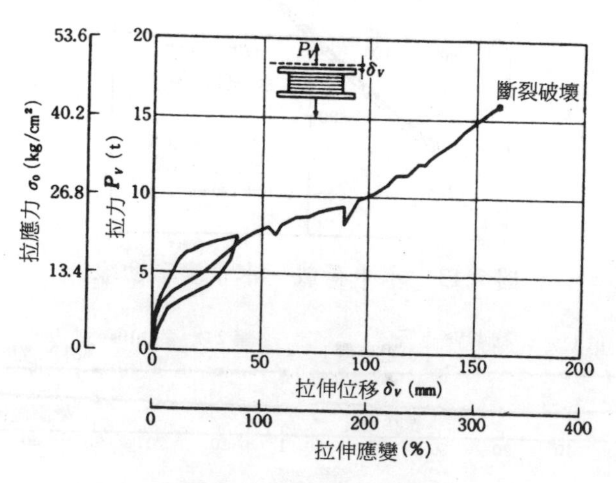

圖 2.16 純位伸試驗

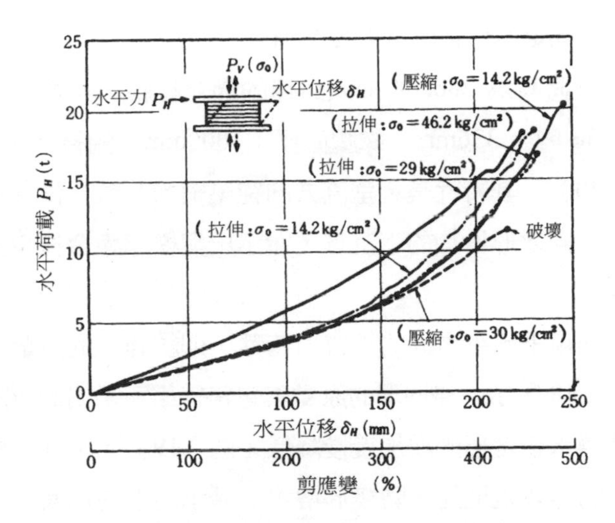

圖 2.17 水平方向極限變形試驗

疊合橡膠的極限特性對論及安全性方面是相當重要的。小比例的疊合橡膠（橡膠 6.5mm × 8 層＝ 52mm，直徑 218mm）的極限實驗結果如圖 2.15～2.17 所示(5)，對於純壓縮情況，壓縮應力到 150kg/cm²爲止，壓縮變形仍爲線性，此後出現應變硬化，直至壓縮應力達 700kg/cm²也未破壞。對純拉伸情況，拉伸初期其剛度較大，在某個時刻剛度急劇下降，在相對橡膠總厚的拉伸應變約爲 300 %時發生斷裂破壞。在剪切實驗中，豎直力與是否爲拉伸、壓縮無關，水平方向的剛度大致相似，各試驗體破壞位移均約爲橡膠總厚的 450 %左右。

(二)插入鉛棒的疊合橡膠

插入鉛棒的疊合橡膠如圖 2.2 所示，是在標準疊合橡膠中心處插入鉛棒。由此鉛棒單獨使用不容易吸收能量，所以利用周圍疊合橡膠的約束力，鉛棒的屈服應力較低（約 90kg/cm²＝ 9kN/

mm^2），具有受力終止時可恢復其特性的特徵。

對豎直荷載爲 250t 的插入鉛棒的疊合橡膠，（橡膠總厚：14mm × 36 層＝ 336mm，橡膠直徑：1000mm，鉛棒 ϕ 130，橡膠硬度：40）。其特性是，垂直方向純壓縮的荷載－位移曲線及伴隨水平方向變形增加的下沉量，顯示出與標準疊合橡膠大致類似的特性。

靜力作用下水平方向的恢復力特性，即紡錘形的能量吸收滯回環如圖 2.18 所示。滯回環的原點與包絡線相連得出的所謂等效剛度：隨著水平變形的增加慢慢降低（圖 2.19）。另外，根據滯回環求得的等效阻尼比，隨變形增大，顯示出大約爲某一定值，設計值 10％。靜力與動力的對應關係，從剛度和等效粘性阻尼比兩個方面也難看出有何差異（圖 2.19，圖 2.20）。圖 2.22 表示了隨應變速率的變化進入鉛棒的疊合橡膠強度的變化[6][7]。顯然在應變速率變爲極小時，鉛棒的強度大大降低，但在以地震爲對象的場合沒有多大問題。在多次反覆加載的情況下，恢復力特性漸漸劣化（圖 2.23）。但如上所述，鉛有受力終止時可恢復其特性的特性（再結晶化），即不會失去原來的特性[6]。此外，鉛棒所吸收的能量變爲鉛自身的溫度升高，承受百分之百剪應變的一次地震反覆作用荷載，將導致其溫度升高約 30°C～60°C。

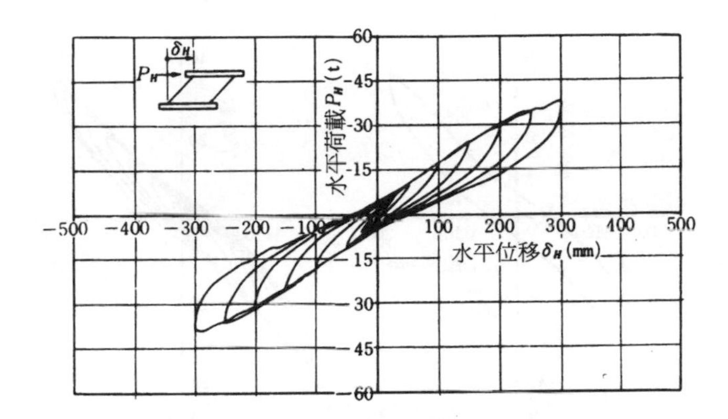

圖 2.18　水平荷載－水平變形關係

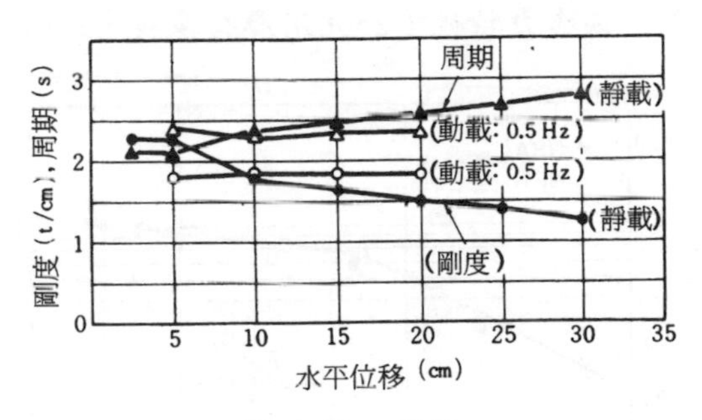

圖 2.19　剛性

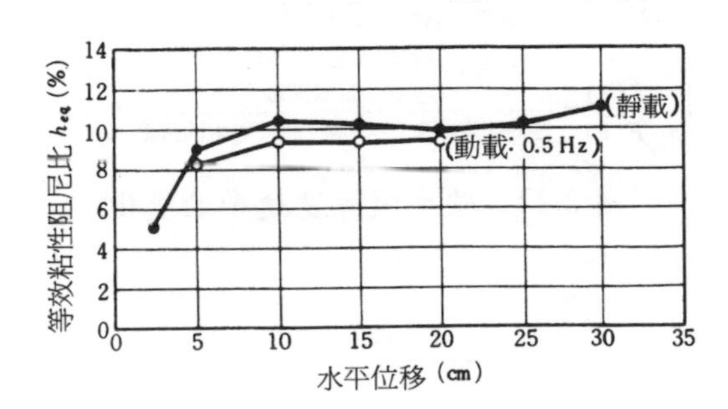

圖 2.20　等效粘性阻尼比

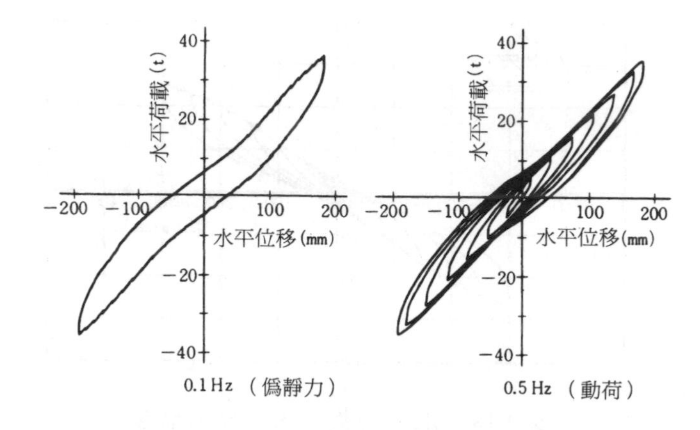

圖 2.21　恢復力特性（250t 用疊合橡膠，±200mm）

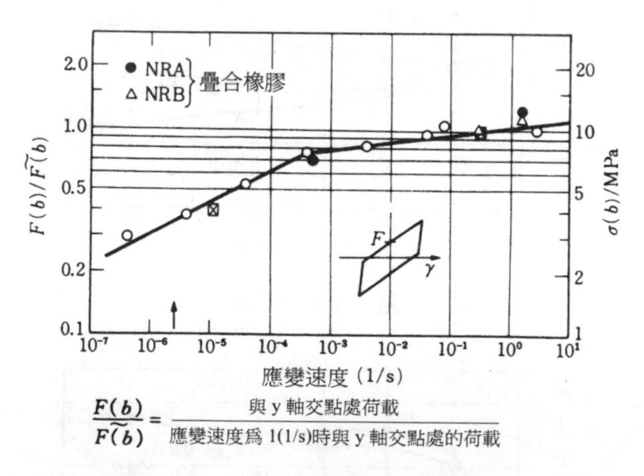

$$\frac{F(b)}{\widetilde{F}(b)} = \frac{\text{與 y 軸交點處荷載}}{\text{應變速度爲 1(1/s)時與 y 軸交點處的荷載}}$$

圖 2.22　強度隨應變速率的變化

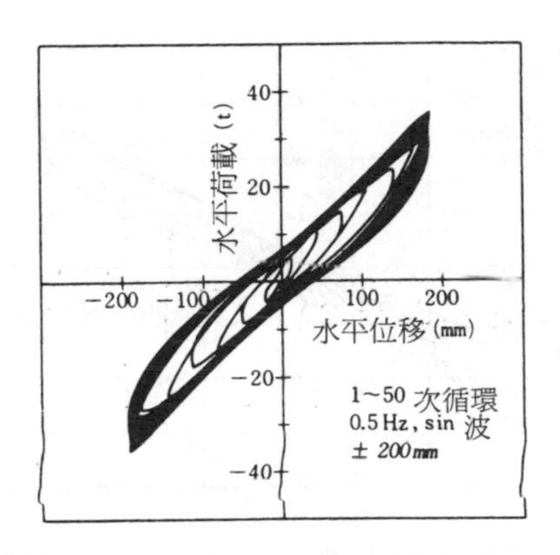

圖 2.23　恢復力特性（250t 用標準疊合橡膠）

㈢高阻尼疊合橡膠

高阻尼橡膠是在橡膠材料中加入石墨，使疊合橡膠自身具有阻尼性能。根據石墨加入量的多少，可以調整阻尼的大小是其特徵，橡膠材料特性的比較示於表 2.1。

承受 250t 豎向荷載的高阻尼疊合橡膠（橡膠總厚：63mm × 62 層＝ 265mm，橡膠直徑：734mm，橡膠硬度：63）[3]的特性敘述如下。豎向純壓縮的荷載——位移曲線及隨著水平變形增加豎向下沉量，具有與標準疊合橡膠大致類似的特性。

靜力作用下水平方向的恢復力特性與揷入鉛棒的疊合橡膠一樣，具有仿錘形的滯後回環（圖 2.24），等效剛度隨水平變形的增加而逐漸降低（圖 2.25），等效粘性阻尼比在位移較大時爲一常值（設計值 10％）（圖 2.26），特別是在較小變形範圍內有較大阻尼是其優點之一。從靜力與動力情況比較來看，恢復力特性（圖 2.27）、剛度（圖 2.25），以及等效粘性比（圖 2.26）都具有相當好的對應關係。多次反覆加載下，彈性極限應力降低，而

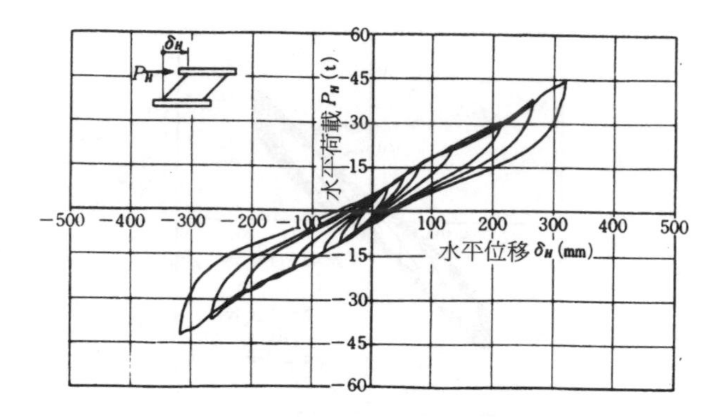

圖 2.24 水平荷載——水平變形的關係

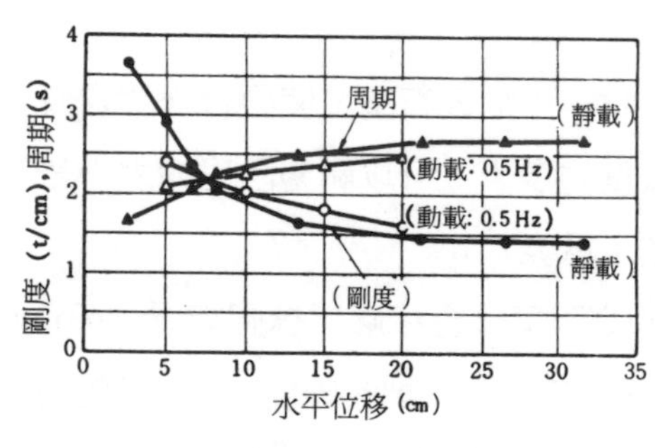

圖 2.25 剛性

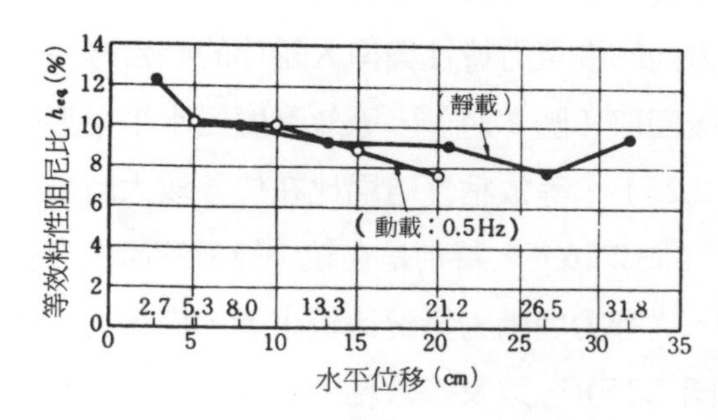

圖 2.26 等效粘性阻尼比

剛度和阻尼受反覆加載次數的影響很小。但同樣的應變下，第一個滯回環與第二個滯回環之間可以看出若干差別（圖 2.28、圖 2.31、圖 2.32）[9]，50 次反覆加載下（振幅±200mm，頻率 0.5Hz，正弦波）溫度約上升 2°C。豎向荷載對等效剛性的影響示於圖 2.30。事實上，豎向荷載的不同產生的影響幾乎沒有。

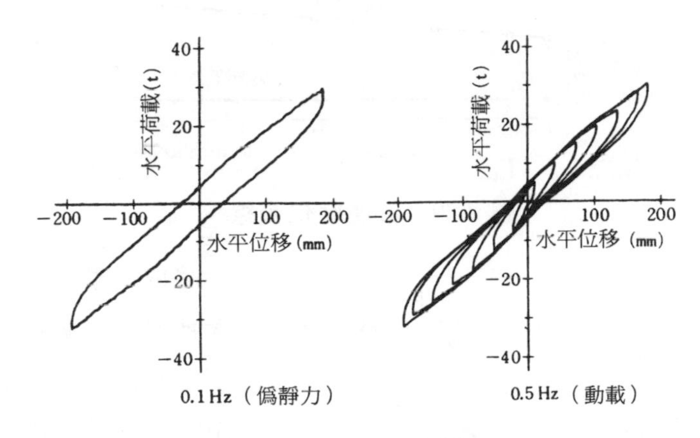

圖 2.27　恢復力特性

2.1.2　滑動支承

滑動支承是不具有明確周期的支承，由於不具有特定的周期，所以具有可在相當廣的頻率範圍內期待隔震效果這一優點。這裡，舉出在不鏽鋼板上滑動的用環氧樹脂製成的表面摩擦材料（以下稱摩擦材料 A）和滾軸支承（以下稱摩擦材料 B）兩例，並對其力學特性作一陳述[10]。

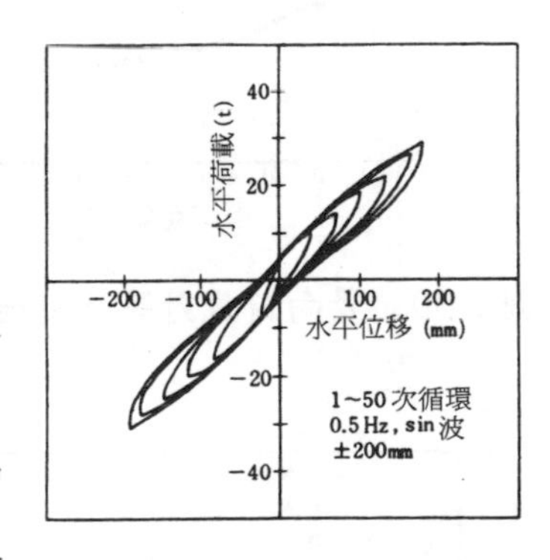

圖 2.28　恢復力特性

如圖 2.33 所示，實驗體是在一次周期爲 1.6s，二次周期爲 0.49s 的二層鋼框架的屋頂上設置的隔震樓板。相對水平力來說，隔震樓板由不鏽鋼板上設置的摩擦材料 A（面壓 22kg/cm^2 = 2.2N/

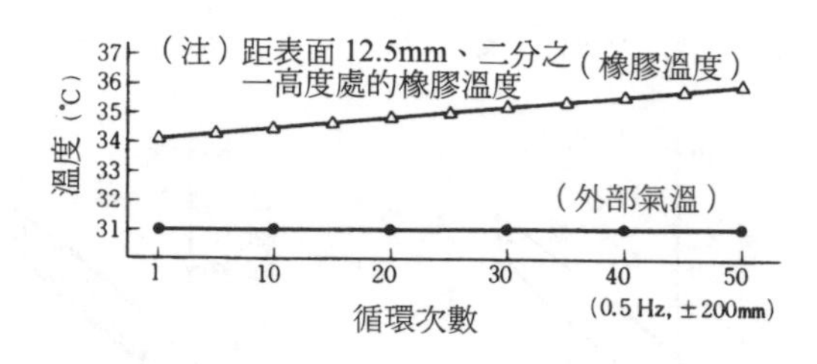

圖 2.29　溫度變化曲線

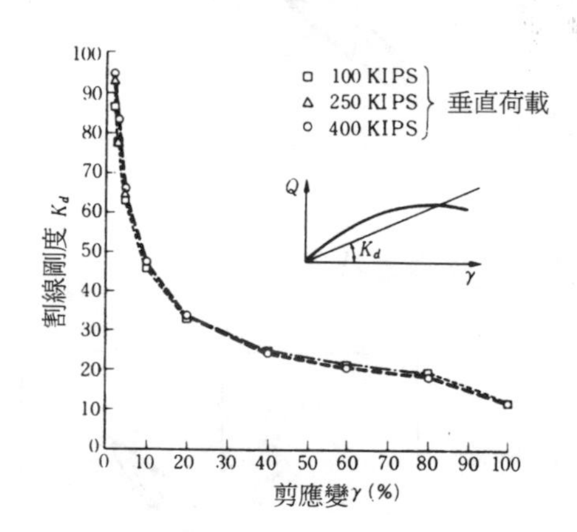

圖 2.30　豎向荷載對等效剛性的影響

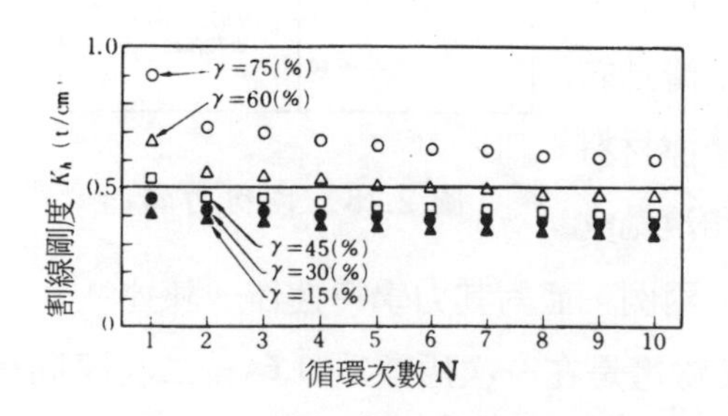

圖 2.31　反覆加載對剛性的影響

mm²)或摩擦材料 B 的滑動支承，並和預加了張力的水平彈簧所組成。恢復力特性的概況如圖 2.34 所示，水平彈簧產生的周期爲 3.58s。加上材料 A 或 B 形成矩形滯回環。若樓板重量爲 W，滑動開始時的動摩擦係數材料 A 爲 0.06W，材料 B 爲 0.01W。材料 A 的摩擦係數與面壓關係的實驗結果示於圖 2.35。靜摩擦係數比動摩擦係數大。此外兩者都與面壓有關。

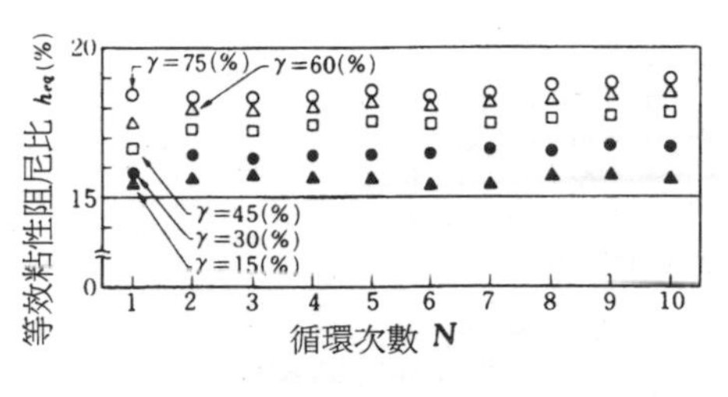

圖 2.32　反覆加載對阻尼的影響

即：面壓增大，摩擦係數減小。由鋼框架的起振機試驗對隔震樓板的隔震效果進行研究的結果示於圖 2.36。隔震樓板大約

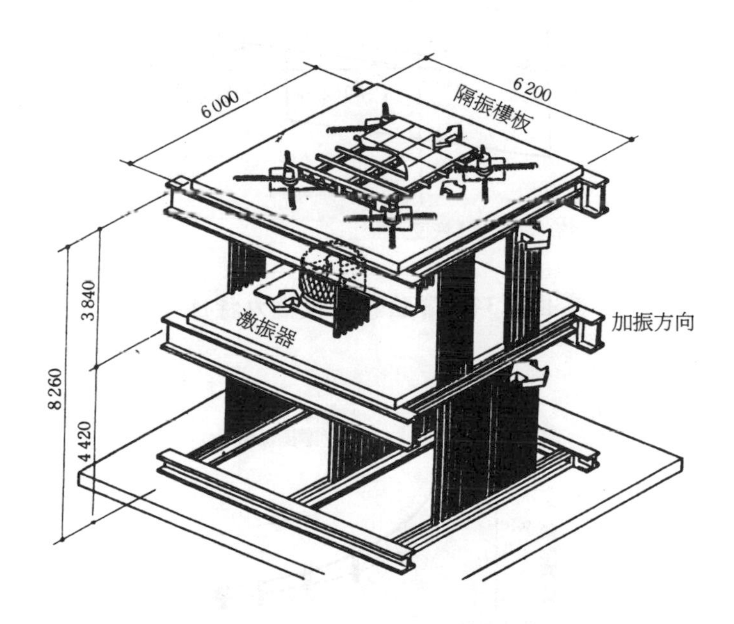

圖 2.33　實驗裝置

在達到預先設定的摩擦係數時開始滑動。如圖 2.37 及圖 2.38 所示。隔震裝置的動作狀態在靜止狀態時，樓面輸入加速度與樓板上的反應加速度是線性關係，但處於滑動狀態時，它們之間形成

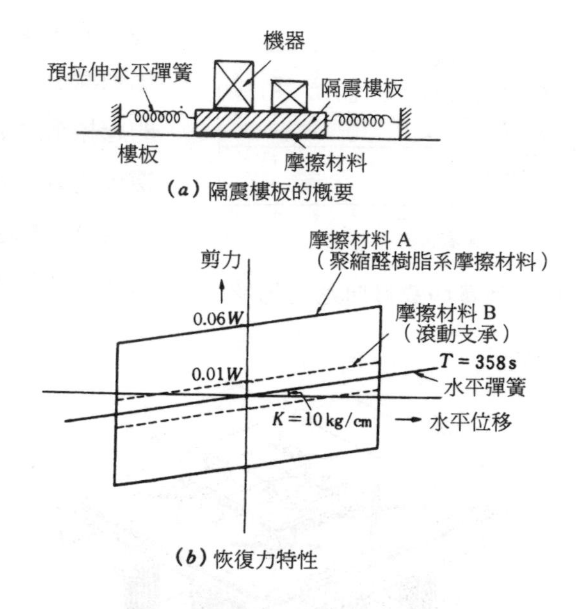

圖 2.34　實驗體的恢復力特性

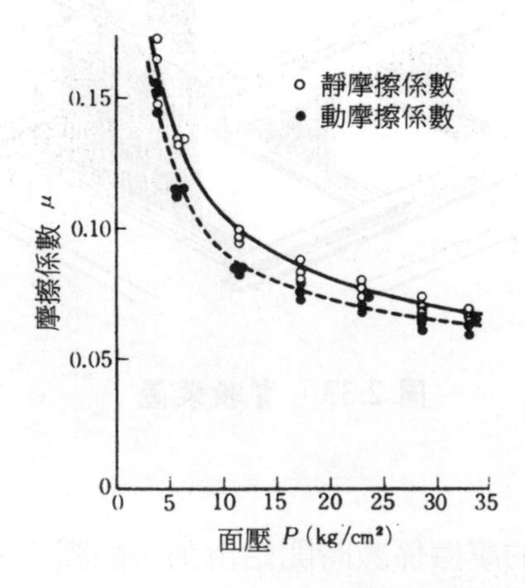

圖 2.35　材料 A 之摩擦係數與面壓關係

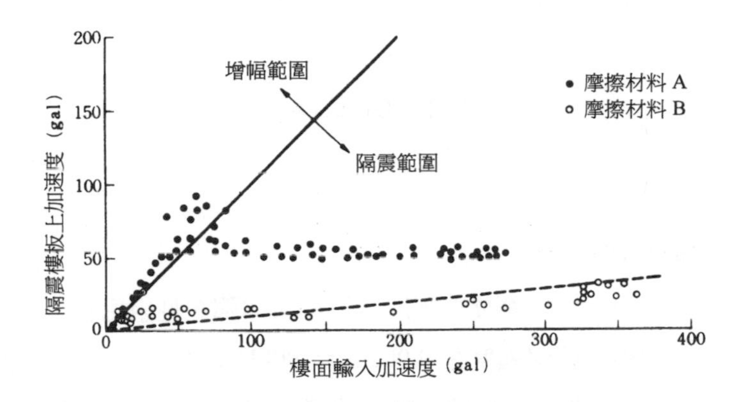

圖 2.36　隔震效果圖

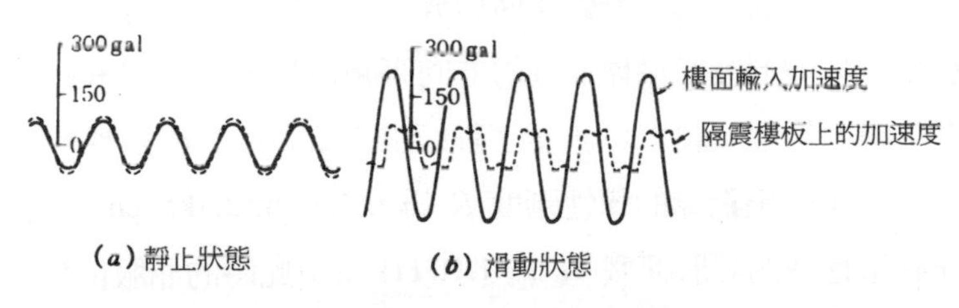

圖 2.37　隔震裝置的動作狀態（摩擦材料 A）

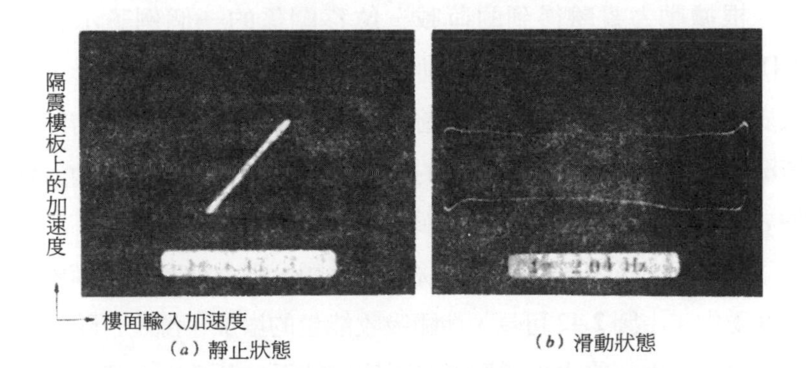

圖 2.38　隔震樓板上加速度——輸入加速度的關係

一個位相差近 90°的矩形環。

2.2 阻尼器

2.2.1 彈塑性阻尼器

以圖 2.39 所示的鋼棒式阻尼器爲例表述彈塑性阻尼器，它是利用特殊鋼棒（屈服強度在 9.0t/cm^2＝ 90kNcm^{2}以上，ϕ 29）的彎曲產生的彈塑性滯回曲線來吸收能量。機構是用三個特殊軸承支承固定於上部結構的懸臂樑而形成的三連樑形式。當在水平方向產生較大變形時的鋼棒沿軸的方向平穩地拔出，在支承點上不會產生應力集中。圖 2.40 表示了靜態加力實驗的二根鋼棒的恢復力特性。每一根鋼棒的彈性剛度 K 爲 0.23t/cm(2.3kN/cm)，全斷面達到塑性時的屈服荷載 θV 爲 1.1t(11kN)；此時的屈服位移δ_1爲 5.3cm。

根據動力實驗得到的荷載－位移關係的一個例子示於圖 2.41。如圖所示，無論靜力或動力的情況，都類似於紡錘形，到大變形情況仍是相當穩定的。圖 2.42 表示每根鋼棒在一個滯回環情況下，各位移振幅處所吸收的能量。由圖可知，靜力或動力實驗之間的差別幾乎看不出來，顯示出大致相同的衰減性能。

圖 2.43 表示按表 2.2 的實驗情況分類，動力加載時，鋼棒的溫度變化。由圖 2.42 可見，伴隨吸收能量的增加，溫度也隨之上升，但在±20cm 的水平變形情況下都使往返加載 5 次，溫度的升高如不超過 30°C。作爲一個例子圖 2.44 中，表示了根據時程分

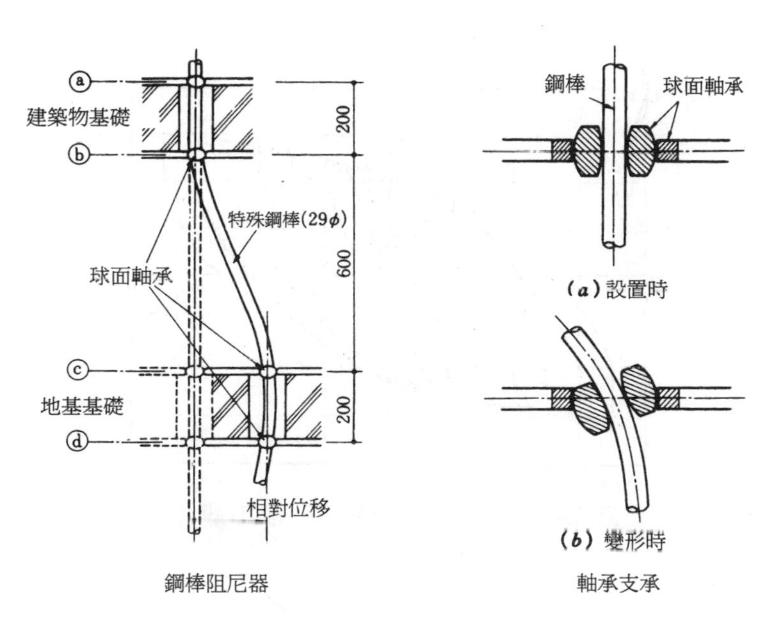

圖 2.39　鋼棒式減震器

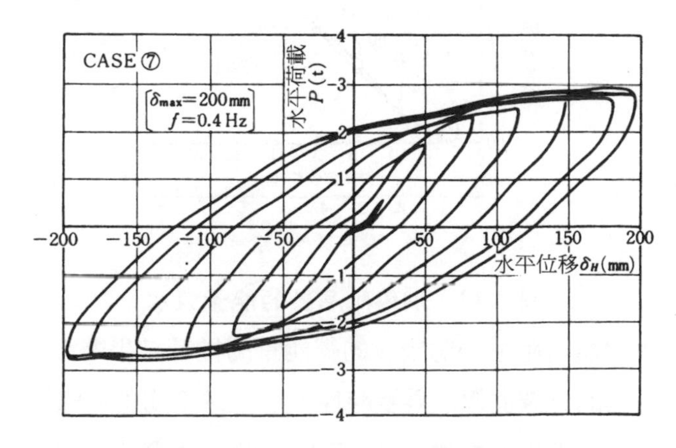

圖 2.40　水平荷載——水平位移關係

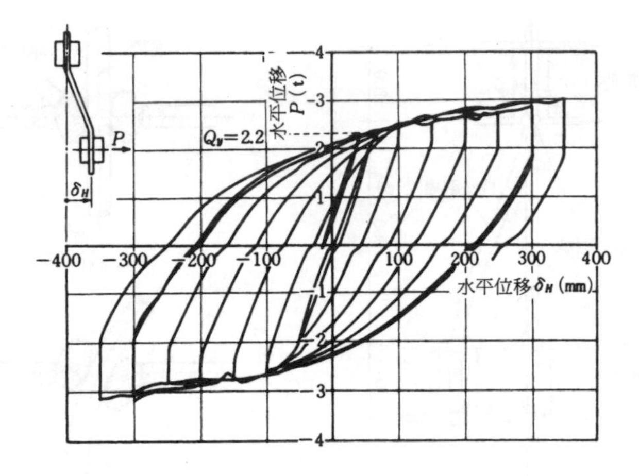

圖 2.41 動力試驗荷載——變形關係

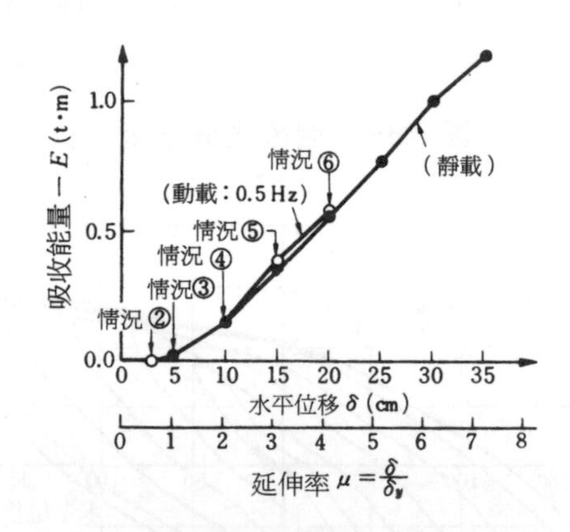

圖 2.42 鋼棒阻尼器的能量吸收

析，在大地震時阻尼器應吸收的總能量的推算結果(18)。計算時，鋼棒阻尼器的骨架曲線取爲雙線性，疊合橡膠簡化爲線性單質點系模型，輸入地震波採用的是修正的十勝沖地震時，在八戶港灣記錄的 Hachinohe 1986 NS 波，波的速度爲 50kine（cm/s，參看第 I 篇第 4 章），並進行增幅修正。

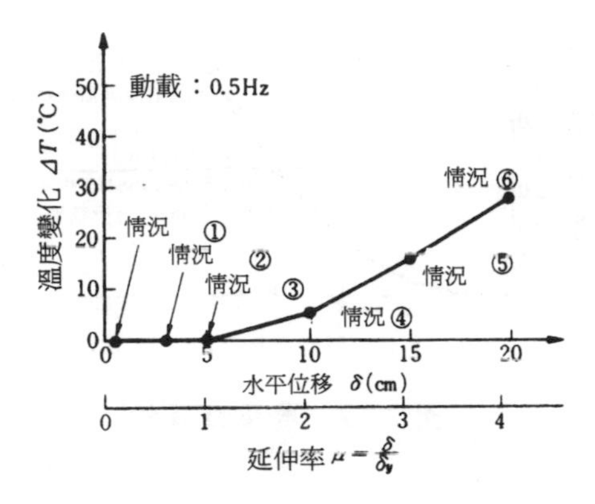

圖 2.43　鋼棒溫度變化

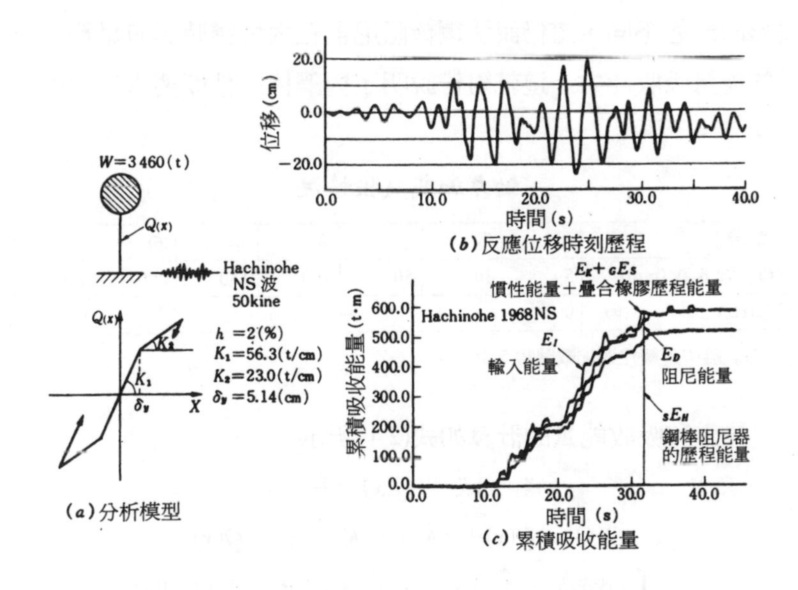

圖 2.44　單質點隔震建築模型的地震及應力分析

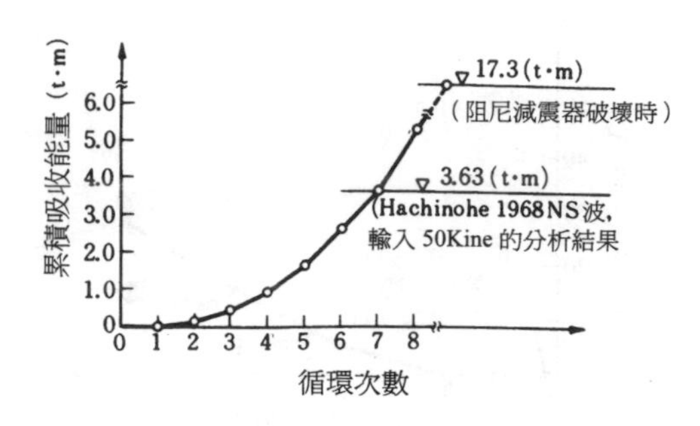

圖 2.45　累積吸收能

如圖 2.45 所示，靜力實驗得到的累積吸收能大大超過根據時程分析所求得的每根鋼棒所要求吸收的總能量。因此，儘管往復變形的形態不同，這仍說明鋼棒阻尼器在大地震時具有足夠所需要的能量吸收能力，這就附帶說明了對鋼棒的性能要求的考慮方法。

動力加載試驗情況

試驗情況	①	②	③	④	⑤	⑥	⑦
位移振幅 $\delta_{m}ax$ (mm)	5	30	50	100	150	200	200
頻率(Hz)	0.5						0.4

注：各試驗中連續往返加載試驗 5 次。

輸入和吸收能量的計算如式(2.1)所示：

$$m\ddot{x} + c\ddot{x} + Q(x) = -\ m\ddot{x}$$

$$Q(x) = {}_{G}Q(x) + {}_{s}Q(x) = {}_{G}K \cdot x + {}_{s}Q(x)$$

$$\therefore \underbrace{\int_0^t m\ddot{x}\,\ddot{x}dt}_{E_k} + \underbrace{\int_0^t c\ddot{x}\,\ddot{x}dt}_{E_D} + \underbrace{\int_{OG} Kx\,\ddot{x}dt}_{{}_{G}E_S} + \underbrace{\int_{os} Q(x)\ddot{x}dt}_{{}_{S}E_H}$$

$$= -\int_0^t m\ddot{x}_0\dot{x}dt$$
$$||$$
$$EI \quad (2.1)$$

式中 E_k 爲慣性能量，E_D 爲阻尼能量 $_GE_S$ 爲疊合橡膠的滯回能量，$_SE_H$ 爲鋼棒阻尼器的滯回能量，EI 是輸入能量。

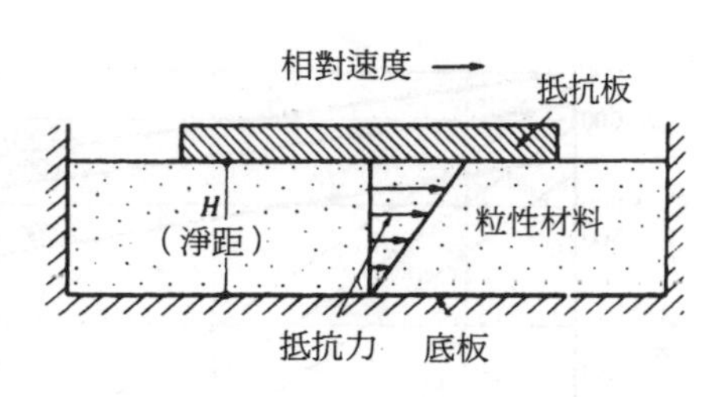

圖 2.46　粘性阻尼器的構造

2.2.2. 粘性阻尼器

粘性體阻尼器的構造如圖 2.46 所示，阻尼力是作用於抵抗板與底板間粘性材料上的抗剪力。粘性材料一般採用粘度爲數千 cSt～數十萬 cSt的高粘度油或硅。這裡cSt（百分之一沱，1 沱＝1cm²/s）爲動力粘度單位。通常，考慮外界溫度等環境條件，多使用對溫度不敏感的硅材料，硅或高粘度油的溫度特性曲線示於圖 2.47。

抗剪力 F 與相對速度 V 之間的關係如式(2.2)，即當粘性係數 a 越高，低抗板面積 s 越大，抵抗板與底板之間的間隔 H 越小，抵抗力 F 越大。

$$F=a \cdot s \cdot \left(\frac{V}{H}\right)^{a} \cdot e^{-\beta t} \tag{2.2}$$

$$V=\frac{2\pi}{T} \cdot \delta \tag{2.3}$$

其中的粘性係數 a 、速度梯度α、溫度係數β等因材料而異，此外，t 是使用溫度，當爲穩態振動時，式(2.3)表示了相對速度 V。通過免震周期 T 與相對位移δ的比例關係。

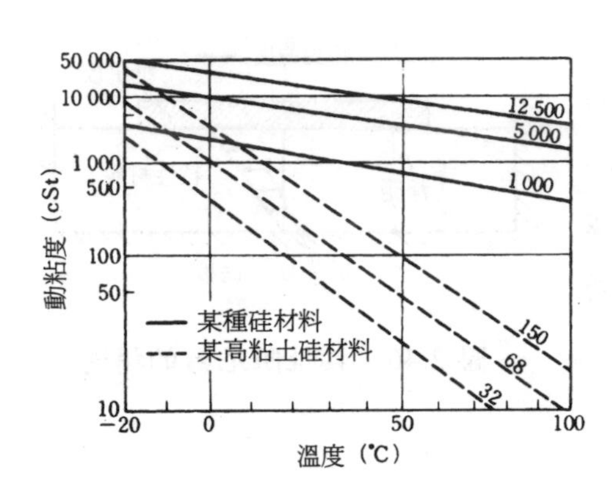

圖 2.47　動力粘度—溫度的關係

圖 2.48 表示了粘性阻尼器的振動台實驗裝置。重量爲 10t 的塊體由兩個豎向設計荷載爲 5t 的疊合橡膠支撐，其中間加設粘性阻尼器，此粘性材料是粘度爲 60 萬 cSt，比重 0.98，折屈率 1.4 的硅材料，抵抗板面積 S 爲 225cm²，實驗時溫度 t 爲 20°C，通過鋼管的螺旋機構用抵抗板的轉動來調整，其特點是在 $X-Y$ 平面內沒有方向性。

圖 2.49 表示由正弦波加振的共振曲線求得的阻尼比 h 和位移δ之間的關係。由此可知，大致可以滿足水平位移爲 10mm～30mm

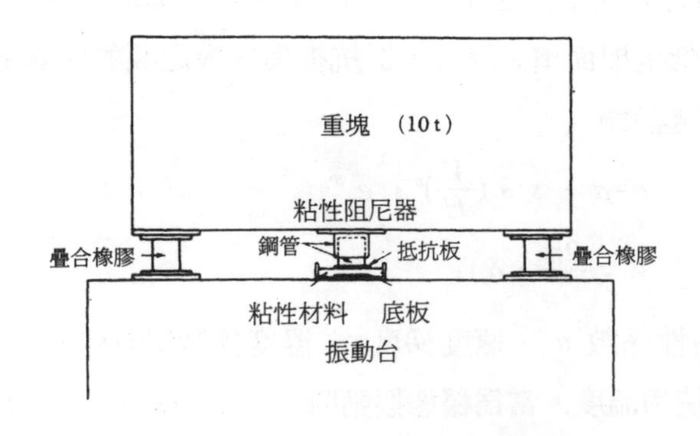

圖 2.48　粘性阻尼器的實驗裝置

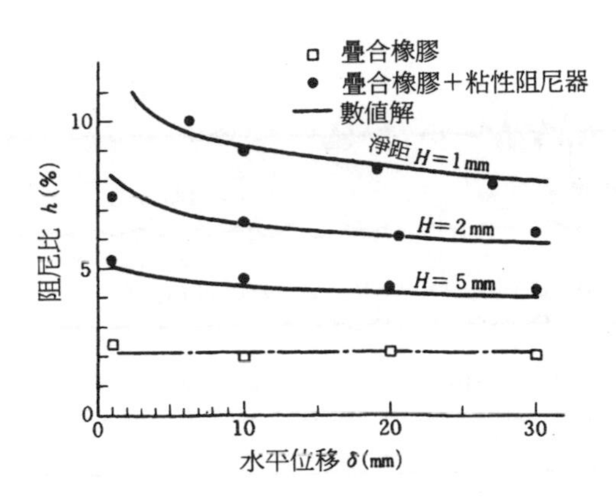

圖 2.49 阻尼常數—變形關係

時，阻尼比爲 7 %～8 %，這樣一個阻尼比的目標值。進行分析時 $a=6.2\times10^{-3}$, $\alpha=0.85$, $\beta=0.02$, $T=1.85\text{sec}$，如圖中實線所示，測定値用圖中「・」表示。另外，圖中「□」所示疊合橡膠的阻尼比 h_r 約爲 2 %，加設了粘性阻尼器時的阻尼比是 h_r 與粘性體阻尼比之和。

圖 2.50 表示了採用隔震周期的正弦波加振時，剪力與相對位移的關係。如圖所示，位移的兩個峰値相連得出的平均剛度大約與疊合橡膠剛度相等，由此可見，當阻尼比小於 10 %時，粘性阻尼器對整個隔震系統的影響較小。

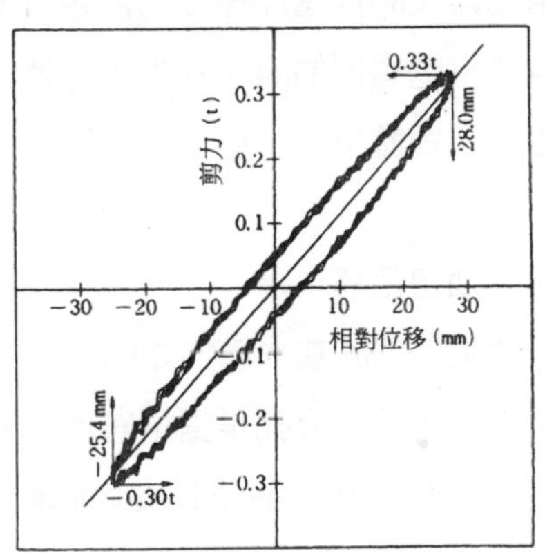

圖 2.50 剪切力—變形關係

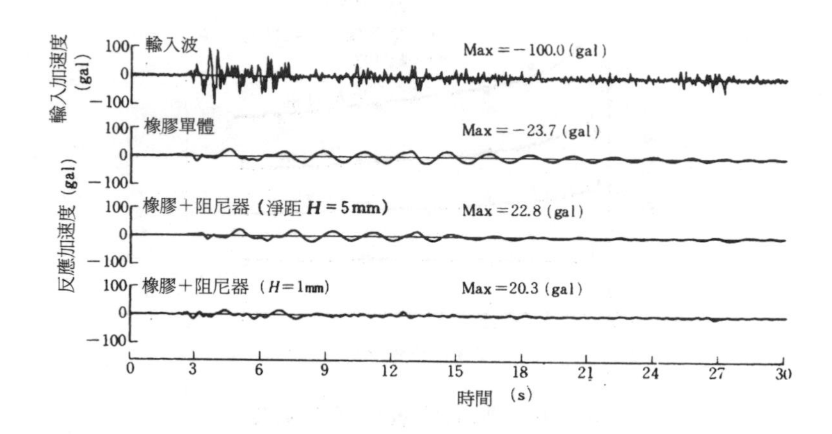

圖 2.51 測定的波形

圖2.51表示了當採用最大加速度爲100gal的El Centro 1940NS波，從振動台輸入時，僅有疊合橡膠時的反應加速度和加放了粘性阻尼器後的反應加速度的測定波形。由於隔震周期與加速度輸入波的卓越周期偏離。粘性阻尼器對最大值沒有起到很大的降低作用，但總體來看，由於阻尼器的存在，反應還是有所減小。

2.2.3 油阻尼器

油阻尼器的基本構造如圖2.52所示，它由活塞、油缸及節流孔構成。所謂節流孔是指具有比油缸截面積 a_1 小的、截面積爲 a_2 的流通通路，當其通路長度比起截面尺寸 a_2 來較短時起節流作用。

抵抗力 F 由節流孔兩側的壓力力差 $|p_1 - p_2|$ 產生；設流

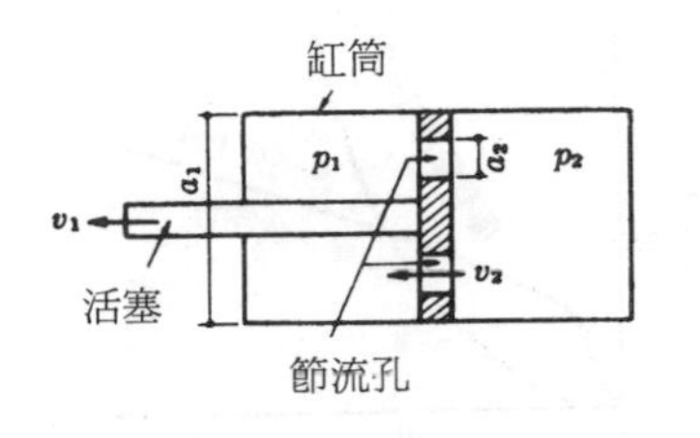

圖 2.52　油阻尼器的基本構造

體的比重爲γ，重力加速度爲 g，用流體連續定理（$a_1v_1 = a_2v_2$, v_1 爲活塞移動速度，v_2 爲流體通過節流孔時的速度）與伯努利方程（$\frac{p_1}{\gamma}+\frac{v_1^2}{2g}=\frac{p_2}{\gamma}+\frac{v_2^2}{2g}$）流量 Q 可用式(2.4)表示，由此所得的壓力差用式(2.5)表示：

$$Q = a \cdot a_2\sqrt{2g \cdot (p_1 - p_2)/\gamma} \tag{2.4}$$

$$\therefore \ |\ p_1 - p_2\ | = \frac{Q^2}{(\alpha \cdot \alpha_2)^2} \cdot \frac{\gamma}{2g} \tag{2.5}$$

這裡，α稱爲流量係數是將理論流量按實際流量進行修正的數值[11]，另一方面，油缸內流量 Q 由式(2.6)表示，由式(2.5)和式(2.6)可得抵抗力 F 併用式(2.7)表示：

$$Q = v_1 \cdot a_1 \tag{2.6}$$

$$F = (p_1 - p_2) \cdot a_1 = \frac{a_1^3}{(a \cdot a_1)^2} \cdot \frac{\gamma}{2g} \cdot v^2 \tag{2.7}$$

從式(2.7)可以看出，這種節流孔油阻尼器的特徵是抵抗力按活塞速度的平方比例增大，在速度比設計目標值爲小時，衰減效果不大，當速度過大時，恐怕又會變成膠著狀態。

這種缺點可以通過加設如圖 2.53 的降壓閥加以改善，降壓閥原本是一旦油壓回路的內壓達到閥的設定值，閥就自動開啓使

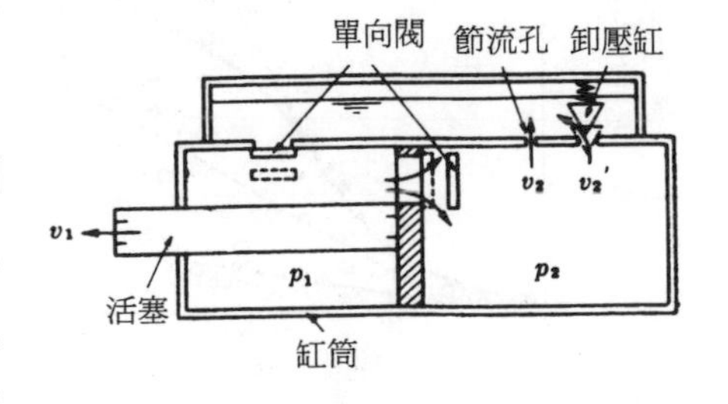

圖 2.53　帶有降壓閥的油阻尼器構造

油通過，以保持回路壓力一定，限制其出現過高壓力的一種保護裝置，自古以來就在使用[11]。這種降壓閥與通路組合起來使用，如圖 2.54 所示，與只使用節流孔的情況相比，速度的依賴性較小，可以在更廣的範圍內使用[12]。

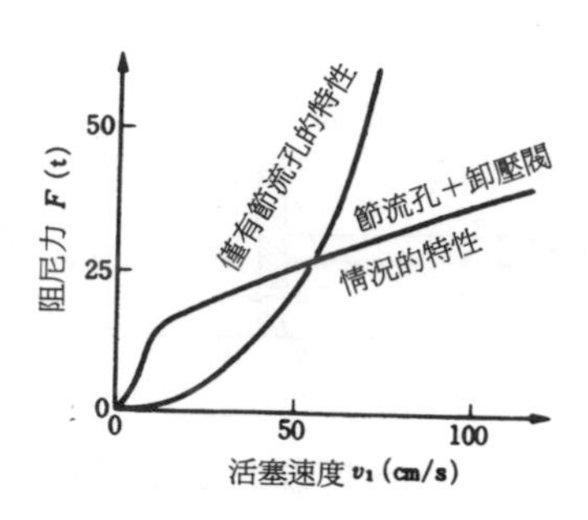

圖 2.54　油阻尼器的抵抗力特性[12]

實驗用的油阻尼器構造如圖 2.55 所示，這種阻尼器現已在電

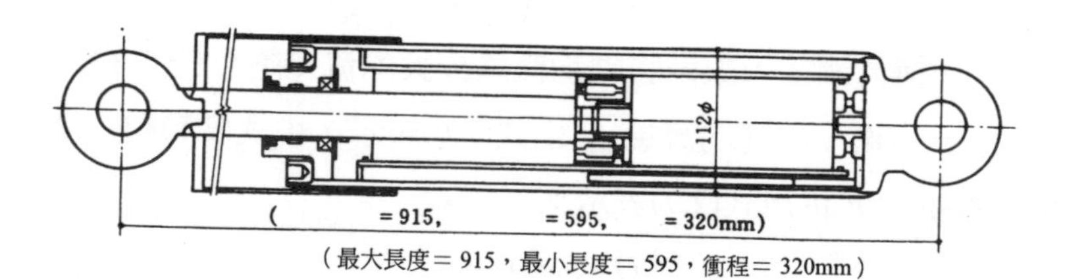

（最大長度＝ 915，最小長度＝ 595，衝程＝ 320mm）

圖 2.55　油阻尼器構造[13]

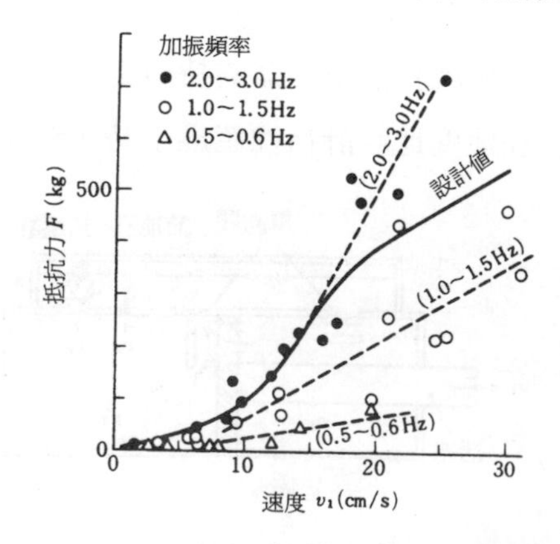

圖 2.56　油阻尼器的抵抗力—速度關係

車中使用，活塞衝程爲±16cm，當速度爲 10cm/s～30cm/s 時，設計抵抗力爲 100kg～500kg (1000N～5000N)。

實驗情況同前述的粘性阻尼器一樣，在振動台上，用二個設置豎向荷載爲 5t的疊合橡膠來支持一個 10t 的塊體，其間加設阻尼器。

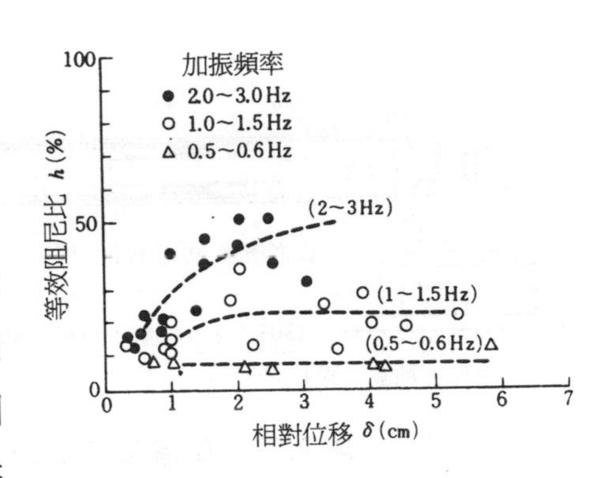

圖 2.57　油阻尼器的阻尼—位移關係

抵抗力與速度的關係及阻尼與位移的關係分別示於圖 2.56、圖 2.57。由圖可見，雖然測定值在相當大的範圍內是離散的，如果將加載頻率分爲 2Hz～3Hz（圖中「・」表示）、1.0Hz～1.5Hz（「○」表示）、0.5Hz～0.6Hz（「△」表示）時，則各頻率段分別有某種傾向。另外，還可以看出，即使處於同一速度，如果頻率下降，則衰減性能減小。設計值如圖 2.56 中的實線所示。它與頻率爲 2Hz～3Hz 的情況大致對應。儘管上述實驗僅對現成的某一種類阻尼器而言，不可一概而論，但仍可說明油阻尼器在設計時，有必要考慮速度或位移、頻率和溫度等因素的影響。這個例子是抵抗力較低的情況，就是製作抵抗力爲 10t 的設備也並不困難。

2.2.4　摩擦阻尼器

摩擦阻尼器採用筒與內筒之間的滑動摩擦方式，其機構如圖 2.58 所示。擦擦力的大小靠盤形彈簧及楔形機構來調整[14]。設計的摩擦力雖可達到±10t(100kN)，但在這裡表示的是摩擦力爲±2t，

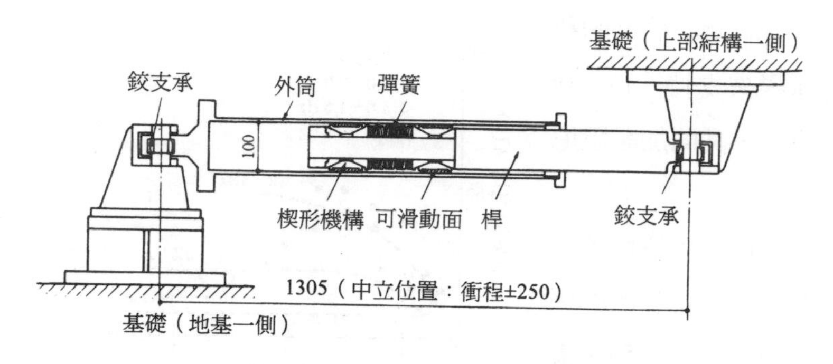

圖 2.58　摩擦阻尼器的構造

可動衝程爲 250mm 的實驗結果。

靜力下的荷載一位移曲線如圖 2.59 所示。超過設計摩擦力 2t (20kN)時開始滑動。圖 2.60 是在準靜力反覆荷載（0.25Hz，正弦波）作用下，振幅至大變形爲±200mm 時的荷載一位移圖。變形較小時，幾乎爲矩形環，大變形時略微變成扇形環。圖 2.61 表示動態輸入 0.5Hz 的正弦波時，其滯回環的情況。它與靜力滯回環（圖 2.59）之形狀大致相似。但變形回復時，在第二、四象限有由靜摩擦向動摩擦過渡的現象產生。這種現象從加力至±200mm 的大變形的實驗結果中，也可以看到（圖 2.60）。多次往復變形後外荷載慢慢減小、引起溫度慢慢升高。停止加載溫度降低後，如果再次進行加載實驗可以得到與當初同樣的特性。由中、小地震出發，直到將大地震作爲對象的大變形範圍，設計成具有矩形滯回環恢復力特性的摩擦阻尼器是可能的。

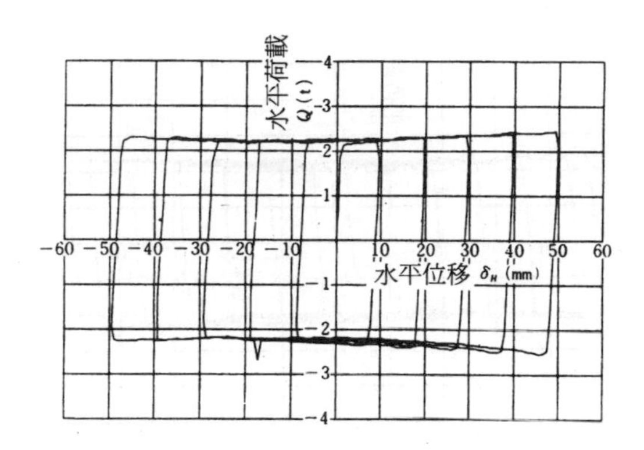

圖 2.59 水平荷載—水平位移關係（±50mm 靜力）

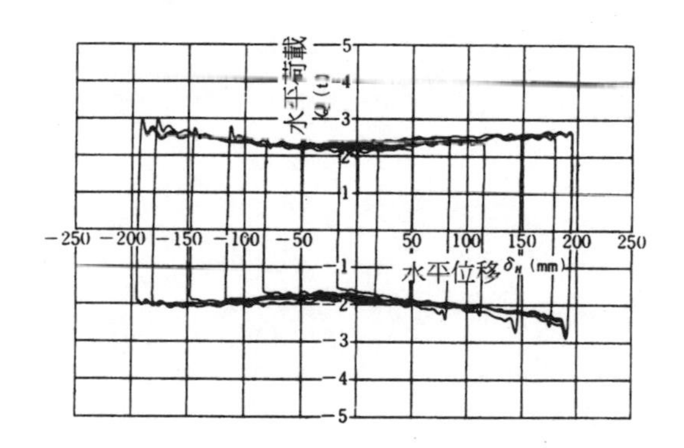

圖 2.60 水平荷載—水平位移關係（±220mm 準靜力，0.25Hz 正弦波）

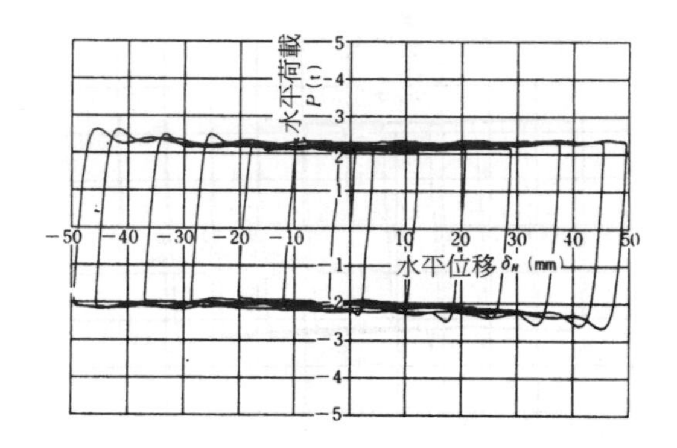

圖 2.61　水平荷載—水平位移曲線（±50mm，動載 0.5Hz 正弦波）

参考文獻

1) 田崎貞則：免震時積層ゴムの開發と現狀，機械力學ワークショップ資料，昭和 62 年 4 月。

2) 深堀美英：免震構造のしくみと免震ゴムの耐久安全性，化學雜誌 MOL，昭和 61 年 11 月號。

3) 武田壽一・岡田　宏ほか：構造物の免震に關する研究（その 1-その 12），日本建築學會大會學術講演梗概集，昭和 59 年 10 月，昭和 60 年 10 月，昭和 61 年 8 月。

4) 芳沢利昭：免震用積層ゴムの開發動向と試驗・實施例，日本計畫研究所セミナー，昭和 60 年 12 月。

5) 武田壽一・角田智彥・岡田　宏ほか：構造物の免震に關する研究（その 2），大林組技術研究所報，No.36, pp.78-82, 1988。

6) オイレス工業株式會社技術資料：LRB 特性，昭和 60 年 7 月。

7) Tyler, R. G. and Robinson, W. H.: High-Strain Tests on Lead-Rubber Bearings for Earthquake Loadings, Bulletin of the New Zealand National Society for Earthquake Engineering, Vol.17, No.2, June, 1984.

8) Celebi, M. and Kelly, J. M.: The Implementation of Seismic Reduction by Base Isolation, Proc. of the 2 nd International Conference of Soil Dynamics and Earthquake Engineering, on boad the liner, the Queen Elizabeth 2, New York to Southampton, June / July, 1985.

9) 武田壽一ほか：高減衰積層ゴムを用いた免震・防震システムの開發（その 1），日本建築學會大會學術講演梗概集，昭和 62 年 10 月。

10) 中川恭次・島口正三郎ほか：ダイナミック・フロア・システムに關する實驗的研究（その 1），大林組技術研究所報，No.16, 1978。

11) 油壓教育研究會編：油壓教本，昭和 51 年 3 月。

12) 萱場工業株式會社社內技術資料。

13) トキコ株式會社社內技術資料。

14) 寺本隆幸，荒木健詞ほか：摩擦ダンパーの超高層建物への適用（その 1-その 3），日本建築學會大會學術講演梗概集，pp.873-878，昭和 62 年 10 月。

第3章　隔震部件的耐久性和耐火性

3. 1　耐久性

疊合橡膠的橡膠材料在日本主要使用天然橡膠。而且在各國橋樑支承的標準規格也僅使用天然橡膠和以氯丁作爲材料的合成橡膠。天然橡膠的力學性質，特別是二烯低溫特性、抗裂性、耐水性等一般比合成橡膠優越(1)。以下僅對採用天然橡膠的疊合橡膠進行敘述。

疊合橡膠在承受長期豎向荷載的同時，受到日常微振動、氣溫變化引起的熱脹冷縮以及空氣、水等帶來的化學作用。在置於建築物基礎的情況下，由於不受陽光的直接照射，溫度處於－10°C～40°C的範圍內。本章以上述條件爲前提，對耐久性進行研究。

3.1.1　橡膠材料的耐久性(2)

天然橡膠學名乙甲基丁乙烯，是長鏈狀連接的高分子結構。未加工時，不具備除去外力後能恢復原來形狀的彈性性能。因此，利用天然橡膠的碳原子二重結合的活性，加熱加壓與硫磺發生反應，橡膠分子在所有地方如同渡橋，防止長分子鏈的滑移，從而，具有了彈性性質和強度，這就是所謂的加硫。此外，橡膠與大氣中的氧發生氧化反應，引起強度及其他物理性質發生變化，這種現象稱爲老化。溫度會加速老化。就溫度與橡膠的物理性質的關係來說，與反應速度有關的法則一般都適用；即可用熱促進試驗對橡膠的壽命及各種特性的劣化程度進行推定；加硫及配合比的變化可以調整橡膠的老化。

疊合橡膠的材料由未加硫橡膠、填充物以及爲了製造工程上的加硫和防氧化所需要的添加劑組成。作爲填充物，爲了增加剛度和硬度經常使用石墨；但石墨是蠕變增加的一個重要原因。爲了不產生過大的蠕變，在使用石墨時要謹愼。此外，作爲添加劑，使用耐臭氧的材料和耐氧化劑，以控制臭氧斷裂的發生和氧化引起的劣化。

疊合橡膠材料的拉伸斷裂、極限伸長和應力－應變的特性，與橡膠材料的配比有關。在疊合橡膠的設計中，既要考慮日常荷載引起的壓縮應變、地震時荷載引起的壓縮應變及水平變形引起的剪應變，又要考慮由於橡膠材料的劣化引起的極限拉伸變形的減小。就橋樑的橡膠支承來說，極限拉伸的最小值要求作爲規範是確定的。如按 JISK6301 之 3 的拉伸試驗，橡膠拉伸的品質規格規定爲 400 ％以上[3][4]。

3.1.2 疊合橡膠的耐久性

對於疊合橡膠的耐久性，有必要對使用環境下的劣化、疲勞或蠕變，大地震時的大變形等情況進行探討。

(一)環境的影響

由於下列原因可以使構成疊合橡膠的橡膠材料發生劣化。採用通常加添加劑的方法等，以除去或減少這些影響。

1)氧化

氧化使疊合橡膠的長期蠕變增加，促使橡膠材料的物理性質劣化，且溫度上升時，這種影響會加速。對此，可採用耐氧化劑。

2)臭氧化龜裂

橡膠材料的外露部分受到拉力時，由於與臭氧接觸，易產生局部的臭氧龜裂。爲了防止臭氧龜裂，可添加耐臭氧劑，也可使用蠟，以便在疊合橡膠表面形成保護膜，還可在疊合橡膠的外周邊設置由耐臭氧材料構成的保護層等。此外，也有在設計疊合橡膠時，減小疊合橡膠周圍的應力，以防止臭氧龜裂。

3)化學變化

由於疊合橡膠設置於建築物的基礎，所以對油和化學藥品的耐久性一般不成問題，對於某些特殊要求，可在設計構造上比較容易地予以滿足。

㈡疲勞

與金屬一樣，橡膠即使在承受比破壞應變小得多的應變時，由於反覆加載，仍有可能由於疲勞而產生破壞[(2)]。

橡膠材料的疲勞破壞是由於橡膠的不均勻性使得損傷積累而產生的。無論什麼樣的橡膠都有缺陷，在疊合橡膠變形時，該部分由於拉力集中，局部產生微小龜裂，這一龜裂在疲勞過程中逐漸開展爲裂縫，造成缺陷。

此外，臭氧劣化所產生的裂縫在疲勞過程中逐漸開展，裂縫尖端的應變增加，最後也可導致物理性拉裂。

㈢蠕變與應力緩和

橡膠在長期荷載作用下產生蠕變和應力緩和。蠕變就是指一定荷載下變形仍在進行的現象；應力緩和則是指在一定的變形下高應力部分的應力減小、應力平均化現象。

在疊合橡膠的壓縮中的蠕變與應力的大小（面壓）、橡膠材料的性質、形狀及溫度有關。在後述有關疊合橡膠的耐久性的實際業績中，敘述了倫敦 Albany Court 公寓中的防震支承，然而它的蠕變是很小的。此外，多田等[5]也根據疊合橡膠加熱促進試驗進行的蠕變試驗來推定長期的蠕變量，結果顯示蠕變是極其慢的，認爲在設計上可以忽略。

3.1.3 關於橡膠耐久性實驗

以豎向設計荷載爲 5t(50kN)的疊合橡膠上加載 5t，進行長期加熱劣化促進試驗，考察疊合橡膠的蠕變及剛度變化。

橡膠材料的基本配比如表 3.1 所示，橡膠的基本物理性質如表 3.2 所示，用於 5t(50kN)的疊合橡膠尺寸如表 3.3 所示。加熱劣化促進溫度爲 70°C，實驗持續 540 天，換算成 20°C的溫度條件約相當於 280 年。使用的加熱劣化促進試驗機如圖 3.1 所示，加熱劣化促進試驗中豎向設計荷載爲 5t 的疊合橡膠試驗體如圖 3.2 所示。加熱劣化試驗中，定期地將試驗體取出，測定其蠕變量。水平剛度使用如圖 3.3 的靜力試驗裝置測得，豎向剛度用普通試驗機測得。

表 3.1　橡膠的基本配比

成分	重量（%）
天然橡膠	68
石墨	18
硫化劑	2
其他 {硫化促進劑 老化防止劑	12

表 3.2　橡膠的基本物理性能

硬度 (JIS A)	25 %應力	拉伸率 (JIS K)(%)	拉伸強度 (kg/cm^2)	剪切模量 G (kg/cm^2)	彈性模量 E (kg/cm^2)
40±5	3.4±1	＞500	＞200	5.6	11.5

注：1kg ＝ 10N　kg/cm^2＝ 10N/cm^2＝ 1N/mm^2。

表 3.3　疊合橡膠的尺寸及其他

橡膠的種類	天然橡膠
橡膠片單位厚度	2.5mm
疊合橡膠的片數	65 片
內插的鋼板厚	0.8mm
鋼板直徑	150mm

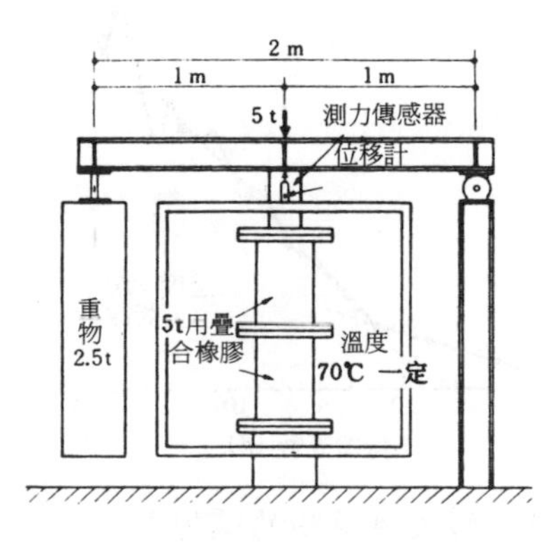

圖 3.1　加熱劣化試驗裝置

圖 3.2　加熱劣化試驗體

蠕變如圖 3.4 所示，水平剛度和豎向剛度的變化分別由圖 3.5、圖 3.6 表示：蠕變在加熱開始時急劇增大，以後與加熱劣化的日數呈比例緩慢增大，實驗結束時約爲橡膠總厚度的 6 %。就剛度情況來看，水平及豎向剛度在加熱劣化開始時，比其初始剛度有所增大，其變化率最大時約比初始值大 20 %，然而，加熱劣化到某種程度可看到剛度變小的傾向。從這個實驗結果來看，由於疊合橡膠的劣化帶來的蠕變和剛度變化，對於使用年限爲 60 年的建築物來說是沒有問題的。

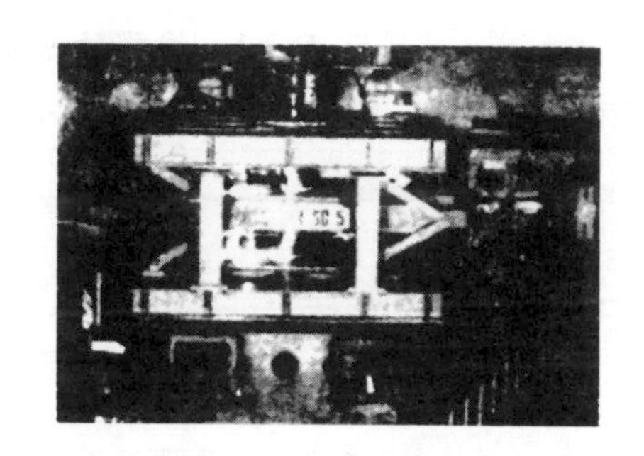

圖 3.3　靜力試驗裝置

3.1.4　有關疊合橡膠耐久性的應用成果

現舉如下幾例，以評價疊合橡膠的耐久性。

㈠英國有關應用天然橡膠的疊合橡膠耐久性實例

1)橋樑內的支承[(1)(7)]

首次眞正使用天然

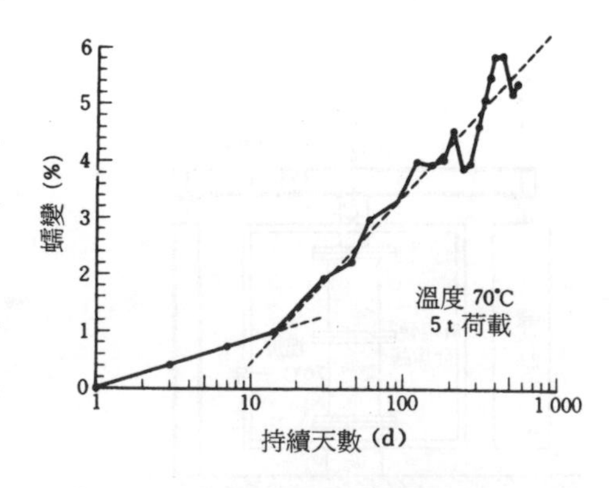

圖 3.4　耐久性試驗的蠕變量（2 個疊合橡膠的平均）

橡膠作爲疊合橡膠是1956年在英國林肯市(Lincoln)建成的潘海姆(Pelham)橋的橋樑用支承，並使用了耐臭氧劑。十六年後的調查表明，承受長期荷載爲130t的32個疊合橡膠(600mm × 400mm × 180mm H)中，均未見到由臭氧引起的表面裂紋。

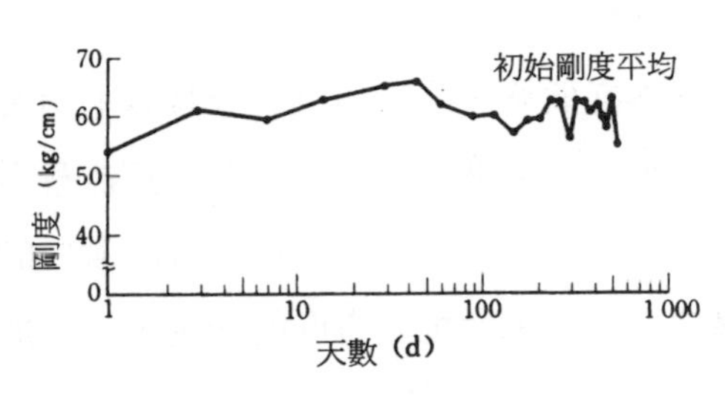

圖 3.5　水平剛性的變化（P_v = 5t (50kN)，初始剛度平均）

2)防震用的疊合橡膠[7][8][9]

1966年在倫敦建造的六層Albany Count公寓中，爲了隔絕地鐵的振動（約22Hz），英國首次將天然疊合橡膠用於建築物中，1400t的建築總重量，用13個承受60t～220t長期荷載的疊合橡膠(600mm × 300mm × 180mm H～500mm H)來支承。建築物的固有頻率，垂直方向爲7Hz，水平方向爲2.5Hz。在以後的八年中一直持續定期地測定蠕變值，結果顯示與實驗室的促進試驗得出的蠕變理論式非常一致。由此預測一百年後的蠕變總量約爲5.4±0.4mm。因此，

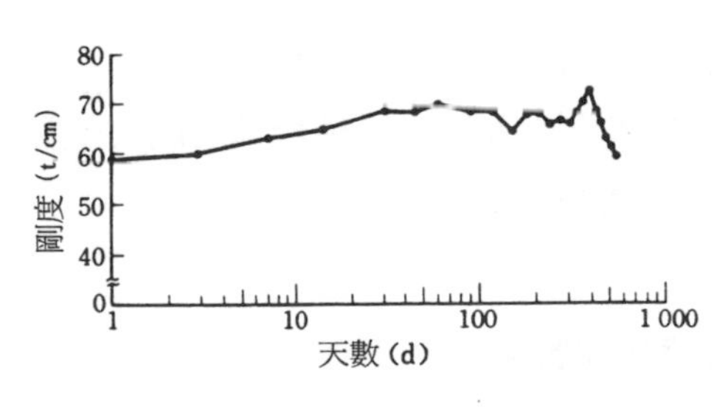

圖 3.6　豎向剛性的變化（2個疊合橡膠的平均）

疊合橡膠的蠕變帶來的問題不是很大。

㈡日本有關應用氯丁二烯疊合橡膠的耐久性實例

氯丁二烯橡膠的物理性質適用於疊合橡膠，耐風雨及自然老化的性能極強，因此，用氯丁橡膠製成的橡膠支承，作爲橋樑的彈性支承，承受垂直方向的作用力，且能起到避免溫度伸縮及回轉的效果，除鐵道橋樑之外，高速公路橋、港灣的棧橋、高架步道橋、高速道路的引橋坡道中都有很多應用實例。

以 1961 年（昭和 36 年）完成的國鐵東北線鬼怒川鐵橋（全長 450mm，15 跨，支壓面積 300mm × 600mm，厚 10mm 的橡膠與 1mm 的不鏽鋼板組成的疊合橡膠，一年中承受三萬輛總重量爲 1000 萬噸以上的列車通過）爲例，經過十七年使用的橡膠支承，初始抗拉強度及拉伸性能仍保持 80％～90％，蠕變亦很小，因此，推算有效壽命爲六十五年(10)。

3.2 耐火性

火災時，由於橡膠的燃燒和鋼片的熱傳導性引起的橡膠和鋼片的接合部的損傷等，有可能造成疊合橡膠性能的降低。

在此，根據標準疊合橡膠有插入鉛棒的疊合橡膠的火焰暴露性能試驗結果，簡述疊合橡膠的耐火性。

3.2.1 標準疊合橡膠的火焰暴露實驗(11)

圖 3.7 是設計荷載爲 100t 的疊合橡膠(279mm × 406mm × 125mm H)，其側面有 2 英寸的保護橡膠，如圖 3.8 所示加設熱電

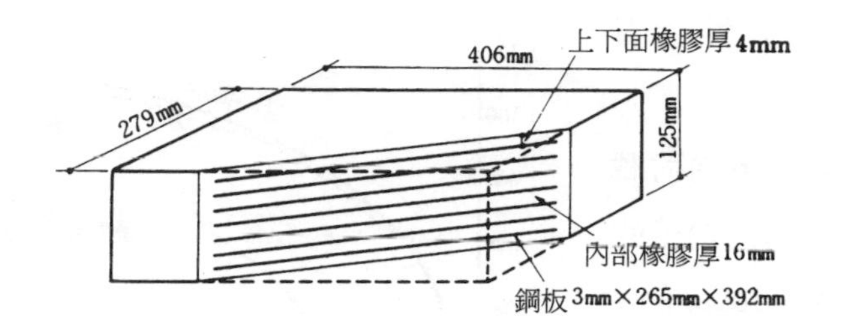

圖 3.7　火焰暴露試驗用的疊合橡膠

偶。根據英國標準 476（第一部分：1953 的建築材料和結構物的耐火試驗，由加熱爐使其在 1100°C 的條件下燃燒。結果如圖 3.9 所示，不接觸氧氣的部分，在達到 200°C時仍具有支

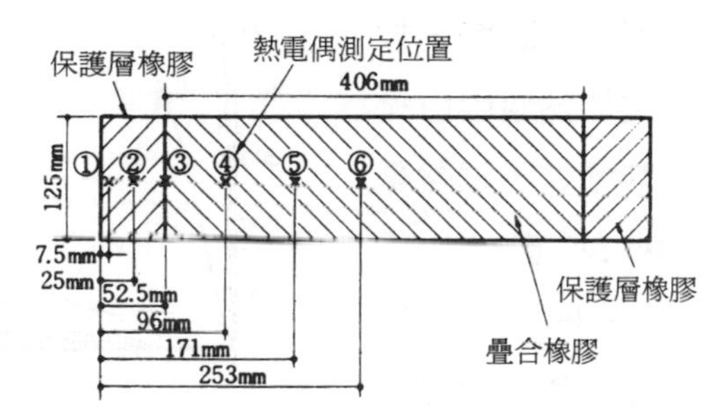

圖 3.8　試驗用橡膠熱電偶的加設位置

持荷重的能力，具有 3 小時(h)20 分鐘(min)的耐火性能。橡膠本身不易燃燒，覆蓋上較厚的耐火層後，耐火性能會得到進一步改善。

3.2.2　插入鉛棒的疊合橡膠在火焰燃燒後的加載性能實驗[12]

建築物在火災發生時，假設火災總能通過某種途徑到達疊合橡膠，在這種情況下，爲了得到疊合橡膠還能否支承建築物的垂直荷載的判別資料，以下進行插入鉛棒的疊合橡膠在火焰暴露實

驗後的加載性能實驗。

將設計豎向荷載爲 20t 的插入鉛棒的疊合橡膠（200mm × 250mm × 164.8mm *H*，鉛棒直徑爲 50mm）試驗體，放入丙烷加熱爐中由火焰使其燃燒，試驗體周圍的溫度爲 500°C～700°C，火焰暴露時間爲 30 分鐘。

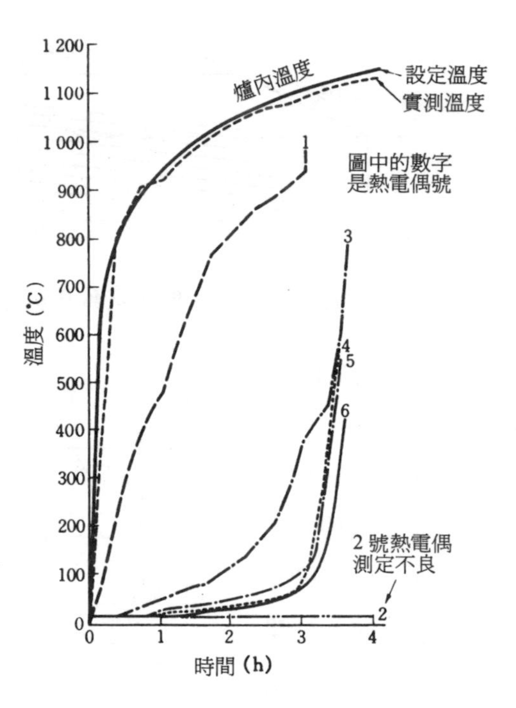

圖 3.9　火焰暴露試驗中疊合橡膠內部的溫度

將試驗體從加熱爐中取出，燃燒完成的十分鐘內進行抗壓性能實驗。結果可確認：在達到設計荷載 20t 的 10 倍 200t (2000kN)時，仍有抗壓能力，因此，火焰暴露後的插入鉛棒疊合橡膠有足夠支承荷載的能力。

此外，試驗後將試體切斷，調查由於火焰造成的橡膠損傷程度，結果顯示，橡膠的損傷爲自外表至保護層的 5mm 深處，沒有達到與鋼板的疊合部。也就是說，沒有受到燃燒的內部橡膠看不出材質的特殊變化。這是由於燃燒的外表面具有熱阻斷的性能。

参考文獻

1) Lindley, P. B.: 天然ゴム橋梁ベアリング，天然ゴム，Vol.5, No.12，1974III。
2) 防震ゴム，社團法人日本鐵道車輛工業會，pp.25-40，昭和 50 年 8 月。
3) コンクリート鐵道橋ゴムシュー設計施工手引，日本國有鐵道構造物設計事務所，昭和 57 年 5 月。
4) ゴム支承體の設計施工(フレシパット・ FK パット)，極東鋼弦コンクリート振興株式會社。
5) 多田英之ほか：免震構造に關する實物實驗（その9　實施構造物のIsolator I），日本建築學會大會學術講演梗概集，pp.815-816，昭和 61 年 8 月。
6) 岡田　宏ほか：構造物の免震構造に關する研究（その 1-4），日本建築學會大會學術講演梗概集，pp.1007-1014，昭和 59 年 10 月。
7) 株式會社ブリヂストン社内技術資料，昭和 58 年。
8) Derham, G. J., Wootton, L. R. and Learoyd, S. B. B.：天然ゴムマウンチングによる建物の振動絶緣と耐震保護，天然ゴム，Vol.5，No.12，pp. 10-16，1974III。
9) Allen, P. W.：長期實測は理論を確證する，天然ゴム，Vol.7，No.2，pp. 15-18，1975V.
10) 橋梁用ゴム支承の設計手引き(フレシパット・ FK パット)，東海ゴム工業株式會社。
11) Derham, G. J. and Thomas, A. G.：The Design of Seismic Isolation Bearings, The Malaysian Rubber Producer's Research Association, pp.21-36, Hertford, United Kingdom.

12) オイレス工業株式會社社内技術資料，昭和 60 年。

第 4 章　隔震建築物的設計

4. 1　輸入地震動

目前，對於輸入地震動的考慮方法，還沒有定論，在此，作爲設計隔震建築物時的一個途徑來介紹地震波的考慮方法。

4.1.1　地震動的選定

對於地震動的選擇來說，充分反應建築物所在地段的位置及地基等場地條件是非常重要的。此外，作爲一種標準尺度，在隔震建築物的設計時，採用的地震波，可考慮以下三種類型。

⑴具有代表性的地震波記錄：在超高層建築物設計中一貫使用的 El Centro 波、Taft 波等地震波錄記。

⑵長周期比較突出的地震法記錄：由於隔震建築物的基本周期在長周期範圍內，希望使用含有稍長周期分量的地震波。

⑶考慮場地特性的地震波：場地附近測到的地點波記錄，或考慮現場地基振動特性的人工地震波。

4.1.2　地震動的輸入水平

地震動的輸入水平應與地震的規模、震源距離、發生概率一併考慮。如果把設計用地震力與建築物的使用年限聯繫起來，可以把地震的大小設為建築物的使用年限中經歷數回中等地震和根據經驗確定的一回大地震這兩個階段。

以下，以東京都內的某個場地為例，介紹地震動的輸入水平的確定方法。

(一)中等規模地震

首先，根據已往的經驗推定場地正下方深層地基（以下稱為地震地基）的地震動強度。近年來，考慮地震能量與振動速度的相關性以及長周期結構物中，波形的最大速度值和反應的緊密相關性，根據速度來評價地震的強度。這裡，根據理科年表，將宇佐美的日本受災總覽[1]中按建築現場周圍 500 公里以內在過去的三百七十八年間(1600～1978)發生的地震年月日、震級 M、震中距離 X 等分別整理，由此可通過採用當地震地基的 P 波速度設為 $V_P \approx 5.0$km/s 時的金井公式(4.1)[2]及當地震地基的 S 波速度設為 $V_S \approx 0.7$km/s 時的大崎、渡部公式[3](4.2)，推定地震地基上的最大地震動強度。

$$V_{max} = 10^{0.61M-(1.66+360/X)-(0.631+1.83/X)} \tag{4.1}$$

$$V_{max} = 10^{0.607M-1.19\log X-1.4)} \tag{4.2}$$

此外，地震地基的最大加速度可按以下的大崎、渡部公式推定。

$$A_{max} = 10^{0.427M-(1.973+1.802/X)\log X+2.2-1.36/X)} \tag{4.3}$$

這裡　X：震源距離(km)　M：震級

從以上數據求得的地震地基某一速度發生的概率（期望值）如圖 4.1 所示，據此圖，作為中等地震若考慮五十年的期望值，則按金井公式(4.1)爲 5kine～6kine，按大崎、渡部公式(4.2)爲 7kine～8kine。

其次，當地震地基的 V_S 爲 3.0km/s 時，考慮其上層地基構造的影響，討論傳到地基表層的地震動。V_S = 3.0km/s 的地層大致對應於 V_P ≈5.0km/s 的地層。將地震地基[4]至上層各土層結構特性加上地表面下 30m 的 PS 檢層結果一併示於圖 4.2。

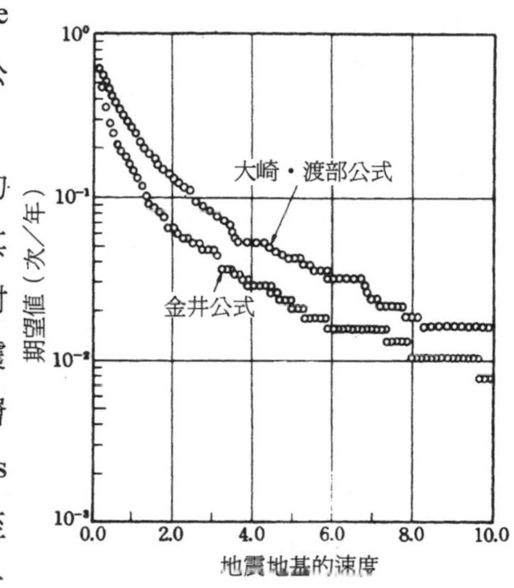

圖 4.1　最大地震動強度的期望值

在表層地基增幅特性的計算中，由於較長周期的表面波，特別是樂夫(Love)波，其卓越周期與 SH 波的重複反射引起的卓越周期大致相同，所以採用垂直輸入 SH 波的重複反射理論。就該計算結果而言，在被認爲與速度緊密相關的稍長周期範圍內的增幅率爲 2.5～3.0 倍，如圖 4.3 所示。

這些增幅率與前述的地震地基的五十年期望值相乘，按金井公式(4.1)得到表層地震的強度爲 12.5kine～18kine，按大崎・渡部公式(4.2)爲 17.5kine～24kine，根據以上結果，爲安全起見，將中等規模地震的輸入水平考慮成 25kine 比較妥當。

㈡大規模地震

爲了討論抗震安全性，對現場可能發生的地震動的最大強度

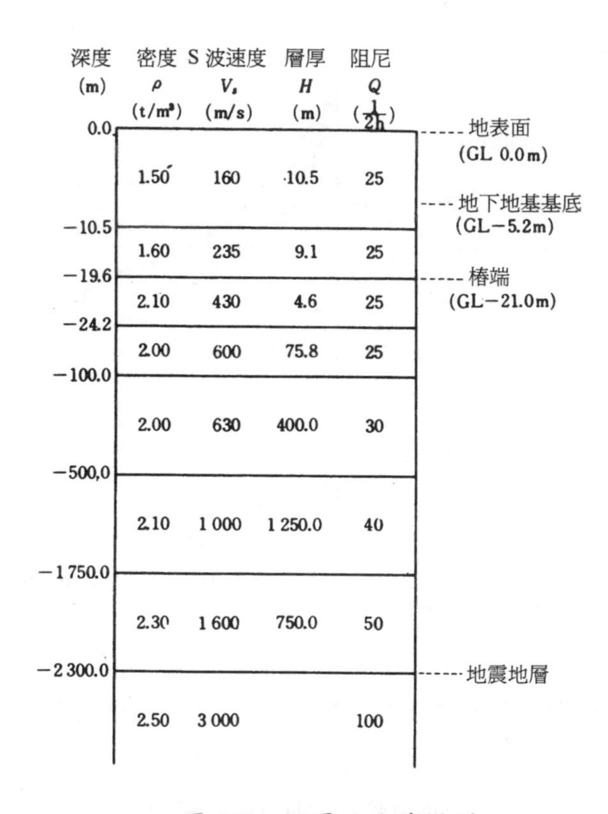

圖 4.2 現場的地基模型

進行推算。過去發生在現場周圍 200km 以內，產生較大破壞、具有代表性的地震如圖 4.4 所示。

從震級與震中距離的關係來看，可能波及到現場、產生較大破壞的地震位於：①相模灣周圍；②東京灣周圍；④房總沖等。將震中距離、震級及過去的震害實例綜合起來看，可以把海洋型的具有代表性的 1923 年關東大地震及具有直下型代表的 1855 年安政江戶地震作爲最嚴重的地震。

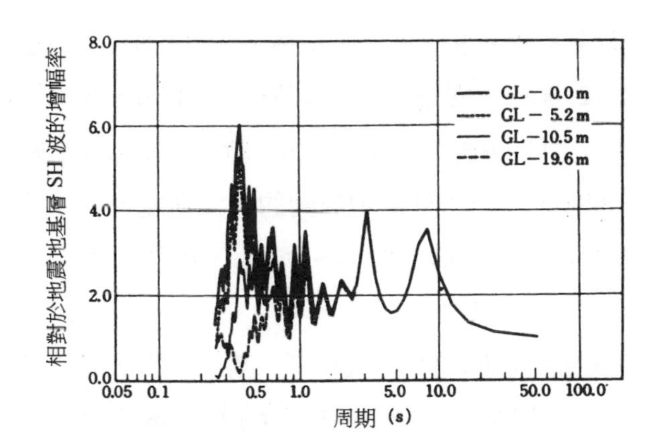

圖 4.3　現場地基的增幅特性

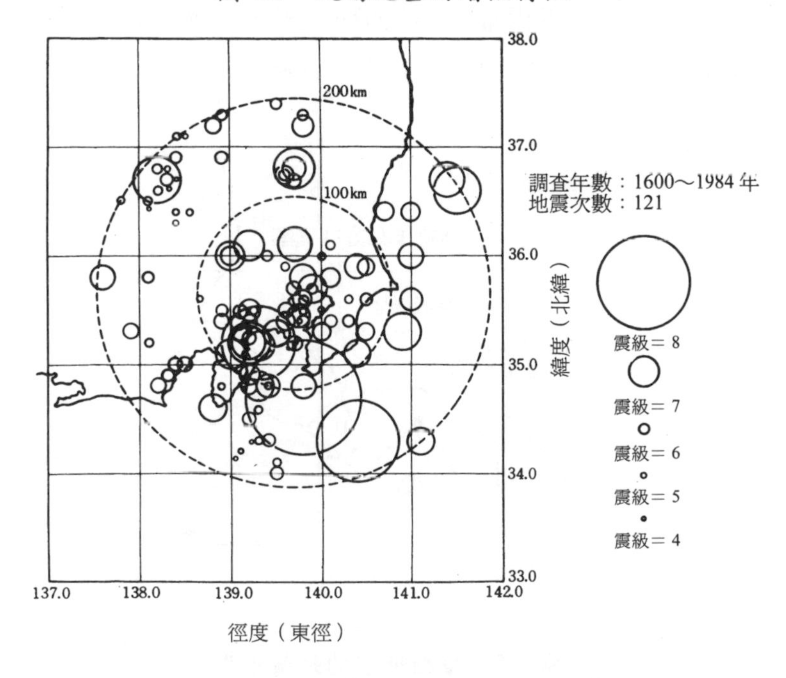

圖 4.4　現場周圍過去發生過的主要地震

此外，採用如圖 4.5 及表 4.1 所示，那樣地震的安藤斷層模型[9]測定地震地基的地震動強度。按小林、翠川[5]提出的方法，關東大地震時爲 12.7kine，安政江戶地震時爲 13.5kine。另一方面，用前述的金井公式(4.1)推出的關東大地震時爲 14.8kine，安政江戶地震時爲 18.9kine。地表面的地震動的最大強度，若用前述表層地基的增幅特性，則約爲 40kine～55kine。所以，對於大地震考慮成 50kine 是比較妥當的。

關於關東大地震的地動，近年來，基於實際記錄等進行了一些研究，那須、森岡[6]從關東大地震時在東京本鄉記錄下的 2 分鐘位移波形出發，再現了地面運動。據此，本鄉的最大速度爲 38kine（最大加速度相當於 392gal)。另外，山原[7]也將在本鄉的記錄作爲基礎，得到了 380gal 的類似數據。

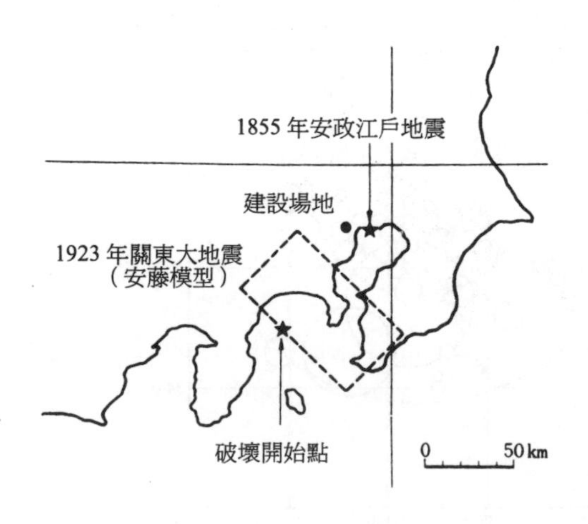

圖 4.5　推斷地震的斷層模型

表 4.1　分析用斷層的各種特性

斷層參數		1923 年關東大地震（安藤模型）	1855 年安政江戶地震
震級		7.8	7.0
斷層面	長(km)	85	20
	寬(km)	55	10
走向角		N45°E	N90°E
潛入角		30°	90°
破壞傳播速度(km/s)		3.0	2.6
深度(km)		2	10
S 波傳播速度(km/s)		3.0	3.0

4.1.3　人工地震波

作爲研究抗震性的地震動，製作人工地震波。將前述的具有海洋型代表性的關東大地震及具有直下型代表性的安政江戶地震設定爲人工地震波（以下稱爲關東模擬地震及安政模擬地震）進行敘述。

對地基的入射波譜 S_{v0} 由小林、翠川[4]提出的下式求出：

$$\log S_{v0}(T) = a(T)(\log M_0 - 26.6) - b(T)\log X + 2.36$$

這裡　$a(T) = 0.318 + 0.128\log T$

$b(T) = 0.509\log T + 0.483\log T + 1.124$　〔$0.1s \leqq T \leqq 0.3s$〕

$b(T) = 0.985 - 0.05\log T$　〔$0.3s \leqq T \leqq 5.0s$〕

$\log M_0 = 1.5M + 16.2$

T：周期

M_0：地震彎矩

X：震源矩離(km)

地震地基的入射波譜可用表 4.1 所示的斷層模型的各種特性

來計算。另外，若按小林、翠川的方法，考慮斷層破壞時系列波形的強度函數，可由圖 4.6 得到。

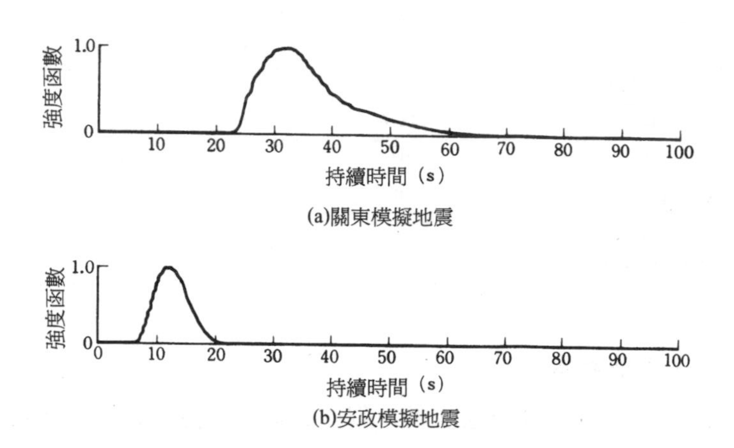

圖 4.6　根據斷層模型得到的地震地基的強度函數

傳向地震地基的人工地震波的製作方法是將採用了包絡函數和相位的人工地震波譜進行計算，直至收斂到與入射波譜大體一致。兩個模擬地震的相位基本上採用了隨機數，此外，在關東模擬地震中，作爲一個例子，採用了 1952 年的 Taft EW 相位，入射波譜與人工地震波的收斂狀況如圖 4.7 所示。作成的地震波的地震地動強度，當關東模擬地震相位是隨機函數時，爲 13.7kine (162.7gal)；當相位是 Taft EW 的情況爲 10.9kine (183.1gal)；在安政模擬地震的情況下爲 11.9kine(305.2gal)。

將以上的地震地基波入射到前述的地基模型，考慮到有關石原等的地基應變非線性導致的剛度降低及阻尼比進行計算，在地表附近——地表下約 20m 處的地震動最大強度如下：對關東模擬

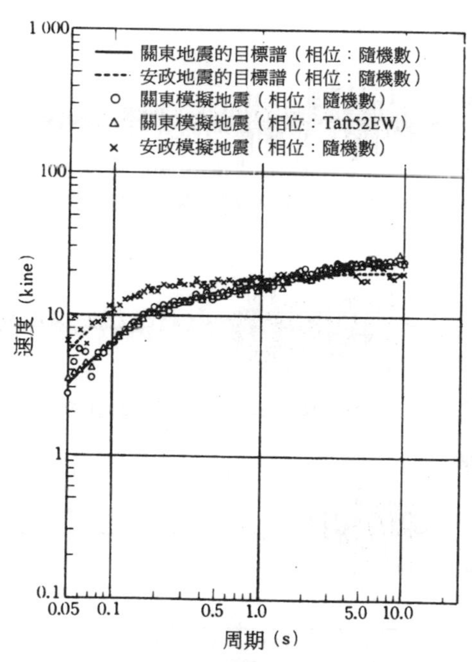

圖 4.7　目標地基輸入波與收斂情況

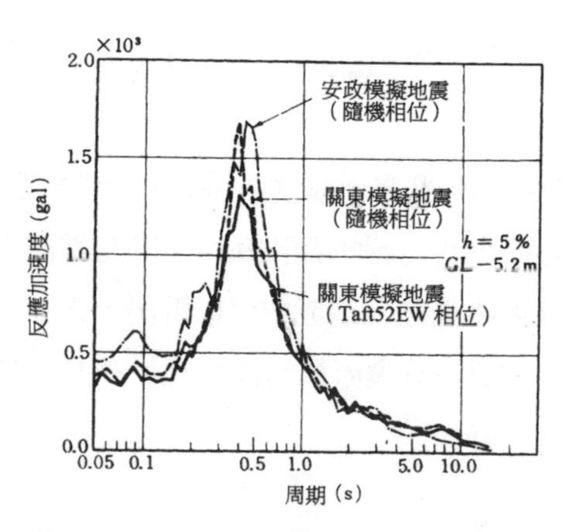

圖 4.8　人工地震波的加速度反應譜

地震，相位是隨機數時，爲 62.6kine (307.4gal)，用 Taft EW 相位時，爲 47kine (323.6gal)；安政模擬地震條件下爲 54.9kine (407.6gal)。這些人工地震波的加速度反應譜及波形分別於圖示 4.8 及圖示 4.9。以在本

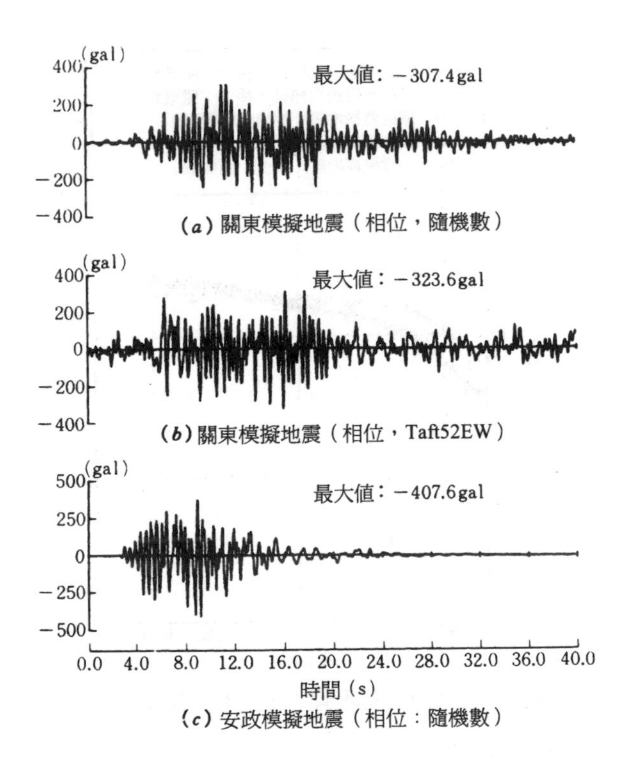

圖 4.9　人工地震波的加速度波形

鄉記錄到的關東地震波爲基礎，分別經那須、森岡(6)和山原(7)復原後的地震波，與此處計算的人工地震波得到的速度反應譜的比較如圖 4.10 所示。從圖中可以看出，人工地震波同在本鄉記錄到的關東地震波經復原後的波相比，在長周期範圍內，地震動的強度有所上升。

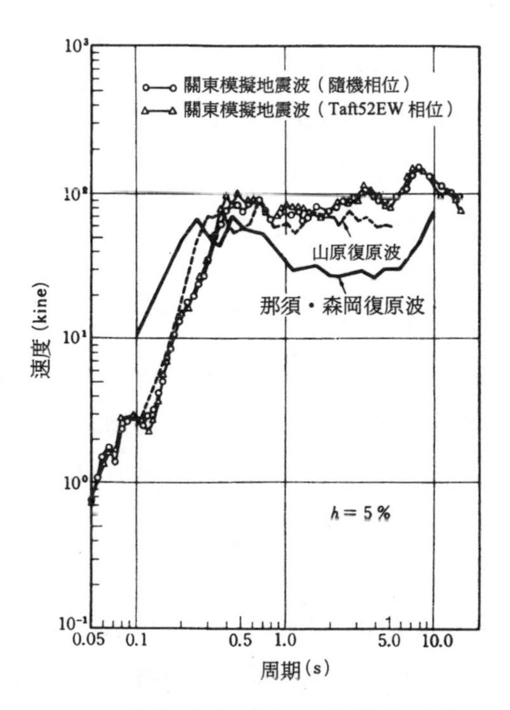

圖 4.10　人工地震波和關東大地震復原波的反應譜

4. 2　單質點系的地震反應

為了調查隔震裝置的基本反應特性，將上部結構假定為剛體的單質點系模型，輸入記錄地震波以及人工地震波，討論其地震反應。

4.2.1　地震波作用下的彈性反應

對應地震動輸入，粘性阻尼型的單質點系的彈性反應可以用反應譜來評價，輸入具有代表性的記錄地震波（El Centro 40NS，十騰沖地震 Hachinohe 68 波(NS, EW)最大速度爲 50kine❶時，加速度及速度的反應譜（h＝5％）如圖 4.11、圖 4.12 所示。在稍長周期範卓越周期對 Hachinohe 68 波(NS. EW)而言，在 1s 附近和 2.5s 附近比較明顯。而且，平均來看，稍長周期成分反應較強的人工地震波的反應也示於圖中。

假定人工地震波與具有代表性的地震波記錄的平均反應值強度相同，而且周期爲 1s～4s 的稍長周期成分範圍內其速度譜大致考慮爲一定，以建築規範的第二類場地土的振動特性係數的形狀作爲目標譜而作成的振動特性係數和人工地震波的加速度反應譜示於圖 4.13。此外，把阻尼作爲參考數計算得到的單質點系反應剪力係數 C 及反應位移 D 如圖 4.14 所示。若能決定將上部結構假定爲剛體的隔震裝置的周期和阻尼，則可求得隔震裝置所需的強度和變形性能。而且，採用白噪聲，反覆計算直至滿足目標譜爲止作成人工地震波。從譜到波形的逆變換中採用了 Hachinohe 68NS 的位相特性。

4.2.2　振動分析模型

以疊合橡膠爲主體的隔震裝置，是由長周期的彈簧單元和抑

---

❶爲了將地震波的強度平均化，用最大速度 50kine 進行規格化處理，求周期 10 秒，阻尼比 $h=\frac{1}{\sqrt{2}}$ 的振子的最大速度反應值，將它換算成速度 50kine。各地震的原記錄最大加速度和最大速度的關係如下：

EL Centro 40 NS（原記錄 342gal）：33.4kine, Taft 52 EW(176gal):17.7kine, Hachinohe 68NS (225gal): 34.1kine, Hachinoche 68 EW (180gal): 33.1kine, 人工地震波(541 gal)：50kine

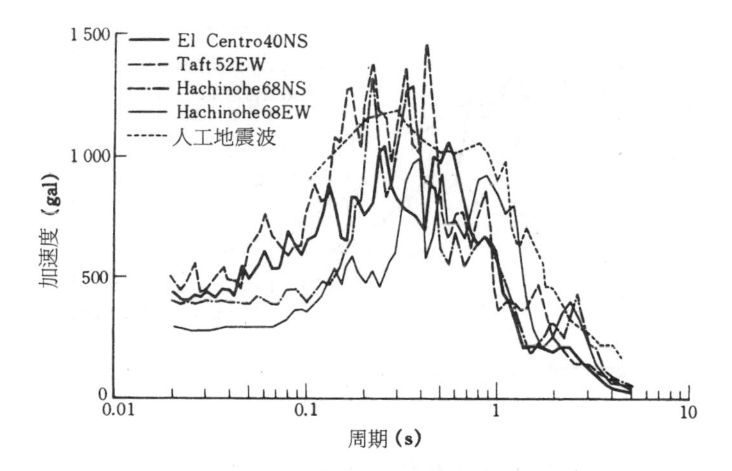

圖 4.11　各種地震波的加速度反應譜（輸入最大速度 50kine, $h=5\%$）

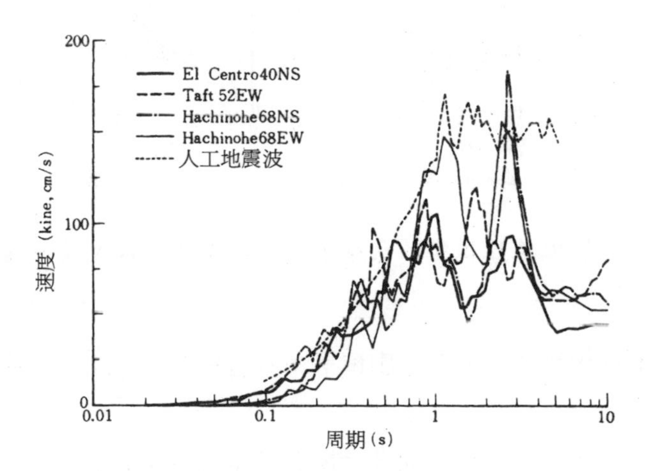

圖 4.12　各種地震波的速度反應譜（輸入最大速度 50kine, $h-5\%$）

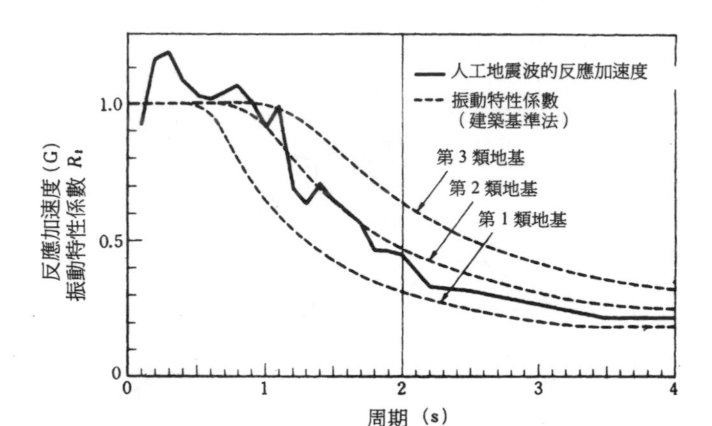

圖 4.13　振動特性係數與人工地震波的加速度反應譜

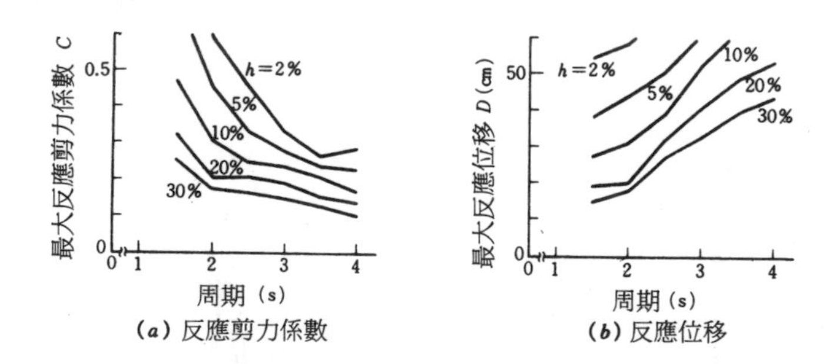

圖 4.14　單質點線性模型的反應（人工地震波：最大反應速度 50kine）

制變形的阻尼單元構成的。兩種單元兼而有之的是高阻尼疊合橡膠。

以天然橡膠爲主的普通疊合橡膠可作爲彈性彈簧單元處理。另一方面，儘管阻尼單元有如下的標準阻尼模型，但在實際應用時，最好根據實驗數據等來確定。

・速度比例型阻尼

・摩擦型阻尼

・彈性滯回型阻尼：包括雙線性恢復力模型，三線性恢復力模型（圖 4.15），kamberg-osgood 型恢復力模型（圖 4.16）。

在此，爲了研究隔震裝置的基本反應特性，恢復力模型如圖 4.17，採用將完全彈塑性滯回阻尼加到疊合橡膠的彈性彈簧 k_2 上

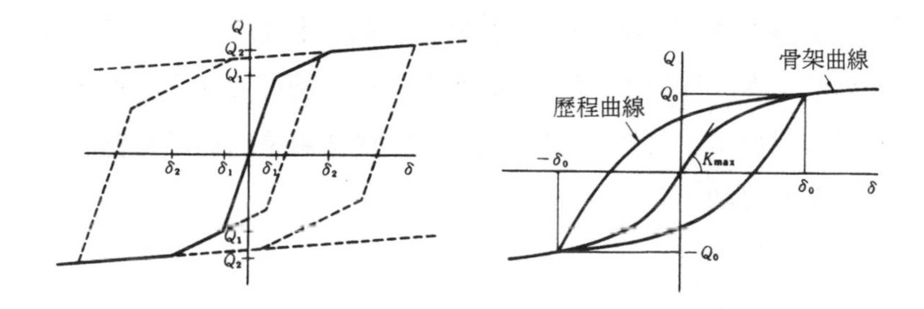

圖 4.15　標準的三線性恢復力模型　　圖 4.16　$R-O$ 恢復力特性

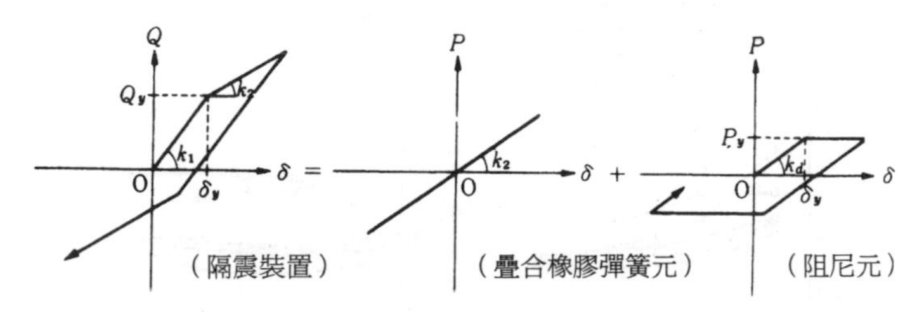

記號 k_1，k_2：隔震裝置的初始剛度 ($k_1 = k_2 + k_d$) 和第 2 剛度 k_2（疊合橡膠的彈性剛度）

Q_y，δ_y：隔震裝置的屈服剪力和屈服位移

P_y，k_d：假定阻尼元的恢復力特性爲完全彈塑性時的屈服荷載和初始剛度

圖 4-17　隔震裝置的恢復力特性

的雙線性恢復力模型，作爲隔震裝置考察阻尼單元與疊合橡膠簧單元的有效組合。

4.2.3　對應於雙線性恢復力模型的彈塑性分析

㈠對記錄地震波的反應

將 El Centro 40 NS, Hachinohe 68NS, Taft 52EW 等記錄波作爲輸入地震波，輸入水平爲 50kine。各常數如表 4.2 所示，將僅考慮疊合橡膠剛度的周期（以下稱爲疊合橡膠周期）T_R，隔震裝置的屈服震度 K_y 和屈服位移 δ_y 作爲參數，爲了便於與反應譜對比，將阻尼比設爲零。此外，之所以將 T_R 作爲參數是因爲以大變形爲研究對象的緣故。

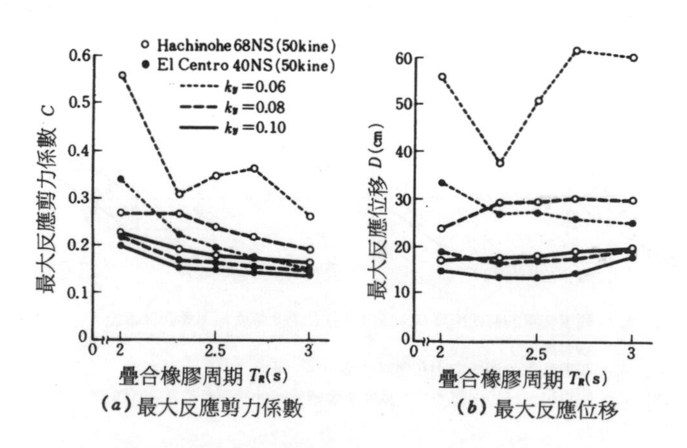

圖 4.18　單質點系雙線性模型的反應計算結果（屈服位移 δ_y＝5cm（一定），h＝0%）

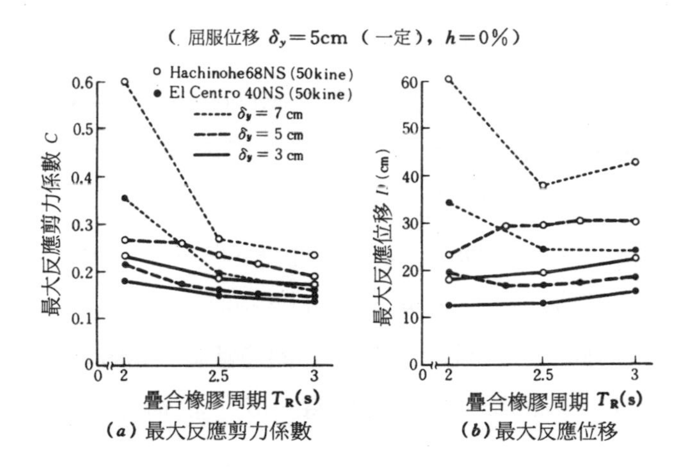

圖 4.19　單質點系雙線性模型的反應計算結果（屈服震度 k_y = 0.08cm（一定），$h = 0\%$）

表 4.2　隔震裝置分析用參數

疊合橡膠周期 (T)	T = 2sec, 2.5sec, 3sec
屈服震度 (k_y)	k_y = 0.06, 0.08, 0.10
屈服位移 (δ_y)	δ_y = 3cm, 5cm, 7cm

以 El Centro 40 NS 和 Hachinohe 68 NS 爲輸入波，當 δ_y = 5cm（一定），屈服震度 k_y 爲參變量時，最大反應位移 D 與最大反應剪力係數 C 的關係如圖 4.18 所示，此外，屈服震度 k_y = 0.08（一定），屈服變位 δ_y 爲參變量時的情況如圖 4.19 所示，其中橫軸表示疊合橡膠的周期 T_R。因 Taft 52EW 等其它地震動的反應值超過 Hachinohe 68 NS 的情況很少，所以，這裡僅表示 Hachinohe 68 和 El Centro 40 NS 的情況。

從兩圖可知：

1)Hachinohe 68 NS 輸入波的反應值最大，這是因爲該波如圖 4.12 所示在周期 2.5s 附近明顯卓越。

2)對於疊合橡膠周期 T_R 的反應，Hachnohe 68NS 在 $k_y = 0.06$ 時要比其他波的反應大得多，一般來說，長周期時，剪力係數 C 稍微減小，反應位移 D 稍微增大。

3)屈服位移 $\delta_y = 5$cm（一定），而讓屈服震度 k_y 變化時，k_y 大的情況下反應值小。特別是 k_y 從 0.06 提高到 0.08 時，這種效果最明顯，因此，可以認爲 k_y 存在一個適當值。屈服震度 $k_y = 0.08$（一定），讓屈服變位 δ_y 變化時，δ_y 小的情況下反應值也小。

圖 4.20 是由圖 4.18、圖 4.19 的 Hachinohe 68 NS 的反應結果，將反應位移 D 取爲橫軸、剪力係數 C 取爲縱軸得到的。另

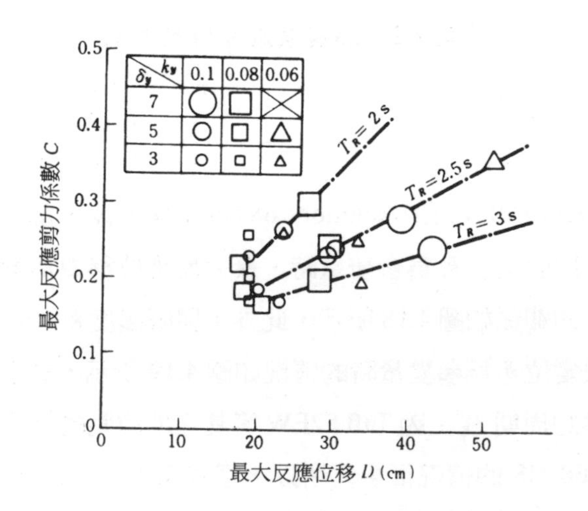

圖 4.20　單質點系雙線性模型的反應計算結果
（Hachinohe 68 NS, 50 kine, $h = 0\%$）

外，圖 4.21 表示疊合橡膠的材料阻尼比為 2 %時，進行反應計算之結果。從該兩圖可以看出，阻尼比為 0 %與阻尼比為 2 %（圖 4.21）的結果幾乎沒有區別。此外，最大反應位移 D 及最大反應剪力係數 C 在 $\delta_y = 3cm \sim 5cm$，$k_y = 0.08 \sim 0.10$ 附近較少。

㈡人工地震波反應

採用 50kine 的人工地震波，對雙線性恢復力模型的屈服震度 k_y 及疊合橡膠周期 T_R 的不同引起反應值的變化進行研究。

圖 4.22 表示以反應的最大位移 D 為橫軸，以反應的最大剪力係數 C 為縱軸時的計算結果。阻尼比 $h = 2\%$，屈服位移 $\delta_y = 5cm$。參變量為疊合橡膠周期 T_R（分別取它為 1.5s（△），2s（□），2.5s（●），3s（○），4s（◍）此外，疊合橡膠的屈服震度 k_y 為 0.04～0.20。

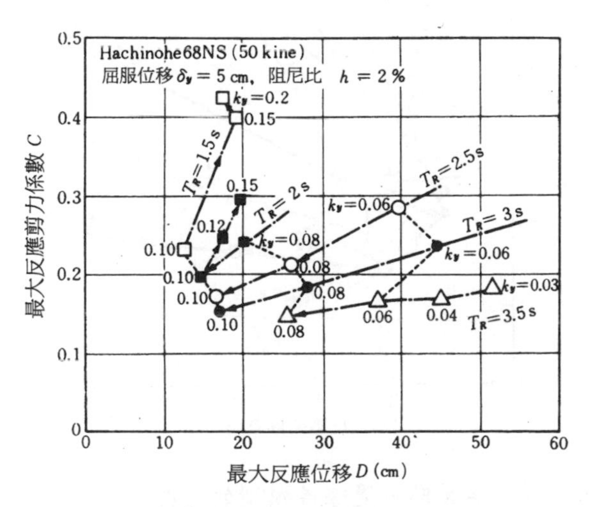

圖 4.21 單質點系雙線性模型的反應計算結果
（八户灣 NS，50 kine, $h = 2\%$）

恢復力特性在塑性域的第 2 剛度 k_2 與初始剛度 k_1 之比β(＝ k_2 /k_1)，在 T_R ＝ 2s(□)的情況下，爲： k_y ＝ 0.2 時，β＝ 0.25，k_y＝ 0.06 時；β＝ 0.84；此外，在 T_R＝＝ 4s(◍)的情況下，爲：k_y ＝ 0.2 時，β＝ 0.06，k_y＝ 0.06 時，β＝ 0.21，對於圖中右上角來源 β 相對大些，恢復力特性因接近彈性，它對應阻尼看上去較小時的反應。另一方面，對左下角而言，β較小，因接近完全彈塑性恢復力特性，它對應滯回阻尼較大時的情況。

在疊合橡膠周期 T_R 大約在 2s 以上，以及屈服震度 k_y 爲

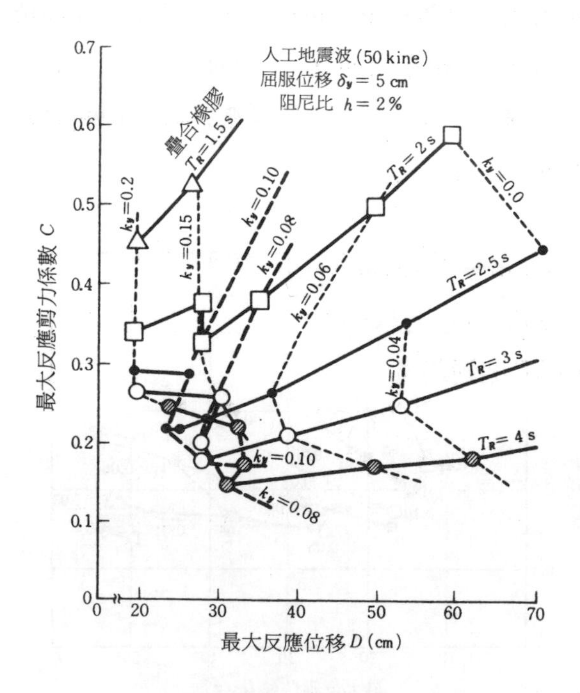

圖 4.22　單質點系雙線性模型的反應計算結果（人工地震波， 50 kine, $h = 2\%$）

0.08～0.10 的情況下，反應位移與反應剪力係數同時減小，此時，剛度比β隨疊合橡膠周期 T_R 不同而異，其範圍爲β＝ 0.35～0.15。

與地震波記錄 Hachionohe 68 NS 的情況相比，整體的傾向相當近似，但反應值在整體上稍稍偏大。這是因爲在長周期範圍地震動的程度平均稍大。

總結以上結果，如果阻尼比較大粘性阻尼型的反應位移及反應剪力係數減小，在雙線性恢復力彈塑性反應的情況下，設定貼切的屈服震度 k_y 、屈服位移 δ_y 及第二剛度與初始剛度之比β(＝ k_2 / k_1)是非常重要的。

4.3　雙質點系的地震反應

隔震建築物振動反應分析的基本模型是採用隔震裝置部分的變形爲卓越的一次振型及上部建築物的變形考慮與隔震裝置部分相反的二次振型的雙質點系模型。本節定性地敘述上部結構與隔震裝置部分的雙質點系模型的反應結果。

4.3.1　固有振動

雙質點系模型的 1 次及 2 次固有周期是將上部結構假定爲剛體，根據隔震裝置的周期（以下稱隔震周期） T_M 和僅考慮上部結構時的周期（以下稱上部結構周期） T_b 按以下方法計算得到的。

設上部質點的質量和彈簧常數分別爲 m_2、k_2 ，下部隔震裝置部分質點的質量和彈簧常數爲 m_1、k_2 ，則由雙質點系的運動方程

式導出的頻率方程式爲衆所周知的式(4.4)

$$\{m_1\omega^2-(k_1+k_2)\}(m_2\omega^2-k_2)-k_2^2=0 \tag{4.4}$$

由式(4.4)解出固有頻率ω，則由上部結構與隔震裝置構成的體系的一、二次固有周期 T_1,T_2 ，可用式(4.5)或式(4.5')表示。

$$T_i=2\pi/\omega_i$$

$$=\sqrt{\frac{2T_b^2T_M^2/(1+\mu)}{(T_b^2+T_M^2)\pm\sqrt{T_b^4+\left\{2.0-\frac{4}{(1+\mu)}\right\}T_b^2T_M^2+T_M^4}}}$$

$$=\sqrt{\frac{2/(1+\mu)}{\{1+(T_M/T_b)^2\}\pm\sqrt{1+\{2-4/(1+\mu)\}(T_b/T_M)^2+(T_b/T_M)^4}}}\cdot T_b \tag{4.5}$$

$$=\sqrt{\frac{2/(1+\mu)}{\{1+(T_M/T_b)^2\}\pm\sqrt{1+\{2-4/(1+\mu)\}(T_M/T_b)^2+(T_M/T_b)^4}}}\cdot T_M \tag{4.5'}$$

這裡 $\mu=m_2/m_1$ （質量比）

$$\left.\begin{array}{l} T_M=2\pi\cdot\sqrt{(m_1+m_2)/k_1}\ \text{（假設上部結構爲剛體時的隔震周期）} \\ T_b=2\pi\cdot\sqrt{m_2/k_2}\ \text{（僅考慮上部結構時的周期）} \end{array}\right\} \tag{4.6}$$

這裡分母的負號、正號分別對應 1 次和 2 次固有周期。

式(4.5)是乘上部結構周期 T_b 後求雙質點系固有周期 T_i 的公式。反之，式(4.5')是乘上隔震周期 T_M 後求固有周期 T_i 的公式。

以質量比μ爲參數，在 $T_b/T_M=0.025\sim1.0$ 的範圍內由式(4.5)、(4.5')計算出的固有周期 T_i ，如圖 4.23 所示。其中，隔震周期 T_M 爲 1s～4s，上部結構周期 T_b 爲 0.1s～1s。

由該圖可知，在 $T_b/T_M=0.2\sim0.3$ 以下範圍內， $T_1/T_M=1.0$，一次周期 T_1 與隔震周期相等，且基本上與質量比μ無關。另

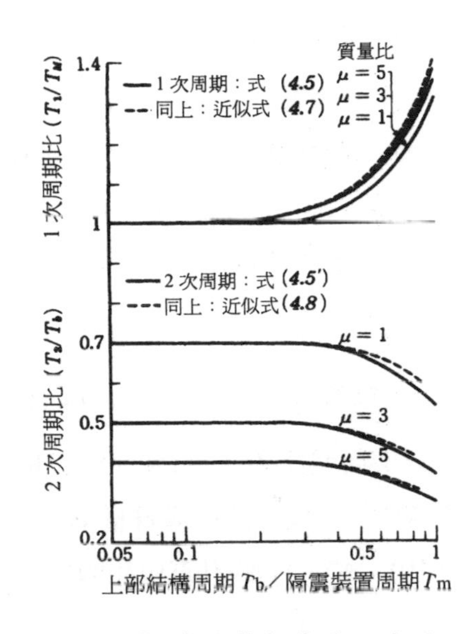

圖 4.23　雙質點聯合系的一次及二次周期

外，二次周期 T_2 與上部結構周期 T_b 相比通常爲短周期 ($T_2/T_b < 1$)，且在 $T_b/T_M = 0.3$ 以下範圍收斂爲一定值。

如上所述，在 T_b/T_M 較小的情況下，即上部結構周期 T_b 爲短周期時，一次二次固有周期、振型、振型參與係數可進行如下簡化計算。

將式(4.5')中 T_b/T_M 的 4 次方項作爲微小量可得到一次固有周期的簡化式(4.7)，同樣將式(4.5)中 T_b/T_M 的 4 次方項視作微小量，得到二次周期的簡化式(4.8)。

$$T_1=\sqrt{1+=(T_b^2/T_M^2)}\cdot T_M \tag{4.7}$$

$$T_2=\frac{T_b}{\sqrt{1+\mu+\mu(T_b^2/T_M^2)}} \tag{4.8}$$

這些略算式得到的固有周期如圖 4.23 中的虛線所示。T_b/T_1 在相當寬的範圍內與式(4.5)、式(4.5')計算得到的周期一致，但在 T_b/T_1 接近 1.0 時產生若干誤差。因此它們是上部結構周期 T_b 比隔震周期 T_M 短時可以使用的簡化式。

下面討論振型和振型參與係數。雙質點聯合系模型的固有振

型振幅 (X_1, X_2) 的聯立方程式為衆所周知的式(4.9)。

$$\{(k_1 + k_2) - m_1\omega^2\} X_1 - k_2 X_2 = 0$$
$$- k_2 X_1 + (k_2 - m_2\omega^2) X_2 = 0 \tag{4.9}$$

將 1、2 次固有周期的計算式(4.7)，式(4.8)代入式(4.9)，可得一次及二次振幅比 (X_2/X_1) 的算式(4.10)和式(4.11)。

$$\frac{X_{21}}{X_{11}} = 1 + (T_b^2/T_M^2) \tag{4.10}$$

$$\frac{X_{22}}{X_{12}} = -\frac{1}{\mu} \{1 - (T_b^2/T_M^2)\} \tag{4.11}$$

從式(4.10)可見，一次振幅比只與周期比 T_b/T_M 有關而與質量比μ無關。對二次振幅比來說在質量比μ（或上部結構質量 m_2 ）增大時，振幅 X_{22} 相對減小。式(4.10)、式(4.11)的計算值如圖 4.24 所示。

將式(4.10)、式(4.11)代入雙質點聯合系模型的基本式(4.12)，

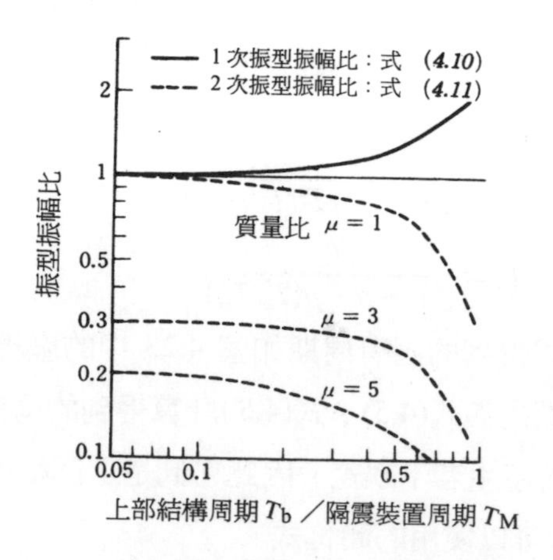

圖 4.24　根據簡化式算出的振型振幅比
（但二次振型振幅為負號）

分別得到一次振型參與係數 β_1 計算式式(4.13)、式(4.13')及二次振型參與係數 β_2 計算式式(4.14)及式(4.14')。

$$\beta_i=\frac{m_1X_{1(i)}+m_2X_{2(i)}}{m_1X_{1(i)}^2+m_2X_{2(i)}^2} \tag{4.12}$$

$$\beta_1=\left\{1-\frac{\mu(T_b^2/T_M^2)}{1+\mu+2\mu(T_b^2/T_M^2)}\right\}\cdot\frac{1}{X_{11}} \tag{4.13}$$

$$=\left\{1+\frac{(T_b^2/T_M^2)}{1+\mu+2\mu(T_b^2/T_M^2)}\right\}\cdot\frac{1}{X_{21}} \tag{4.13'}$$

$$\beta_2=\frac{\mu(T_b^2/T_M^2)}{1+\mu-2(T_b^2/T_M^2)}\cdot\frac{1}{X_{12}} \tag{4.14}$$

$$=\frac{-(T_b^2/T_M^2)}{1+\mu-2(T_b^2/T_M^2)}\cdot\frac{1}{X_{22}} \tag{4.14'}$$

由式(4.13)～(4.14')得到的振型參與函數(β_i・ X_{ji} 如圖 4.25 所示，質量比μ= 1～5 時，若周期比 (T_b/T_M) 低於 0.3，則 2 次振型參與函數低於 0.1，二次固有振動幾乎未參與作用。

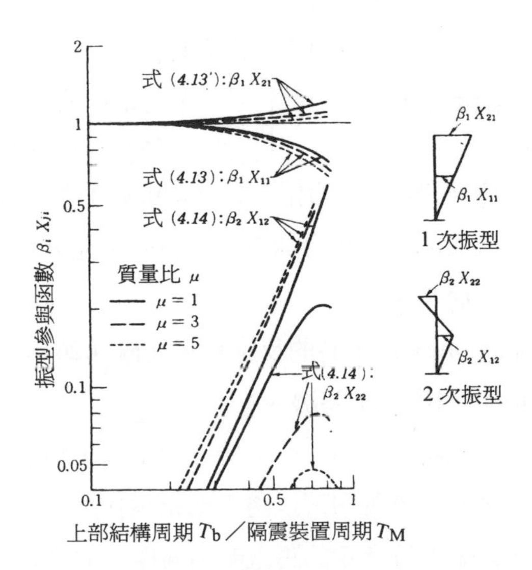

圖 4.25　由簡化式得出的振型參與函數

以上結果顯示，周期比 T_b/T_M 處於 0.3 以下的範圍，則相當於具有聯合系，一次周期為 1s 至數 s 的一般隔震結構的情況，但可將上部結構看成剛體大致計算其固有值。

4.3.2 反應分析

這裡就雙質點系模型的質量比 $\mu = m_2/m_1 = 1.19$ 情況，敘述以下兩個問題，即：當隔震周期 T_M 一定，上部結構周期 T_b 變化時，上部結構反應的相對位移 $(X_2 - X_1)$ 與反應剪力係數 C_2，隔震裝置的反應位移 X_1 與剪力係數 C_1 的最大反應值如何變化；以及將上部結構視為剛體的周期範圍。疊合橡膠周期 T 及屈服震度 k_y 如表 4.3 所示，上部結構的周期 T_b 與隔震周期 T_M 的周期比 (T_b/T_M) 大致在 0.03～0.5 之間。

表 4.3　計算參數

疊合橡膠周期 (T)	1.5, 2.0, 2.5, 3.0, 3.5, 4.0(S)
屈服震度 $k_y = (Q/W)$	0.04, 0.06, 0.08, 0.09, 0.10, 0.15, 0.2

輸入的地震波是與 4.2 節相同的 Hachinohe 68 NS 和人工地震波，地震強度為 50kine，疊合橡膠的材料阻尼比 h 取為 2％。

㈠記錄的地震波的反應

輸入 Hachinohe 68 NS 時的反應結果如圖 4.26 (*a*)~(*d*)，橫軸為 T_b，從圖中可發現以下趨勢。

⑴ $T_b = 0$～1sec 時，C_1、C_2 接近一定值，特別是 0.6sec 左右這種趨勢更強。這就說明可以將上部結構作為剛體進行計算。這個周期範圍與圖 4.23 所示的將上部結構作為剛體的隔震周期 T_M 與全體一次周期 T_1 的比 T_1/T_M，大約等於 1 的周期範圍是對應的。

⑵隔震裝置的最大反應位移 X_1 ，根據圖 4.26 (*d*) 在⑴中所述的周期範圍內，可由將上部結構作爲剛體求得的剪力係數和彈簧常數來求得。同圖中表示了非隔震情況下的反應位移，隔震周期越長，上部結構周期越短，上部結構的相對位移越小，隔震效果越好。

㈡人工地震波反應

人工地震波的反應結果同樣如圖 4.27 (*a*)~(*d*) 所示。同樣地，

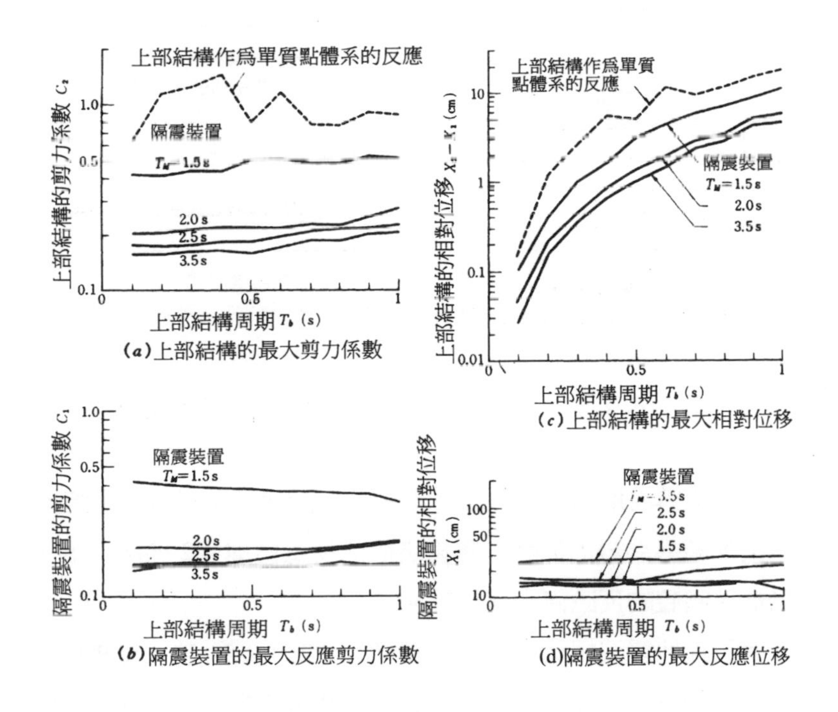

圖 4.26　Hachinohe 68 NS 地震波（最大速度 50kine）的最大反應

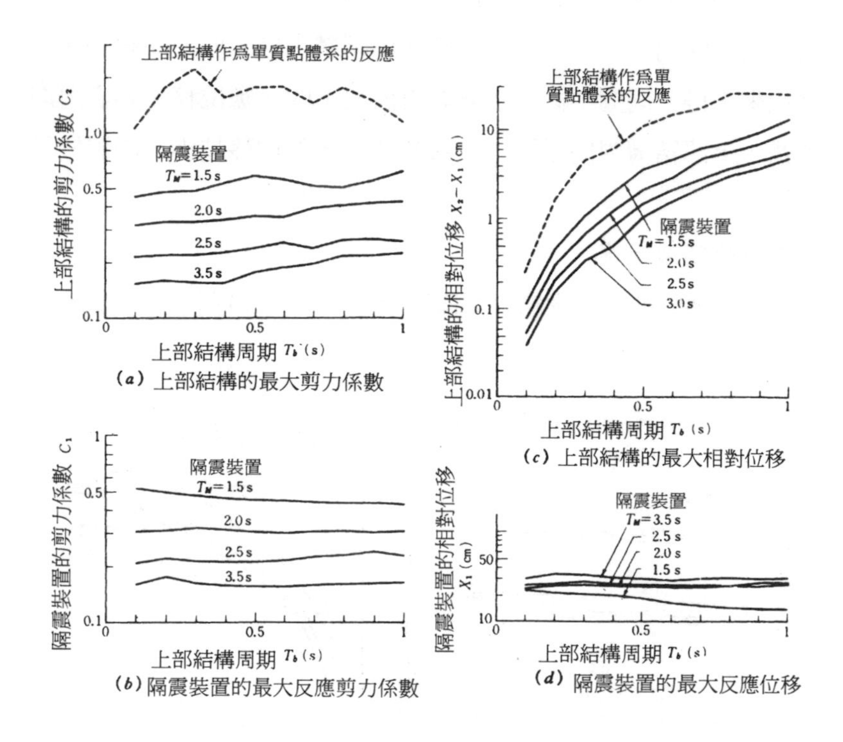

圖 4.27　人工地震波（最大速度 50kine）的最大反應值

對於上部結構周期 T_b 的反應變化趨勢與記錄地震波的情況大致相同。上部結構爲短周期時，隔震裝置的反應值與 4.2 節所述的上部結構爲剛體的反應值大致相等。

與記錄地震波相比，隔震周期 $T_M = 2s$、2.5s 時，反應剪力係數 (C_1,C_2) 變得相當大，而在其它周期基本不變。這反應出記錄地震波的譜特性，也包括記錄地震波的情況，由圖 (*a*) 可知，上部結構周期 T_b 減小時上部結構剪力係數 C_2 有所減小，同樣，變形量也減小，因此，與其提高上部結構的抗震能力，不如提高初始剛度更有效。至此，質量比$\mu = 1.19$ 的情況已敘述完畢。但如果觀察圖 4.25 的振型參與函數，直到$\mu = 5$ 大概可認爲具有同樣的趨勢。

以上結果顯示，在周期比(T_b/T_M)較小的情況下，可將上部結構看作剛體進行簡化計算，隔震裝置所必需的強度和變形可從 4.2 節推算得到。

4.4　在偏心情況下的地震反應

質量或剛性有偏心的建築受到地震時，伴隨基礎的整體回轉產生扭振，在某些部分引起過大的變形和應力。這裡，採用反映隔震建築特徵的最下層的剛度較低的模型，以考察隔震建築模型的扭振振動特性，以及爲抑制扭轉變形如何配置隔震裝置等。以下，將單軸偏心建築作爲主要對象，並作如下假定。

⑴樓面是剛性的，基礎固定於地基上。

⑵各框架的剛度、屈服強度可獨立定義，建築物可置換成剪切質點系模型。

⑶不考慮地振動的回轉分量。

圖 4.28 爲振動系模型的各參數及固有值的一例。該圖爲無偏心的情況。無隔震可考慮一次周期爲 0.5s，第一振型爲倒三角型的二層建築；有隔震層時，可以考慮成最下層具有橡膠和阻尼器的彈簧剛度和 K_1 的三層建築。

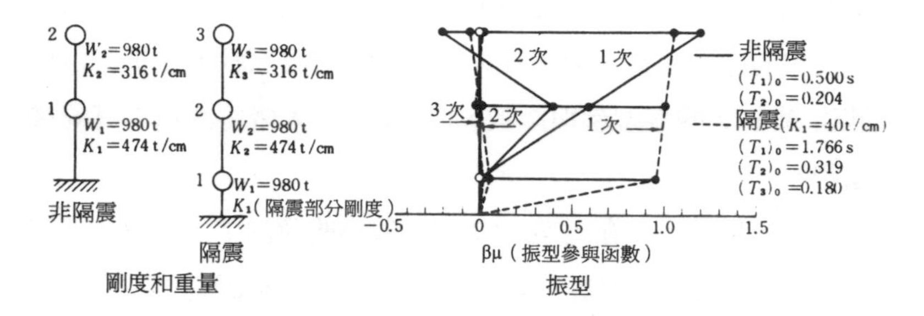

圖 4.28 振動模型的數據

4.4.1 振動方程式

在彈性範圍內，扭轉的影響可由圖 4.29 所示的將各層的框架集中成一根柱的模型來評價。作用於各層重心的水平力 P_i 和彎矩 M_i 的平衡方程式如下所示。

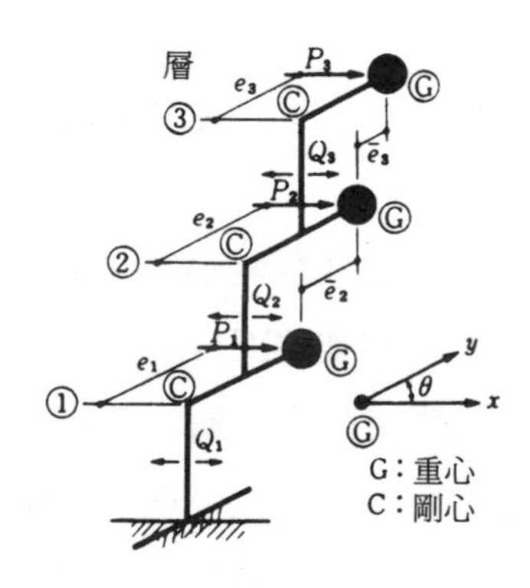

圖 4.29 有偏心的建築物模型

$$\left.\begin{aligned} &P_i = Q_i - Q_{i+1} = K_i\{(X_i + e_i\theta_i) - (X_{i-1} + (e_i - \bar{e}_1)\theta_{i-1}\}\ ❶ \\ &M_i + R_{i+1}(\theta_{i+1} - \theta_i) + Q_{i+1}(e_{i+1} - \bar{e}_{i+1}) = R_i(\theta_i - \theta_{i-1}) + Q_i e_i \end{aligned}\right\} \quad (4.15)$$

式中 i ：層號； Q_i ：剪刀； K_i ：水平剛度； R_i ：繞剛心的扭轉剛度； e_i ：重心～剛心間距離（剛性偏心距離）（ $i = 1 \sim n$ ， n ：層數）； $\bar{e}_i$：$i \sim i-1$ 層間的重心偏心距離（質量偏心距離）$(i = 2 \sim n)$； X_i 、 θ_i ：重心的水平位移及回轉角。

❶該式在端頂似應加上一項「 $- K_{i+1}\ \{(X_{i+1} + e_{i+1}Q_{i+1} - 〔X_i + (e_{i+1} - \bar{e}_{iH})Q_1〕\}$ 」。

此外，繞重心的扭轉剛度 $K_{\theta,i}$ 與 R_i 有如下關係

$$K_{\theta,i}= R_i+ K_i e_1^2 \tag{4.16}$$

據此，從各層的水平力和圍繞重心轉動彎矩的平衡，可得如下單軸偏心模型的無阻尼振動方程式：

$$\begin{Bmatrix} [m] & \\ & [1] \end{Bmatrix} \begin{Bmatrix} \ddot{X} \\ \ddot{\Theta} \end{Bmatrix} + \begin{Bmatrix} [K_{xx}] & [K_{x\theta}] \\ [K_{x\theta}]^T & [K_{\theta\theta}] \end{Bmatrix} \begin{Bmatrix} X \\ \Theta \end{Bmatrix} = -\begin{Bmatrix} [m]\ [1]\ \ddot{y} \\ 0 \end{Bmatrix} \tag{4.17}$$

這裡，$X=\{X\}$，$\Theta=\theta$

$$[m]=\begin{bmatrix} m_n & & \\ & \ddots & \\ & & m_1 \end{bmatrix}$$：質量矩陣

$$[I]=\begin{bmatrix} I_n & & \\ & \ddots & \\ & & I_1 \end{bmatrix}$$：回轉慣量矩陣

$[K_{xx}]$, $[K_{x\theta}]$, $[K_{\theta\theta}]$：具有三重對角元素($k_{i,i-1}$ ， $k_{i,i}$ ， $k_{i,i+1}$)的矩陣

$[K_{xx}]$ 元素： $k_{i,i-1}=-K_{i+1}$ ， $k_{i,i}=K_{i+1}+K_i$ ， $k_{i,i+1}=-K_i$

$[K_{x\theta}]$ 元素： $k_{i,i-1}=-K_{i+1}e_{i+1}$ ，

$k_{i,i}=K_{i+1}(e_{i+1}-\bar{e}_{i+1})+K_i e_i$

$k_{i,i+1}=-K_i(e_i-\bar{e}_i)$

$[K_{\theta\theta}]$ 元素： $k_{i,i-1}=-K_{\theta,i+1}+K_{i+1}e_{i+1}\cdot\bar{e}_{e+1}$

$k_{i,i}=K_{\theta,i+1}+K_{\theta,i}+K_{i+1}\bar{e}_{i+1}(\bar{e}_{i+1}-2e_{e+1})$

$k_{i,i+1}=-K_{\theta,i}+K_i e_i\bar{e}_i$

$\ddot{y}$：輸入加速度， m_i ：質量， I_i ：繞重心的回轉慣量

4.2.2　靜力解的情況

考慮僅有水平靜力作用於重心的情況。式(4.15)令 $M_i=0$ 解

聯立方程式，任意層的重心位移用其下層的位移來表示，依次如下式所示。

$$\left.\begin{aligned} X_i &= X_{i-1} + Q_i/K_i - e_i(\theta_i - \theta_{i-1}) - \bar{e}_i\theta_{i-1} \\ \theta_i &= \theta_{i-1} - Q_i e_i/R_i - (\sum_{j=i+1}^{n} Q_j\bar{e}_j)/R_i \end{aligned}\right\} \tag{4.18}$$

首先，看隔震部分的水平剛度 K_1 和扭轉變形的關係。爲簡單起見，設質量偏心 $\bar{e}_i = 0$ ，即重心在同一垂直線上，且設隔震部份的剛度偏心距離 $e_1 = 0$ ，則在上層部分重處的回轉角與水平位移之比及層間轉角 $\delta_{\theta i}$ 與層間變形 δ_i 之比如下式所式

$$\left.\begin{aligned} |\,\theta_i/X_i\,| &= |\,\sum_{j=2}^{i} Q_j e_j/R_j\,| \,/\, |\,\sum_{j=1}^{i} Q_j/K_j + \sum_{j=2}^{i} Q_j e_j^2/R_j\,| \\ |\,\delta_{\theta i}/\delta_i\,| &= |\,Q_i e_i/R_i\,| \,/\, |\,Q_i/K_i + Q_i e_i^2/R_i\,| \end{aligned}\right\} \tag{4.19}$$

式(4.19)中，K_1 較小時，對 $|\delta_{\theta i}/\delta_i|$ 沒有影響，但由於 $\sum_{j=1}^{i} Q_j/K_j$ 的增大而使得 $|\theta_i/X_i|$ 減小，即減小隔震部分的水平剛度，上層部分的扭轉變形相對減小。

下面，考慮如何配置隔震裝置以抑制由於上層部分的偏心而產生的扭轉變形。由式(4.18)，最下層的回轉角如下式所示。

$$\theta_1 = -Q_1 e_1/R_1 - \sum_{j=2}^{n} Q_j\bar{e}_j/R_1 \tag{4.20}$$

設 $\theta_1 = 0$ ，則

$$e_1 = -(1/Q_1)\sum_{j=2}^{n} Q_j\bar{e}_j \tag{4.21}$$

據此，最下層隔震部分的剛度偏心距可由式(4.21)得到，最下層的回轉角爲零時，可以降低上層部分的扭轉影響。

此外，只存在剛度偏心且質量偏心 $\bar{e}_i$ 爲零時，單令最下層的

剛度偏心 $e_1 = 0$，就可以抑制扭轉變形（圖 4.36)。

4.4.3　動力作用情況

考慮將存在偏心且有圖 4.28 所示數據的模型作爲數值計算例題討論動力作用的反應。建築物的平面形狀各層一致，並採用如下記號

$i_i = \sqrt{I_i/m_i}$：回轉半徑　　$j_i = \sqrt{R_i/K_i}$：彈力半徑

$j'_i = j_i/i_i$：彈力半徑比　　$e'_i = e_i/i_i$：剛度偏心比

$\bar{e}'_i = \bar{e}_i/i_i$：質量偏心比　　$i_i\theta_i/X_i$：扭轉變形比

$i_i\delta_{\theta i}/\delta_i$：層間扭轉變形比　　δ_i：重心處層間水平位移

$\delta_{\theta i}$：重心處層間回轉角

上面各記號，特別值得一提的是彈力半徑比 j'_i 能夠反映純扭轉周期與純平動周期之比。一般來說，回轉角在 $j'_i > 1.0$（扭轉剛性大）時以 2 次震型爲卓越，反之，$j'_i < 1.0$（扭轉剛性小）時以 1 次振型爲卓越。扭轉的影響主要是看最上層的扭轉變形比（$i_3\theta_3/X_3$）。此外，建築規範中心的偏心率 $R_{ei} = e'_i/j'_i$。

㈠固有周期與振型

1)隔震部分的水平剛度影響

隔震部分的水平剛度 K_1 和聯合系周期(T_1 ，T_2)及與平動卓越型固有振型的扭轉變形比的關係，以彈力半徑比（j'_i：全層爲同一值）爲參數，如圖 4.30 所示，這裡，所謂平動卓越型固有振型是指聯合系第一、二振型中，重心處水平位移的振型參與函數較大的振型，一般來說，彈力半徑比 $j'_i > 1.0$ 時爲第一振型，$j'_i < 1.0$ 時爲第二振型。圖 4.30 中質量偏心及隔震部分的偏心爲

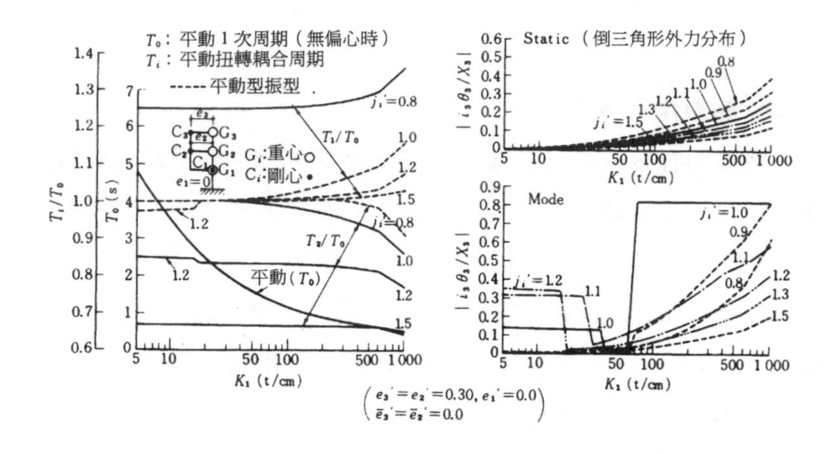

圖 4.30　隔震部分的水平剛度和聯合系周期及扭轉變形比的關係（注：1t/cm ＝ 10kN/cm)

零的情況下，上層部分剛度偏心比爲 0.3，隔震部分的水平剛度 K_1 達 1000t/cm(10000kN/cm)之大時，聯合系周期和扭轉變形比同非隔震 2 層建築大致相同。同圖中，K_1 減小、周期變長時，出現以下趨勢：

a)平動卓越型固有振型時的周期接近 T_0 。

b)平動卓越型固有振型的扭轉變形比 $|{}_i{}_3\theta_3/X_3|$ 與靜力作用時一樣減小，扭轉的影響減小，但 $j'_i\approx1.0$ 時不一定減小。

從前述扭轉變形比的變化不連續這一點來看，通過在重心以及距重心僅爲回轉半徑 i 位置上的振型參與係數的形狀，來表示彈力半徑比 $j_i=1.0$ 及隔震部分水平剛度 $K_1=16.0t/cm(160kN/cm)$ 時三層位置平面內位移振型，這就是圖 4.31。圖中可以看出這樣的特點：在第一和第二振型處重心回轉角相互間的方向相反，且

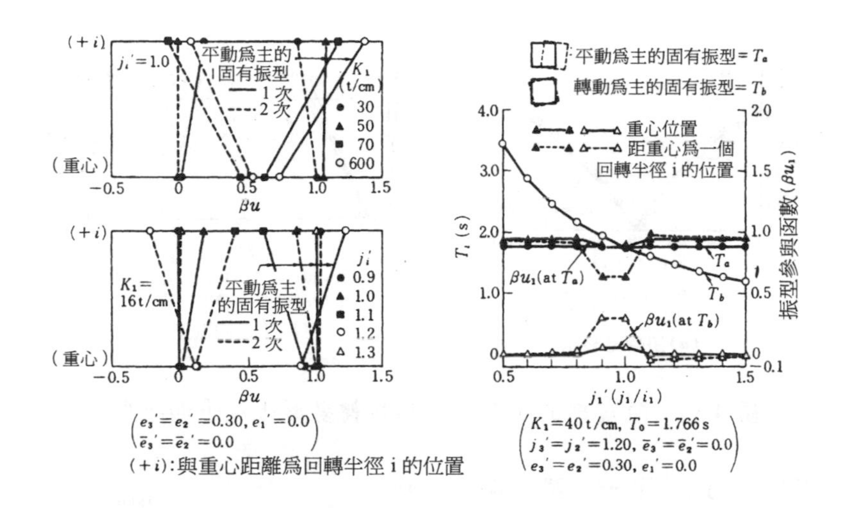

圖 4-31　平面內位移振型（三屋位置）

圖 4-32　隔震部分扭轉剛度和聯合系周期及振型

K_1 越小，在重心位置和離開重心爲回轉半徑 i 位置的第一、第二振型的振型參與係數之和有接近於 1.0 的趨勢。

2)隔震部分扭剛度的影響

根據隔震裝置的配置，扭轉剛度發生變化後，聯合系周期和振型的變化如圖 4.32 所示。振型通過振型參與係數的形式，是一層的重心及離重心爲回轉半徑 ＋ i 處的值。根據同圖，如果 j'_i 變小，即如果隔震裝置設置在建築物的內側時，不管上層部分的扭轉剛度如何，回轉卓越型固有振型的 T_b 變成長周期，成爲一次周期，這一點要加以注意。

3)隔震部分的偏心影響

隔震部分的剛度偏心比與平動卓越型固有振型的扭轉變形比

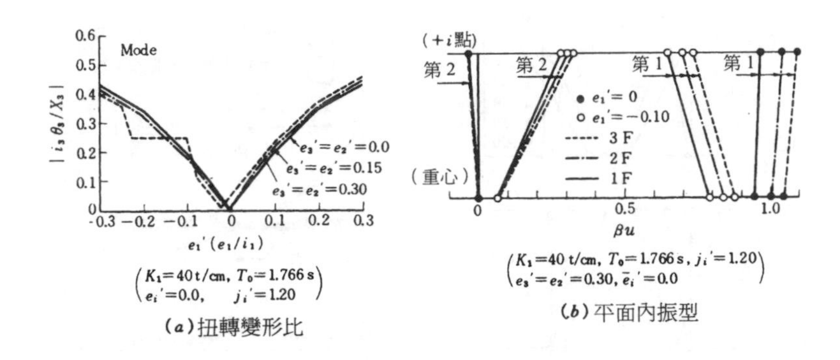

(*a*)扭轉變形比　　(*b*)平面內振型

圖 4.33　隔震部的剛度偏心和扭轉變形比及平面振型

的關係，以及第一、第二振型時，平面內位移模式的例子如圖 4.33 所示。從圖中可以看出，若沒有質量偏心，不考慮上層部分的剛度偏心，通過力圖減小隔震部分的剛度偏心，可以抑制整個建築物的扭轉變形比。

4)質量偏心的影響

圖 4.34 爲反應最上層的重心與下層存在質量偏心($\bar{e}'_3=-0.30$)的情況下，平動卓越型固有振型的扭轉變形比與隔震部分剛度偏心比

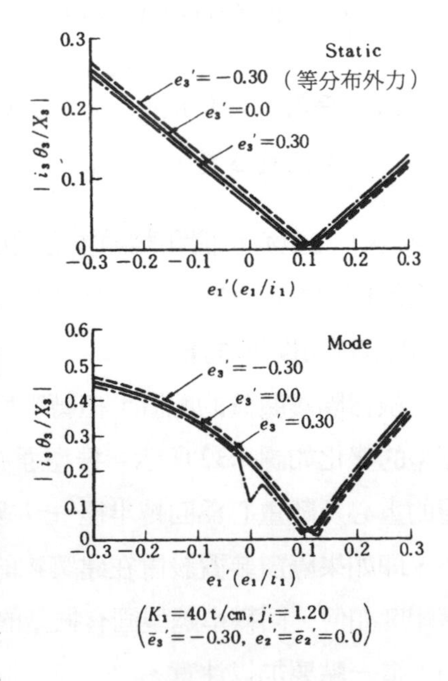

圖 4.34　有質量偏心建築物的扭轉變形比

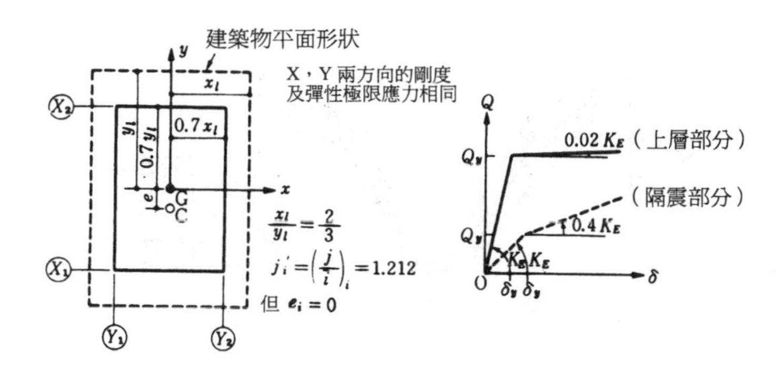

圖 4.35　反應分析模型

e'_1 的關係的示例。根據同圖，平動卓越型固有振型的扭轉變形比比靜力作用時的情況爲大，但隨 e'_1 的變化兩者的變化趨勢大致相同。因此，對於具有質量偏心的建築物來說，隔震裝置部分的剛心向上層部分的重心挪動，可以控制扭轉變形，這是可以理解的。對於圖 4.34 所示的算例，由式(4.21)試爲了抑制扭轉變形的 e'_1。若設 $\bar{e}_3 = -0.3 \cdot i_3$，$\bar{e}_2 = 0$，$e_1 = e'_1 \cdot i_1$，$i_3 = i_1$，且爲等分布外力，因有 $Q_1 = 3 \cdot Q_3$，則 $e'_1 = 0.1$，與圖 4.34 的結果大致相同。

㈡地震反應

地震反應分析模型如圖 4.35 所示，在 x 方向有偏心的 2 × 2（二結點，各節點有兩個自由度）結構分析模型。無偏心時的各元素與圖 4.28 的情況相等，以 $K_1 = 40t/cm(400kN/cm)$，$T_0 = 1.78s$ 的隔震建築爲主要對象。輸入地震波爲 E1 Centro 40NS, Taft 52EW，及十勝沖地震 Hachinohe 68EW 三種波，輸入加速度 100gal。阻尼爲瞬時剛度比例型，對於彈性第一振型的阻尼比取

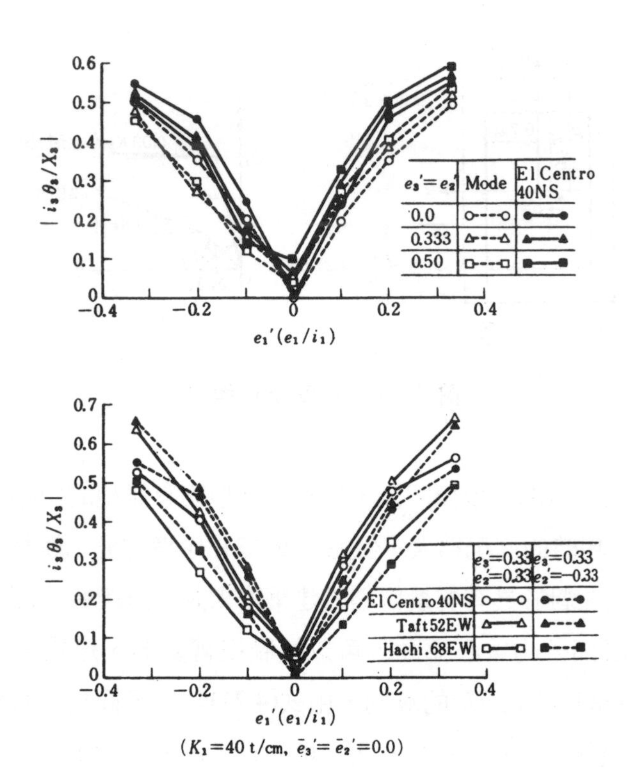

圖 4.36 彈性時的扭轉反應變形比

$h = 0.03$。

1)彈性反應

僅存在剛度偏心（X_1 框架的剛度＞X_2 框架的剛度）模型的彈性反應扭轉變形如圖 4.36 所示。即使上層部分有剛度偏心，消除隔震部分的偏心，同樣可抑制扭轉的影響。這也可從反應結果看出。圖 4.37 中表示了剛、柔性框架的位移X，層間變形δ及剪刀Q的分布情況。從圖中可以看出，隔震建築物比起非隔震建築物來，上層部分兩框架的層間變形減少、剪力下降的同時，由於

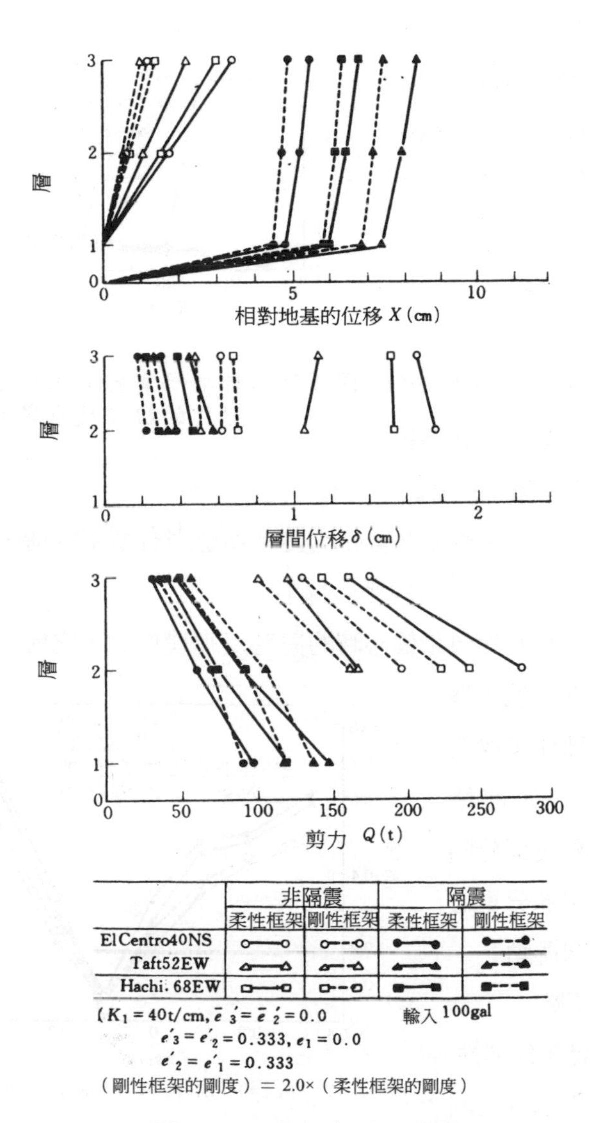

圖 4.37　各框架的反應值

隔震部分沒有偏心，上層部分的扭轉變形得到抑制，柔性框架 X_2 所負擔的剪力減少，隔震效果得以進一步確認。

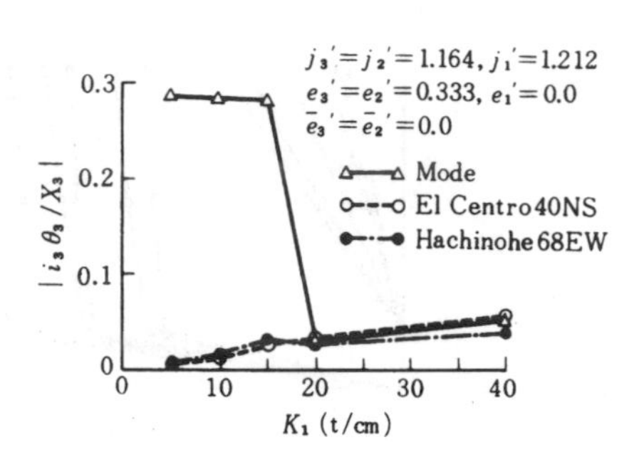

圖 4.38　伴隨隔震部分水平剛度變化的扭轉反應變形比

圖 4.38 中表示了隔震部分剛度 K_1 較小情況下的扭轉變形比。從圖中可以看出，地震時，由於平動卓越型固有振型以外的振型也被激勵，扭轉反應變形比與平動型固有振型的情況不同：K_1 越少，周期越長，扭轉變形越小。

圖 4.39 爲存在質量偏心時的扭轉反應變形比，它與平動型固有振型相當一致。爲了抑制這種建築物的扭轉變形，如前所述，可將隔震部分的剛心向上層部分重心位置的方向挪動。

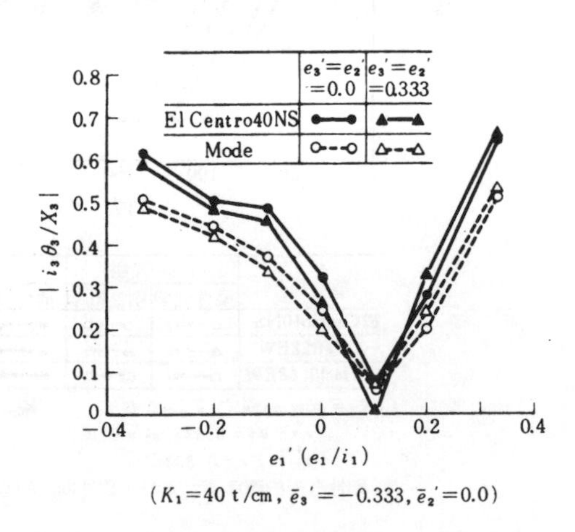

($K_1=40$ t/cm, $\bar{e}_3'=-0.333$, $\bar{e}_2'=0.0$)

圖 4.39　有質量偏心的建築物的扭轉反應變形比

2)彈塑性反應

a)上層部分彈性

將隔震部分的屈服剪力係數 $C_{1y}=Q_{1y}/\Sigma W_j$，Q_{1y}：某方

向的框架的屈服剪力和， W_j ：層的重量在 x ， y 方向上均設爲 $C_{1y}=0.1$ 時的反應結果與全層爲彈性時的比較示於圖 4.40，輸入三個波的輸入最大加速度均爲 400gal。如果隔震部分呈彈簧性狀態，由於輸入波的不同而產生的位移反應分散，上層部分框架的層間變形及剛、柔性框架的層間變形的比率（扭轉變形）與彈性反應相比有較小的趨勢，隔震部分進入彈塑性範圍時也能夠減小扭轉的影響。

b)全層彈塑性

圖 4.41 表示同時考慮隔震部分的彈塑性及上層部分的彈塑性（兩方面的框架爲 $C_{3y}=C_{2y}=0.2$ 後所得反應結果中，框架反應位移及柔性框架與剛性框架的位移比、層間變形比。輸入最大加速度爲 400gal。彈性反應與彈塑性反應相比，框架位移的絕對值有一定差別，但位移比、層間變形比差別不大，可以說即使一直考慮到上層部分進入彈塑性狀態，由於隔震部分沒有偏心，仍然可以抑制扭轉變形。另外，彈塑性反應時上層部分的反應變形，在輸入 E1 Centro 40 NS 及 Taft 52 EW 波時，僅有柔性框架的反應變形 X_2 稍許進入了塑性減，與此相對，輸入 Hachinohe 68 EW 波時，剛、柔性框架都表現出了較大的塑性率。

c)雙軸偏心

全層爲彈塑性，上層部分有雙軸偏心情況下的反應實例與全層彈性時的結果均示於圖 4.42 中。圖中給出了側向柔性框架（ B 點）對側向剛性框架點（ A 點）的位移向量比及層間變形向量比，只是此時從兩個方向輸入地震波（最大加速度均爲 300gal）。此外，情況 1 與情況 2 在 x 方向的剛性框架位置相反，

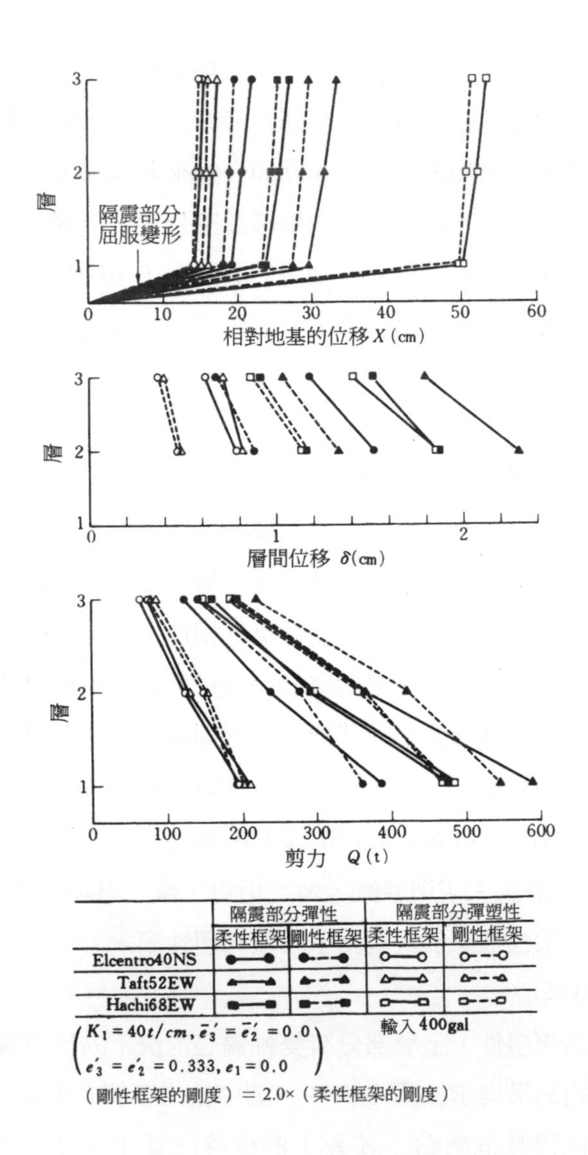

圖 4.40 隔震部分爲彈塑性時的反應

從而是剛心位置不同的兩種情況。雙軸偏心時的反應受地震輸入方向的影響變化較爲複雜，但彈性與彈塑性反應兩者的位移向量比、層間變形向量比沒有多大差異，而且同單軸偏心時的反應結果（圖 4.41）大體一致。因此，即使在雙軸偏心的情況下，通過長周期化且消除隔震部分的偏心，仍可減小扭轉的影響。另外，進行彈塑性分析時，沒有考慮兩方向內力的相互作用效果，恢復力由各框架獨立定義。

以上，採用簡單的力學模型，基於數值分析結果，考察隔震

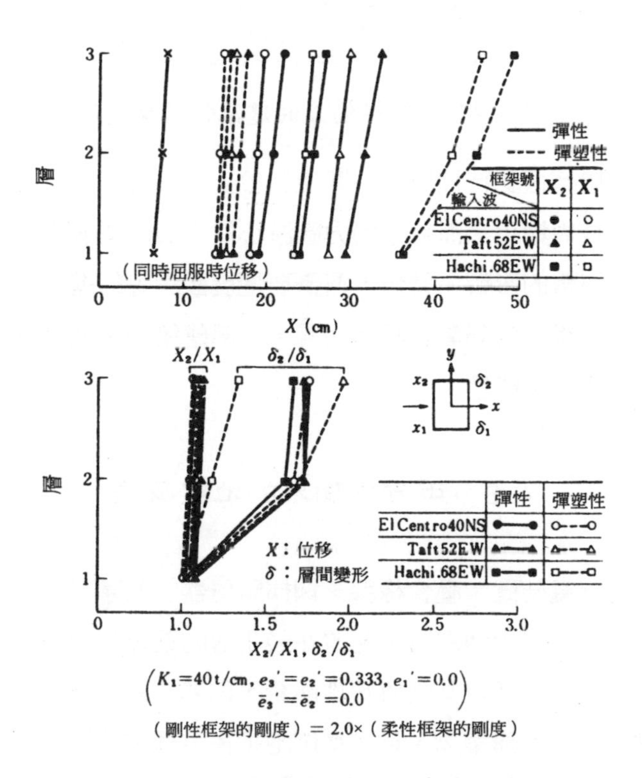

圖 4.41　各層爲彈塑性時的反應

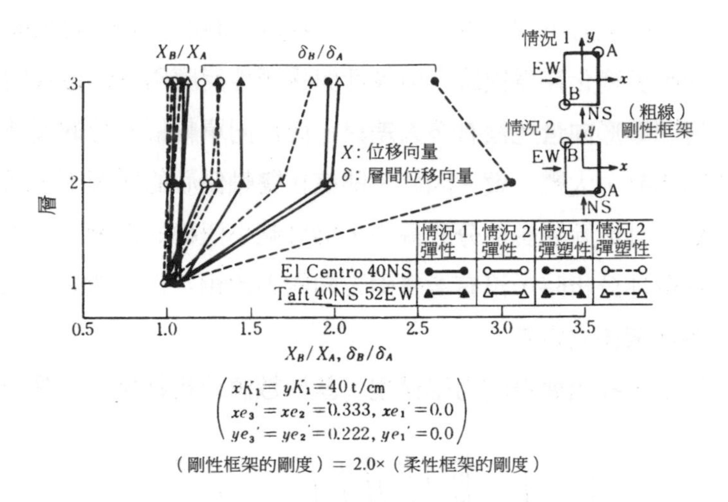

圖 4.42 有雙軸偏心的建築物的反應

建築物的扭轉振動特性顯示：即使對於上層部分存在偏心的建築物，使其長周期化，而且通過力圖減小最下層的剛度偏心，仍然可以降低扭轉的影響。當然，還需要地震觀測等的進一步驗證，但已經可以說，就隔震建築物而言，上部建築的平面設計有獲得較大自由度的可能性。

4.5 兩方向輸入的地震反應

具有隔震裝置（疊合橡膠＋鋼棒阻尼器）的隔震建築物的特徵之一爲，承受大地震時，配置在最下層的鋼棒比上層的結構桿件提前屈服，以期待其吸收塑性能量，即屬於最下層柱首先屈服的所謂柱破壞型建築物。爲了準確地把握這種建築物在水平兩個方向上同時受到地震動作用時的情況，有必要考慮 4.4 節中忽略了在塑性域內的力的雙軸相互作用。在此，作爲數值算例，對已設計好的隔震建築物在二方向同時輸入地震波時的彈塑性情況進行討論。

4.5.1 建築物的概況

建築物由四層鋼筋混凝土的上部結構部分和設置在 GL-1.4m（GL—地面）的基礎部分及上部與基礎結構之間採用疊合橡膠和鋼棒的隔震裝置組成。其標準平、剖面圖如圖 4.43 所示。上部結構中，*X* 方向爲純框架，*Y* 方向設置了剪力牆，兩方向偏心均爲零，隔震裝置以平面中心對稱設置。在每根柱下設置一個疊合橡膠，由柱周圍設置 3 根，共計 144 根，鋼棒不承擔豎向力。表 4.4、表 4.5 爲建築物的各參數及上部建築物的水平剛度。上部建

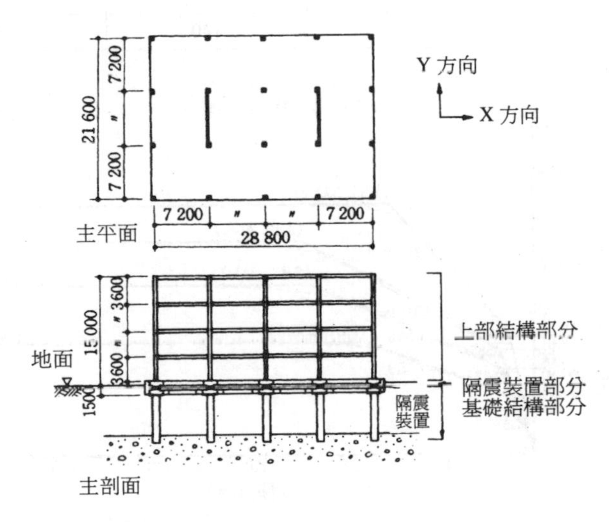

圖 4.43 在各柱下設置了隔震裝置的隔震建築物

築物的層剛度，屈服強度的評價，對各平面框架按靜力彈塑性框架分析[1]，設外力爲 A_i 分布時的層剪力與層間變形的關係如圖 4.44 所示，表 4.5 中所示的等效剛度如後所述，是將考慮了上部建築物的彈塑性後單方向輸入地震波（E1 Centro 40 NS 波，50kine）情況下的最大反應値，畫到圖 4.44 的恢復力特性上，連接它們的最大値點與原點而得到的剛度。

隔震裝置全體的剛度、屈服強度及恢復力特性如圖 4.45 所示。

表 4.4　建築物的基本情況

層	質點號	層高(cm)	重量(t)
4	5	360	777
3	4	360	590
2	3	360	565
1	2	360	595
0	1	140	932

注：1t=10kN

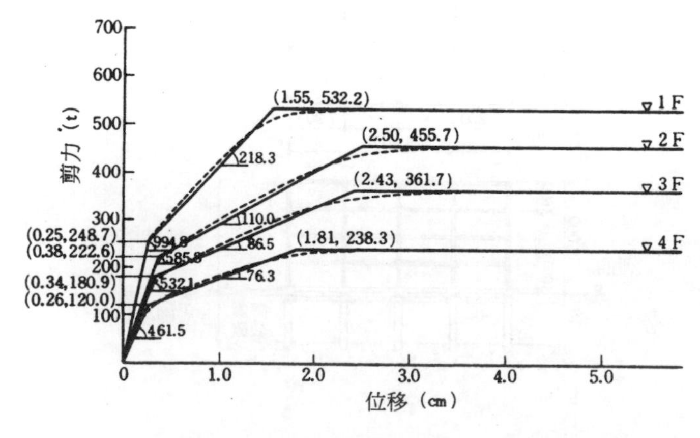

圖 4.44　恢復力特性（ X 方向）

表 4.5　上部結構的水平剛度

	X 方向等效剛度(t/cm)		Y 方向等效剛度(t/cm)②	
	彈性分析	等效彈性①	彈性分析	等效彈性①
4	462	264	1341	1341
3	532	247	1950	1802
2	586	255	2700	2092
1	995	421	4520	4143

①單方向地震波輸入（E1 Centro 40 波）時，最大反應值與原點相連得到的剛度
② t/cm ＝ 10kN/cm ＝ 1kN/mm.

4.5.2　數值解的假定與模型

二個方向同時輸入地震波時的分析是以空間框架爲對象，採用彈塑性分析程序(12)，並作如下假定：

(1)各層的樓板爲剛性，各層的自由度爲三個自由度，即考慮重心處二個方向的水平變形與繞垂直軸的回轉變形。

(2)不考慮上部結構和疊合橡膠的豎向變形，認爲隔震裝置的上、下部固定。

(3)上部建築物及疊合橡膠爲彈性，只考慮隔震部分鋼棒的彈塑性性質。

(4)鋼棒的彈塑性判斷

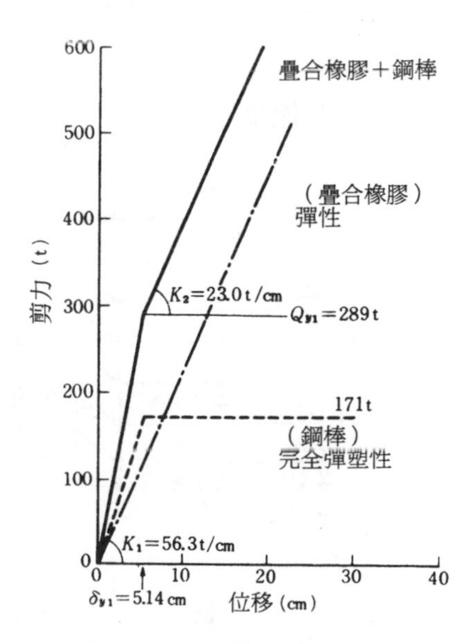

圖 4.45　隔震裝置部分的恢復力特性

採用桿端塑性鉸法。單軸施加外力時的恢復力特性採用完全彈塑性，兩個方向同時輸入時，考慮雙軸彎矩的相互作用，服從其屈服曲面為圓的屈服準則(13)。

如圖 4.46 所示二方向同時輸入地震波時的數值分析模型為上部結構不考慮偏心，隔震裝置的剛度、屈服強度各向同性，具有等效 4 根彎曲柱的 1 × 1 跨空間框架模型，分別代表疊合橡膠及鋼棒群的隔震裝置部分 4 根底柱呈對角線配置。

上部建築物及隔震裝置的柱的截面慣性矩由下式計算。

$$I = \frac{K}{N} \cdot \frac{h^3}{12E} \tag{4.22}$$

式中 K——水平剛度；

N——分析模型的柱的根數；

h——層高；

E——彈性模量。

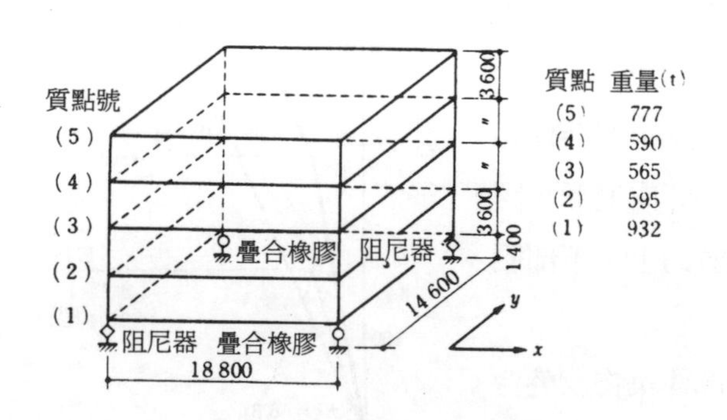

圖 4.46 分析模型

注(1t = 10kN)

以下為了比較，單方向輸入時的反應結果也一併示於表 4.6 中。上部結構、疊合橡膠及阻尼的考慮方法，與二個方向同時輸入時的分析條件有一定差別。

表 4.6　地震反應分析的條件

	二個方向同時輸入	單方向的輸入
上部建築物	彈性或等效彈性	剪切振動體系，彈塑性①
疊合橡膠	水平剛度：彈性垂直方向變形不考慮	水平剛度：彈性水平彈簧 垂直剛度：彈性移動彈簧
鋼棒	彈塑性	彈塑性
阻尼	第一、二振型為 $h = 0.03$ 的瑞利阻尼	上部結構對上部結構第一振型取 $h = 0.03$ 的內部組尼型疊合橡膠；結構一疊合橡膠系以 $h = 0.02$ 換算成阻尼係數的值 鋼棒：無阻尼

①恢復力特性採用下降三折線方式（文獻10）。

4.5.3　固有值

表 4.7 為空間框架模型的固有周期，一、二次為 X， Y 方向的水平動週期，三次為純扭轉周期。等效剛度時的值是將上部結構的剛度取為表 4.5 中的等效剛度的值。表 4.8，圖 4.47 是為了參考，列出了兩方向獨立系的固有周期及固有振型。表 4.8 分列列出僅有上部建築物的剛度、上部建築物一疊合橡膠一阻尼器系統的剛度、上部建築物一疊合橡膠系統的剛度這三種情況，表 4.7 所示的固有周期與表 4.8 中所示的上部建築一疊合橡膠一阻尼器系統的情況相對應，兩者的固有周期大致相等。此外，空間框架模型的固有振型形狀雖在這裡未表示，但它與圖 4.47 的固有振型相差很小。

表 4.7 空間框架模型的固有周期

振型	彈性	等效彈性	備註
1	1.645s	1.730s	X：1 次
2	1.592	1.594	Y：1 次
3	0.923	0.926	Θ：1 次
4	0.371	0.511	X：2 次
5	0.202	0.257	Y：2 次
6	0.185	0.212	Θ：2 次

表 4.8 獨立框架模型的固有周期

(a)僅有建築物的固有周期(sec)

方向	一次	二次	三次	四次
X	0.590	0.195	0.112	0.077
Y	0.290	0.081	0.044	0.033

(b)建築物・疊合橡膠・阻尼器系統的固有周期(sec)

方向	一次	二次	三次	四次
X	1.643	0.369	0.170	0.105
Y	1.590	0.198	0.068	0.060

(c)建築物・疊合橡膠系統的固有周期(sec)

方向	一次	二次	三次	四次
X	2.506	0.378	0.171	0.105
Y	2.472	0.199	0.068	0.060

注：建築物採用彈性剛度。

表 4.9 分析用最大輸入加速度

地震波的種類		原波形最大加速度	雙方向同時輸入			單方向地震輸入	
			最大輸入加速度	最大反應速度	隻軸反應速度	最大輸入加速度	最大反應速度
E1 Centro 40	NS	341.7gal	432gal	42.2kine	54.6kine（向量）	508gal	50.0kine
	EW	210.1	266	44.4		298	50.0
Hachin-ohe 68	NS	232.6	362	42.6	55.4kine（向量）	426	50.0
	EW	179.8	280	48.7		287	50.0

4.5.4　地震反應特性

(一)輸入波和最大加速度

輸入地震波爲 E1 Centro 40 及十勝沖地震 Hachinohe 68 兩個波，其 NS，EW 分量分別作用於 X 、 Y 方向。由周期 $T = 10.0s$，阻尼比 $h = 1/\sqrt{2}$ 的單質點系反應速度的軌跡，反應速度向量的最大值定爲比單方向輸入時彈塑性分析所採用的 50kine 大百分之十的量，即約爲 55kine，依此確定輸入的最大加速度值。輸入 E1 Centro 原波形後的反應效度軌跡如圖 4.48 所示，從圖中可以看

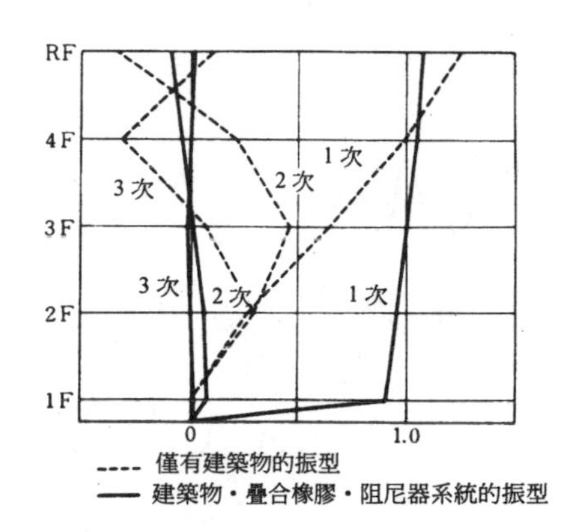

圖 4.47　獨立框架模型的固有振型

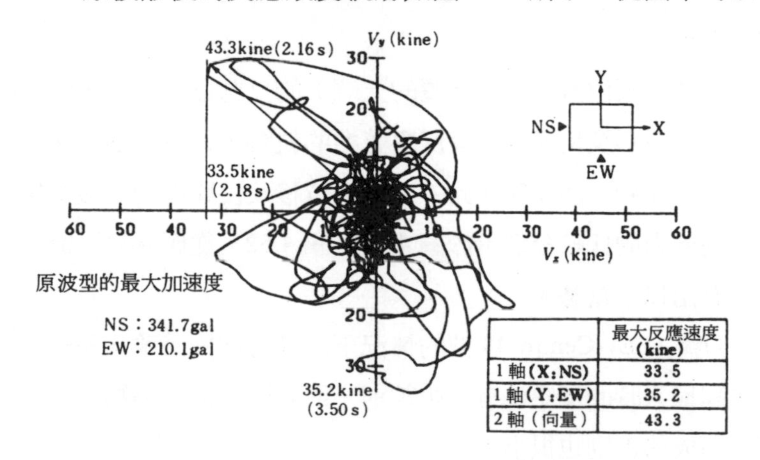

	最大反應速度 (kine)
1 軸 (X：NS)	33.5
1 軸 (Y：EW)	35.2
2 軸（向量）	43.3

圖 4.48　反應速度的軌跡（E1 Centor 40 波）

出，反應速度向量的最大值約爲 43.3kine，同樣，採用 Hach inohe 68 波進行分析時，最大加速度採用表 4.9 所示的值。

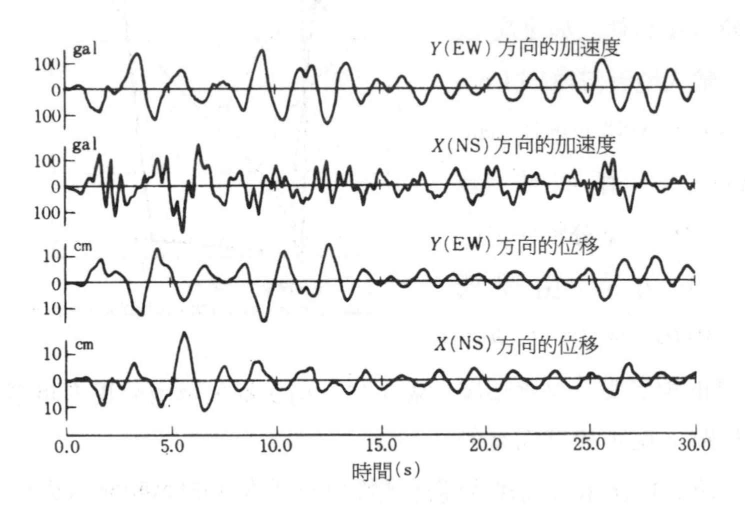

圖 4.49　反應位移與反應加速度的波形
（E1 Centro 40 波，上部建築：等效彈性）

㈡反應結果

一層樓板位置（隔震裝置的上端）的反應速度與反應位移的時間歷程波形及反應位移與反應剪力的軌跡，作爲一個例子，分別示於圖 4.49、圖 4.50。此外，反應位移及反應剪力的最大值與單方向外力的比較分別示於圖 4.51、圖 4.52。從圖 4.51、圖 4.52 可以看出以下趨勢。

1)輸入 E1 Centro 40 波的情況下，雙方向同時輸入與一個方向單獨輸入時的反應沒有多少差別，而且因上部建築物的剛度不同而造成的差別也很小。

2)輸入 Hachinohe 68 波的情況下，考慮到上部建築物的彈塑

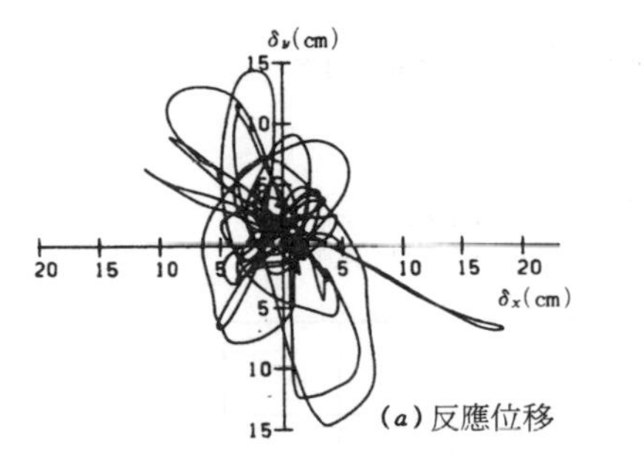

(a) 反應位移

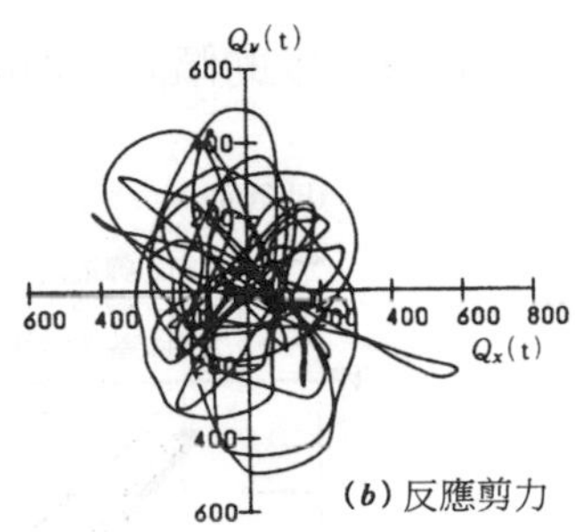

(b) 反應剪力

圖 4.50　反應位移與反應剪力的軌跡
(E1 Centro 40 波，上部建築：等效彈性)

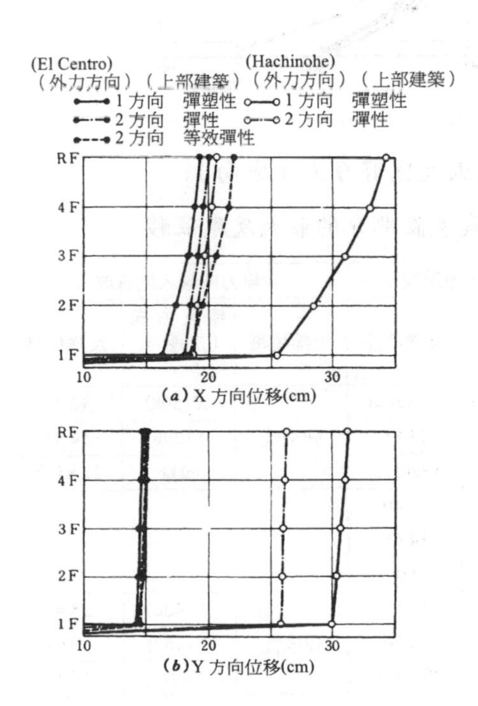

(a) X 方向位移(cm)

(b) Y 方向位移(cm)

圖 4.51　最大反應位移

性，一個方向單獨輸入時的反應值在兩個方向上都超過兩個方向同時輸入時的反應值，特別是在上部建築物的反應值中，這種趨勢表現得十分明顯。

根據圖 4.50 所示的一層樓板的位移軌跡，求其最大位移向量，將它與單方向輸入時最大位移反應進行比較，結果示於表 4.10。根據此表，兩方同時輸入時隔震裝置部分的最大位移反應向量一般有超過一個方向單獨輸入時的最大位移反應的傾向，但兩者沒有顯著區別。

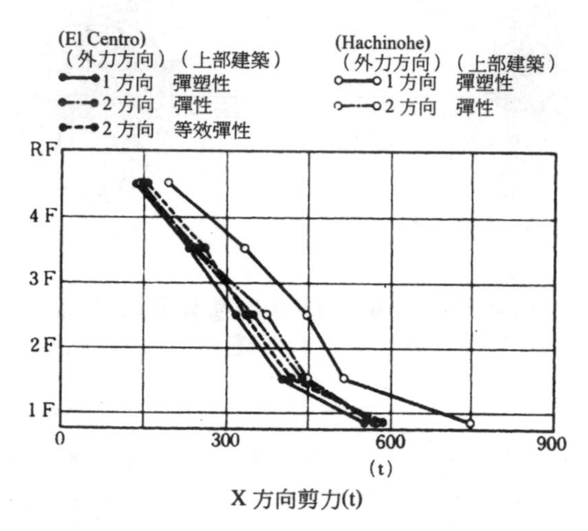

圖 4.52 最大反應剪力（*X*方向）

表 4.10 隔震裝置部分的最大反應位移

輸入波	二個方向同時輸入地震波			單方向輸入地震波		
	上部建築	輸入方向（加速度）	反應位移	上部建築	輸入方向（加速度）	反應位移
E1 Centro 40	彈性	*X*(432gal)	18.13cm	彈塑性	*X*(508)	16.41
		Y(266)	14.81		*Y*(298)	14.41
		向量	19.40 ①		向量	21.84 ②
	等效彈性	*X*(432)	18.40	-		
		Y(266)	14.65			
		向量	19.60 ①			
Hachinohe 68	彈性	*X*(362)	18.55	彈塑性	*X*(426)	25.44
		Y(280)	25.76		*Y*(287)	30.07
		矢量	28.10 ①		向量	39.39 ②

①由軌跡曲線求得的最大位移向量
②向量和（由二個方向的最大值計算得出，最大值產生的時刻不同）。

以上，討論了考慮在鋼棒的塑性域內雙軸彎曲相互作用，兩方向同時輸入時隔震建築物的反應情況。雖然所討論的例子不多，但從中可考慮歸納爲：即使在兩個方向同時輸入，隔震部分的變形比一個方向輸入時的變形或相同或略有增大。

4. 6　實驗驗證

4.6.1　靜力實驗

㈠實驗體與實驗辦法

實驗用的隔震裝置由懸臂梁式的鋼棒（ ϕ 11 ），PC 鋼棒 A 種，長 20cm 和豎向設計載荷爲 5t 的天然橡膠類的疊合橡膠（橡膠層： 2.5*mm* × 65 層，鋼板： 0.8*mm* × 64 層，總高，214mm，直徑：154mm）構成。實驗裝置如圖 4.53 所示。加力方法爲在軸方向施加 5t 定軸力，在水平方向，反覆加力，並逐漸增大，直至達到疊合橡膠的容許變形 8cm 爲止。

㈡實驗結果

由實驗得到的荷載—位移曲線如圖 4.54 所示，它表示了疊合橡膠單體，PC 鋼棒單體，及疊合橡膠與鋼棒的組合三種類型的恢復力特性，從圖中可以看出，疊合橡膠基本爲線性，鋼棒爲約在 2cm 時屈服的紡錘形滯回環。此外，疊合橡膠與鋼棒的組合，可以再現隔震裝置的整體情況。如圖中數值解所示，實驗值與數值解情況較好地對應。

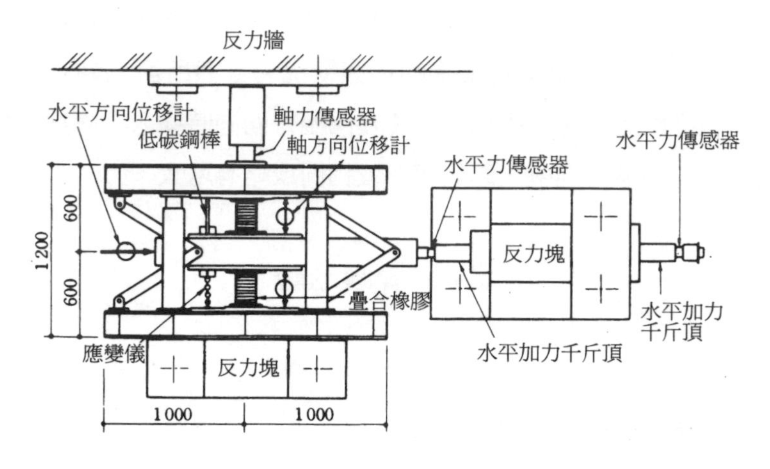

圖 4.53 靜載加力裝置（平面圖和主要測點）

4.6.2 動力特性實驗

靜力實驗使用的隔震裝置上加置鋼框架，在振動台上進行強迫振動實驗，以確定其固有頻率、阻尼比的動力特性，與靜力情況相比較，進行討論。

㈠實驗方法

振動台的尺寸為 $3m \times 4m$，可輸入正弦波、地震波等。單層鋼框架與隔震裝置組合成的實驗體的形狀及測定點如圖 4.55 所示。使用的測量裝置為伺服型加速計和動態位移傳感器等。共進行了自由振動、正弦波輸入實驗、反應位移一定時的共振實驗等一系列實驗。

㈡實驗結果

1)隔震裝置

正弦波實驗下，疊合橡膠單體的對角剛度 K_{eq} 與等效粘性阻

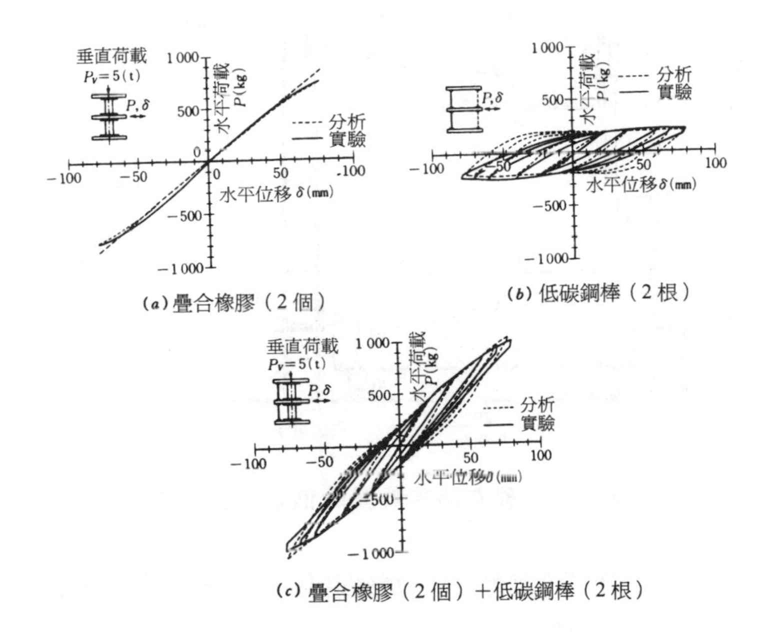

圖 4.54　水平荷載—水平位移曲線（靜載實驗）

尼比 h_{eq} 如圖 4.56 所示。實驗中，約 2 秒鐘穩態加振，測定層剪力和水平位移。從其水平動力荷載—位移曲線可得到將各位移峰值相連所形成的對角剛度，且由滯回環面積得到等效阻尼比。當位移振幅增大時，K_{eq} 有所減小，這種趨勢與靜力的實驗結果大致相同。

圖 4.57 表示了隔震置裝的動力實驗結果。等效粘性阻尼比的結果與靜力實驗相當一致。圖中沒有表示水平荷載—水平位移曲線，但與圖 4.54 (c) 的靜力實驗結果形狀類似。由此可以看出，

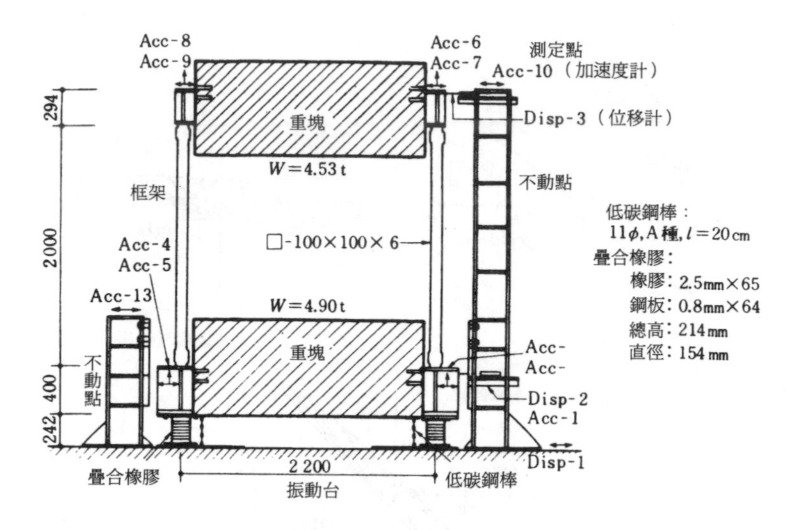

圖 4.55　帶有隔震裝置的框架實驗裝置

隔震裝置的力學特性總體上隨位移振幅值而變，有位移依賴性。

2)帶隔震裝置的框架

用加速度反應倍率表示疊合橡膠單體的共振曲線、疊合橡膠＋鋼棒在彈性範圍內的共振曲線、及附加隔震裝置的框架在±40mm 定幅加振，後在塑性範圍的共振曲線，如圖 4.58 所示，對於±40mm 位移定幅加振的共振曲線來說，由鋼棒引起的履歷衰減特性得到了充分發揮。

4.6.3　地震反應實驗

對單層鋼框架單體和加設了隔震裝置的框架進行輸入地震波的振動實驗，從實驗結果和反應分析討論隔震結果。

㈠實驗方法

如圖 4.55 所示，附加隔震裝置的框架固定在振動台上進行實驗。為了比較，框架單體也進行同樣的實驗。輸入地震波為 E1 Centro 40 NS，其最大加速度為 50gal 至 250gal，增量為 50gal。

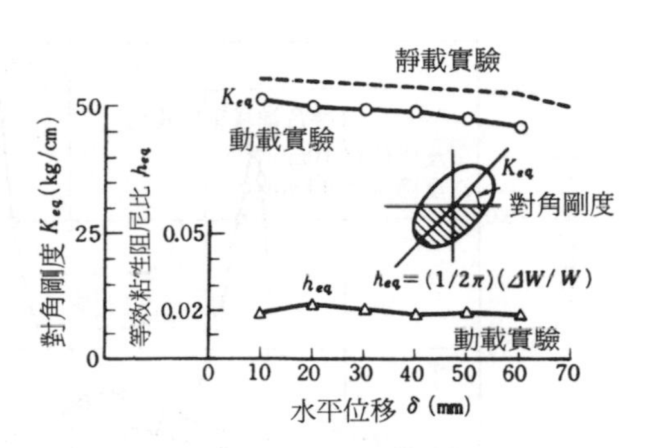

圖 4.56　疊合橡膠單體的等效粘性阻尼比和對角剛度

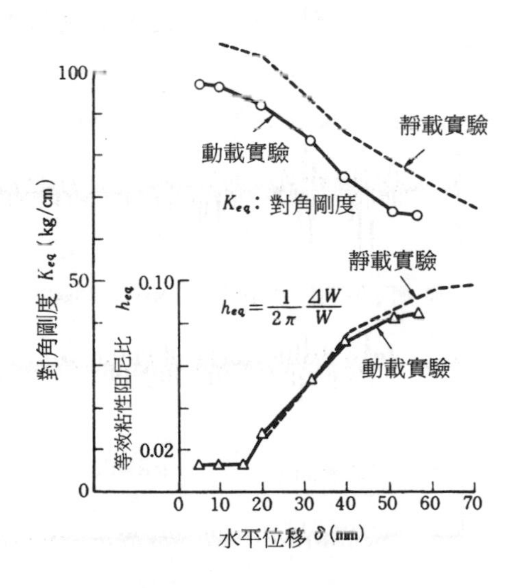

圖 4.57　隔震裝置（疊合橡膠＋ PC 鋼棒）的等效粘性阻尼比和對角剛度

(二)實驗結果

輸入加速度為 150gal 時，框架單體的反應位移反應加速度波形示於圖 4.59，附加隔震裝置的框架反應情況如圖 4.60 所示，此外，圖 4.61、圖 4.62 分別表示最大反應位移和最大反應加速度。

從鋼框架屋面測到的反應加速度分別為：非隔震約為

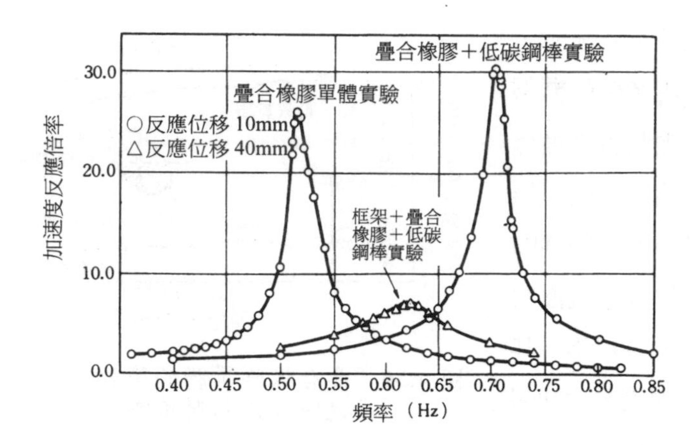

圖 4.58　加速度反應倍率曲線

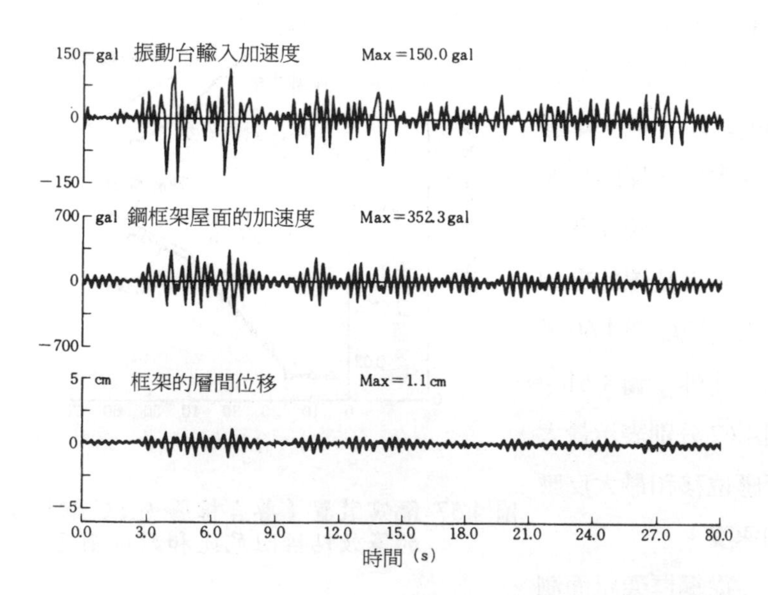

圖 4.59　框架單體的振動台實驗(E1 Centro 40 NS, 150gal)

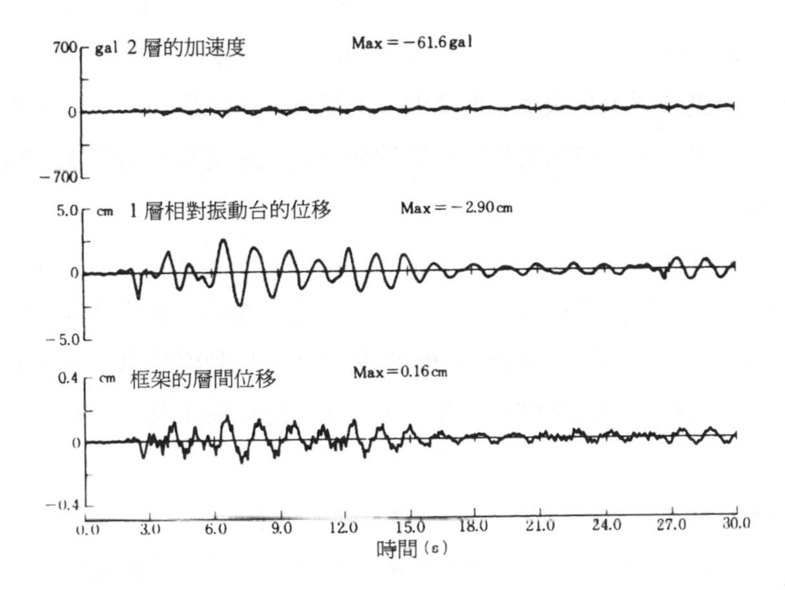

圖 4.60　帶隔震裝置的框架振動台實驗(E1 Centro 40 NS, 150gal)

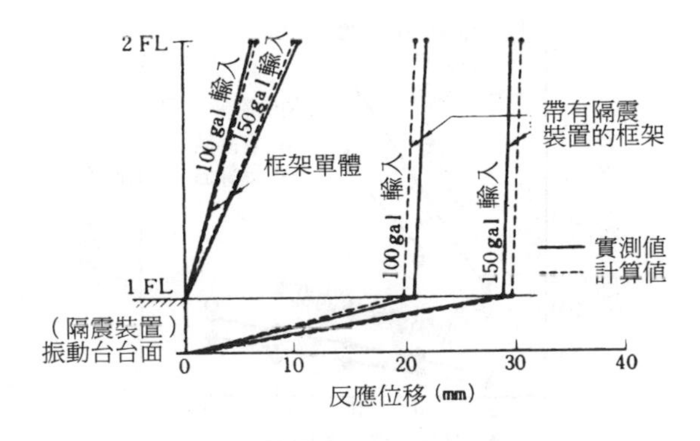

圖 4.61　最大反應位移(E1 Centro 40 NS)

352gal，隔震約 62gal，約降低爲 1/6.3。此外，框架的層間位移爲：非隔震約 1.1cm，隔震約 0.16cm，同樣約降爲 1/7。另一方面，隔震裝置本身產生了約 2.9cm 的變形。由此可知，由於隔震裝置變形較大，使結構體的鋼框架產生的加速度和層間位移大幅度減小。

㈢分析方法

對隔震裝置的恢復力特性進行模型化處理時，疊合橡膠作爲彈性，鋼棒採用 Ramberg-Osgood 模型(14)。振動模型爲由鋼框架與基礎形成兩自由度體系。此外，一次阻尼比爲 1 %，二次阻尼比爲 0.87 %。

㈣分析結果

單框架的輸入及反應波形如圖 4.63 所示，帶隔震裝置框架的情況如圖 4.64 所示。另外，最大反應位移和最大反應加速度的計

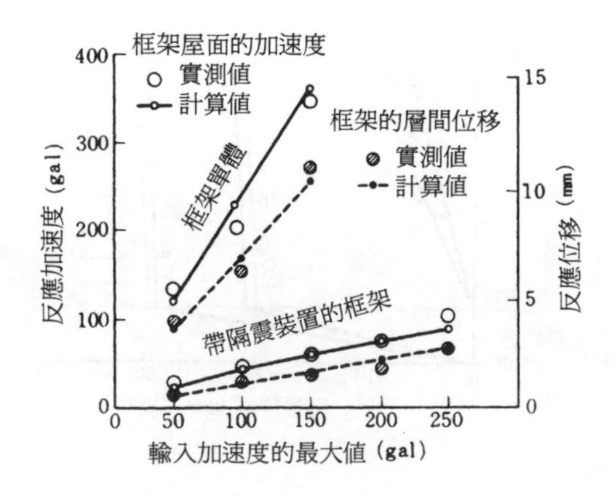

圖 4.62　最大反應加速度(E1 Centro 40 NS)

算值分別如圖 4.61、圖 4.62 中的虛線所示，顯示分析值與實驗值比較一致。

實驗與分析都顯示，與不加設隔震裝置的鋼框架相比，加了隔震裝置的框架有顯著地減震效果。

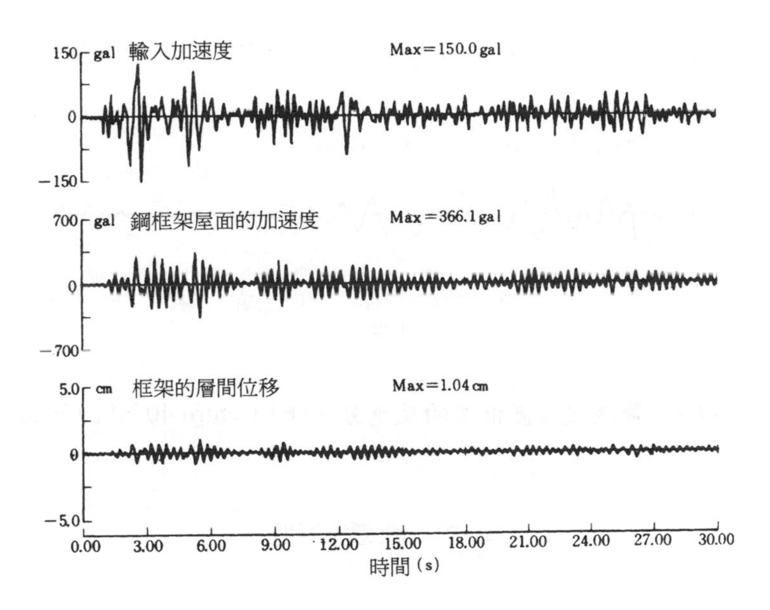

圖 4.63　框架的反應分析(E1 Centro 40 NS, 150gal)

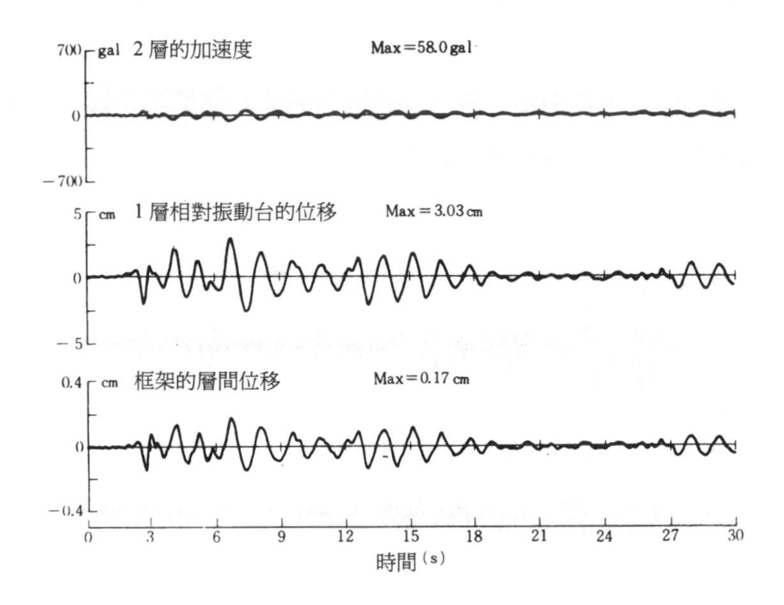

圖 4.64 帶隔震裝置框架的反應分析(E1 Centro 40 NS, 150gal)

4.7 地震觀測

4.7.1 結構模型及觀測系統的概要

建築物的模型的概要如圖 4.65 所示。地基結構至 GL − 6.6m 爲止爲關東亞粘土土層〔剪切波速 $V_s = 143m/s$ ，單位體積（密度）， $\rho = 1.2t/m^3$ 〕，其下層爲砂礫層($V_s = 466m/s$ ， $\rho = 2.1t/m^3$)。結構模型有兩個，它們的上部結構均爲鋼柱框架，重量等完全相同，但其中一個是其下插入設計荷載爲 5t(50kN)的

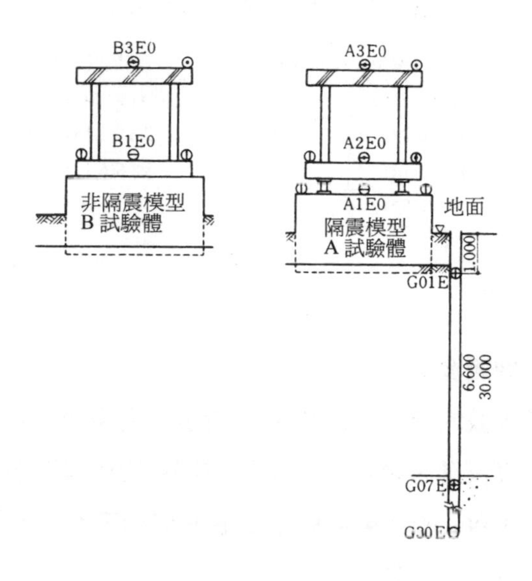

圖 4.65　結構模型的概況及地震計布置圖

疊合橡膠共 4 個的隔震模型（A 試驗體），另一個是隔震模型（B 試驗體）。由場地脈動實驗和自由振動實驗測得模型的固有頻率和阻尼比如表 4.11 所示。A 試驗體的一次固有周期，在設置了懸臂梁式的鋼棒阻尼器狀態下約爲 1.4s，僅有疊合橡膠時約爲 1.8s。使用的地震計爲 DC～100Hz 特性一定的高靈敏度伺服式加速度計，作爲測點水平分量爲 14 通道，上下分量爲 10 通道，共 24 通道。

表 4.11 結構模型的動力特性

次數	隔震模型（A 試驗體）		非隔震模型（B 試驗體）	
	固有頻率(Hz)	阻尼比	固有頻率(Hz)	阻尼比
1	0.72(0.72)	0.018	2.15(2.15)	0.006
2	3.14(3.14)	0.006	約 6(6.17)	-
3	約 7(6.92)	-	-(15.1)	-
4	-(15.7)	-		

注：( )內為計算值。

4.7.2 地震觀測實例

作為輸入波的特性，如圖 4.66 所示，從幾個地基觀測點的觀測波的加速度反應譜來看，約 0.2s～0.3s 的卓越周期比較顯著。這是層厚約 6.6m 的關東亞粘土土層形成的表層土的影響，是反應場地特徵的卓越周期。

觀測波形的例子為 1985 年 10 月 4 日茨城千葉縣境內地震時（東京震度 V，震級 6.0，震源距離 96km），地基和 A、B 試驗體屋頂上觀測到的加速度波形，如圖 4.67 所示，最大加速度分布如圖 4.68 所示。此

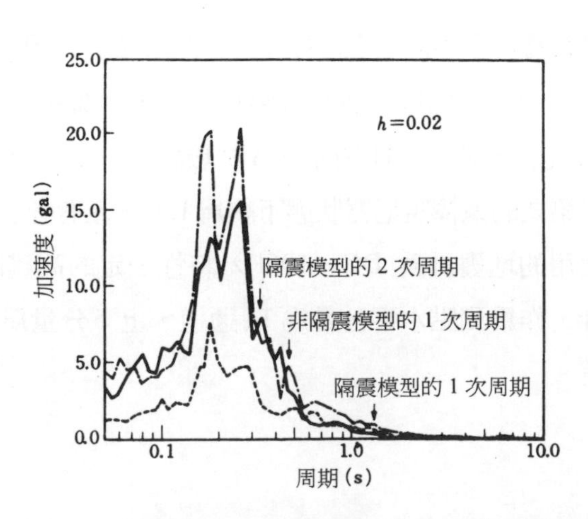

圖 4.66 各地震的加速度反應譜（地基 GOIE）

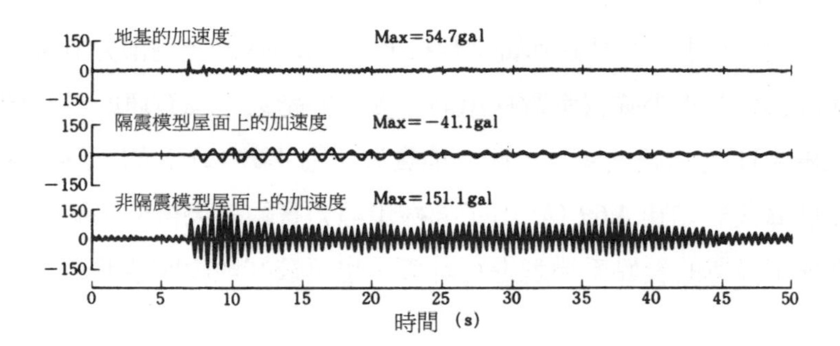

圖 4.67　1985 年 10 月 4 日茨城千葉縣縣境地震的觀測加速度波形

外，1985 年 4 月 13 日千葉縣中部（東京震度 I，震級 4.5，震源距離 85km）的地震例如圖 4.69(*a*)，圖 4.70 所示，分別爲觀測到的加速度波形，和傅立葉譜的數值解結果。可以看出由於有隔震裝置，上部結構的高頻反應被濾掉了。另外，由於該地震的震級較低，鋼棒的減震效果沒有反應出來，其隔震效果由隔震模型的約 1.4s 與非隔震模型的約 0.47s 的一次固有周期特性不同所造成。

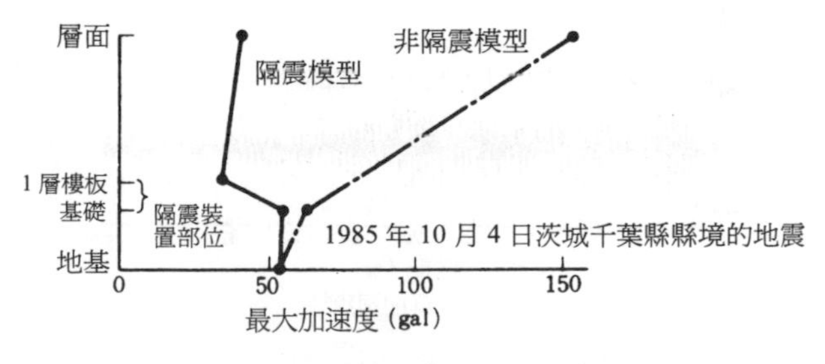

圖 4.68　最大加速度分布圖

4.7.3 反應分析實例

地基的水平和轉動彈簧常數按 $V_3 = 143m/s$ 的土層部分計算，隔震部分的水平彈簧常數採用靜力實驗的結果，固有值的計算值如表 4.11 的括號內所示，觀測地震波（圖 4.69 (*a*) ）的反應加速度計算波形如圖 4.69 (*b*) 所示。採用靜力實驗結果得到的剛度，即使用簡單的質點系模型進行計算，也可較好地說明觀測波。

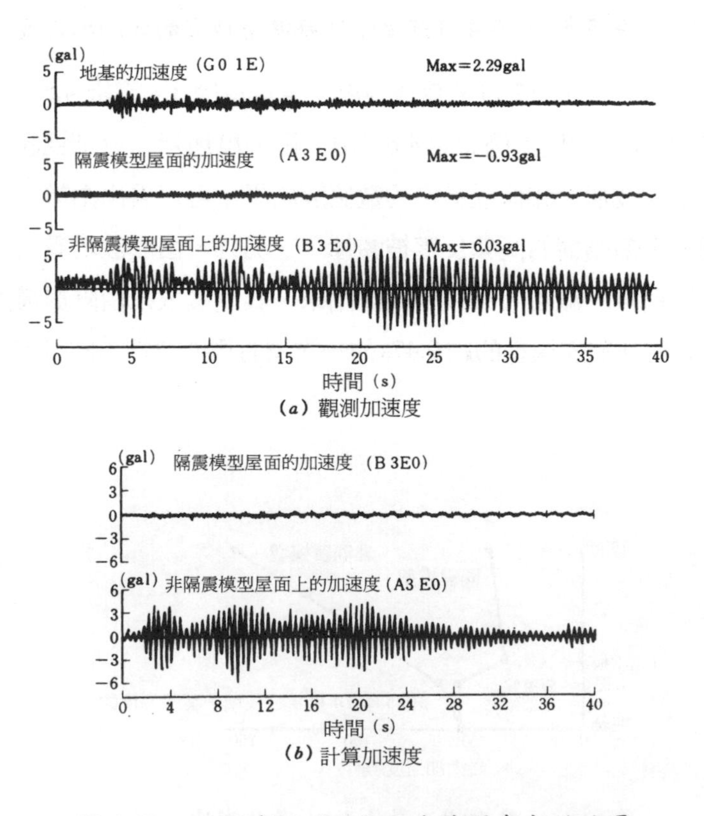

(*a*) 觀測加速度

(*b*) 計算加速度

圖 4.69 1985 年 4 月 13 日千葉縣中部的地震

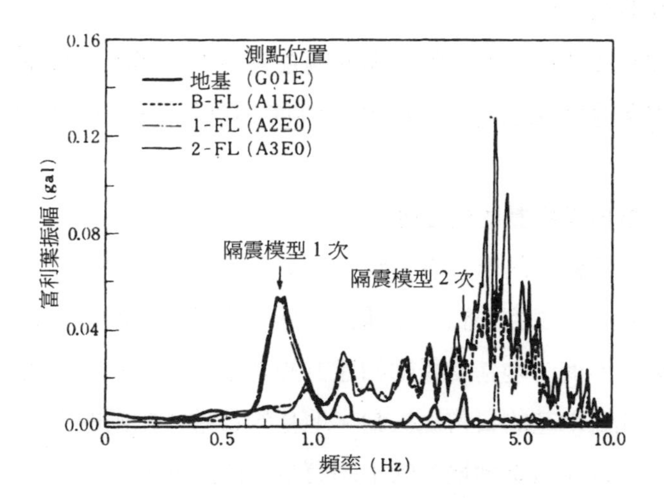

圖 4.70　1985 年 4 月 13 日千葉縣中部的地震

4. 8　居住性

隔震建築物的周期較長，在此對日常性地基振動及小地震等情況下的居住性進行討論，以說明隔震建築物比以往的建築物在可居住性方面有提高的趨勢。

4.8.1　可居住性的評價方法

可居住性的評價方法有如下幾點。

⑴周期在 1s 到 10s 的範圍內，日本建築學會，結構標準委員會提出的與建築振動有關的居住性評價曲線(15)。

⑵周期 1s 以下時，主要以樓板的上下動爲對象，日本建築學會根據鋼筋混凝土結構計算標準的提案(16)，及 Nach-Meister 的振

動感覺曲線(17)。

⑶長周期振動對人體影響的調查資料中，關於高層建築以地震及強風爲對象的研究；關於船體振動容許界限的研究等(18～32)。

4.8.2 對日常振動的居住性

如果建築物的附近有公路、鐵道、地道等，當車輛通過時，居住者就會感覺到振動。這種特定外干擾源即使沒有，居住者感覺不到，然而，地基受脈動和遠方的外干擾源等影響，常常在震動，稱此爲地基的日常微振動。地基的日常微振動的振幅。在白天和夜晚以及因當地地基的不同有很大的差異。

有車輛、鐵道等外干擾源的情況下，日常微振動的觀測結果的一例如圖 4.71 所示。該圖爲距離鐵道約 15m，電車通過時帶來的振動與日常微振動相比較的例子。這種由於車輛等帶來的地表面的振動，其地層構造，特別是淺層的固有振動被激勵，與日常振動相比增幅較加。

當有必要對某處的地基振動作爲判斷時，可用該地點的觀測波形作爲輸入波進行反應計算。在此，作爲一種方法，敘述通過單質點的反應譜計算，求建築物反應值的情況。

根據這種方法，輸入日常振動時單質點系反應譜（阻尼比 $h=5\%$）的反應計算結果如圖 4.72 所示，該地點的地基構造爲至 GL—7m 大致爲關東亞粘土土增，其下爲東京砂礫層，關東亞粘土土層的卓越周期爲 0.2s 左右。從圖中可以看出，人體可以感覺到的量若以點線表示，可用加速度軸大致評價，反應譜曲線在比表層地基的卓越周期爲 0.2s 長的長周期一側，加速度下降。據

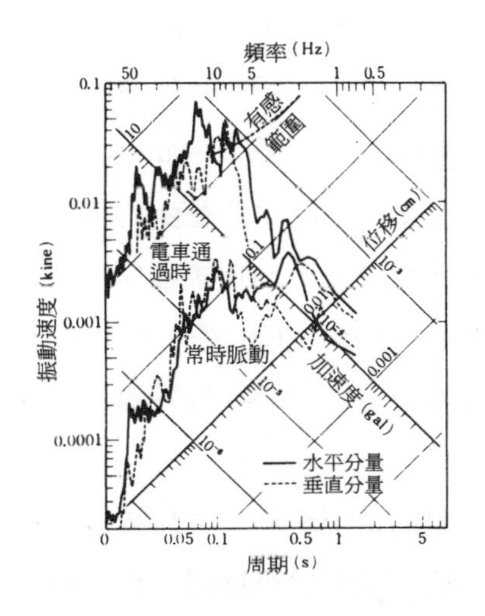

圖 4.71 日常微動的觀測波和電流通過時觀測波的富利葉譜

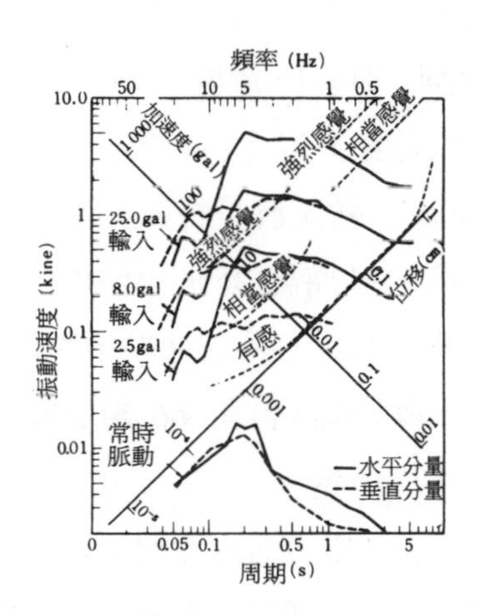

圖 4.72 日常微動的觀測波和人工地震波的單質點反應譜(h= 5%)

此，隔震建築物的基本周期爲 1s 以上的長周期時，可起到改善居住性的作用。對於 2 次以上的高次周期反應量，如像建築物的固有值分析所明確的那樣，高次振型參與係數較小，反應量比較小，基本上不存在問題。

4.8.3 對小地震的居住性

震度爲 2～3 的小地震，以關東爲例，每年數十次，震度爲 4 的地震，平均每年可觀測到 1～2 次，就這些中小型地震對居住性的影響，用氣象廳的震度階來檢討、輸入最大加速度的例子闡述如下。氣象廳的震度階（1949 年）由於取震度 0（人體感受不到）爲 0.8gal 以下，震度 1 爲 0.8gal～2.5gal，震度 2 爲 2.5gal～8.0gal，震度 3 爲 8.0gal～25gal，震度 4 爲 25.0gal～80.0gal，故以震度 1 以上爲對象分別設定的輸入加速度爲 2.5gal，8.0gal，25.0gal。輸入波是將與上述日常微振動同一地點觀測到的東京震度爲 2～4 時約 25 個小地震記錄波的反應譜平均化後面作成的地震波，因此，是該地點地震的規模、距離、方位等平均化的產物。與此輸入波對應的單質點系反應譜 ($h = 5\%$) 的計算結果如圖 4.72 所示。

從圖中可看以看出，與日常微動的情況相同，由於較長周期範圍內，反應加速度減小，隔震結構即使對於小地震，也有提高可居住性的效果。

参考文獻

1) 宇佐美龍夫：資料日本被害地震總覽，東京大學出版會，1975。

2) 金井　清：地震工學，共立出版株式會社，昭和44年5月。

3) 大崎順彥・渡部　丹：地震動の最大值について，日本建築學會大會學術講演梗概集，昭和52年10月。

4) 瀨尾和大：地下深部の地盤構造が地表の地震動に及ぼす影響，東京工業大學博士論文，昭和56年5月。

5) 小林啟美・翠川三郎：A Semi-Empirical Method for Estimating Spectra of Near-Field Ground Motions with Regard to Fault Rupture, Proceeding of the 7th European Conference of Earthquake Engineering, 1982.

6) 森岡敬樹：Investigation of The Ground Motions of Past Major Earthquakc from the Viewpoing of the Earthquake Engineering，早稲田大學博士論文，1980.

7) 山原　浩：關東地震の記錄，第4回地盤振動シンポジウム，1976.

8) 石原研而：土質動力學の基礎，鹿島出版會，昭和51年8月。

9) Ando, M.：Seismo-Tectonics of the Kanto Earthquake, Journal of Physics of the Earth, Vol.22, pp.263-277, 1974.

10) Takeda, Sozen and Nielsen：Reinforced Concrete Response to Simulated Earthquakes, Proc. ASCE, Vol.96, No. ST12, 1970.

11) 江戶宏彰・武田壽一：鐵筋コンクリート構造物の彈塑性地震應答フレーム解析，日本建築學會大會學術講演梗概集，pp.1877-1878, 1977.10.

12) 昇高　淳ほか：立體フレームの彈塑性應答解析の研究，大林組技術研究所報，No.16, pp.8-12, 1978. 2.

13) Nigam, N. C：Yielding in Framed Structures under Dynamic Load, ASCE, Vol.96, No.EM 5, pp.687-709, 1970.10.

14) Jennings, P. C.：Response of Simple Yielding Structures to Earthquake Exitation, Ph. D. Thesis, California Institute of Technology, Pasadena, 1963.

15) 日本建築學會構造標準委員會　耐震設計資料小委員會：長周期振動に對する人間の感應，作業・行動性および什器類の挙動，昭和 50 年 4 月。

16) 日本建築學會：鐵筋コンクリート構造計算規準・同解説，1971. 5.

17) Meister, F. J.：Forsch. auf dem Gebiete des Ingenieurwesens, 6, pp.116-120, 1938.

18) Chang, F. K.：Human Response to Motions in Tall Building, ASCE,ST6, June, 1973.

19) Wiss, J. F.：Human Perception to Transient Vibration, ASCE, ST4,April, 1974.

20) 山田水城：高層建築・居住性・再評價，Vol.89，昭和 49 年 2 月。

21) 小島信男・後藤剛史・山田水城：超高層建築に生じる振動の居住者に及ぼす影響(*1*)，(*2*)，建築界，Vol. 23, No.8, No. 9, 1974. 8, 9.

22) Miwa, T.：Guides for Human Exposure to Whole Body Vibration,Inter-Noise 75, Sendai, August 27-29, 1975.

23) 藤本盛久：長周期水平振動を受ける居住者の振動感覺に關する研究(その 2)，日本建築學會大會學術講演梗概集，昭和 54 年 9 月。

第 5 章　隔震建築的設計實例（高技術研究和發展中心）

5. 1　建築物的概況

5.1.1　整體概況

爲保證不僅當大地震時，該建築物的結構本身及建築物內部設置的電子計算機、實驗機械等不發生破壞，而且保證在中小地震和日常的微振動及由於風產生的微振動下，該建築物的可居住性超過普通建築物，採用了包含防震機能的隔震結構。建築物的外觀如圖 5.1，平面圖如圖 5.2 (*a*) 、 (*b*) ，短邊方向的剖面圖如 (*c*) 所示。

建築規模爲檐口長度 21.8m，總建築面積 1624m²的地上五層鋼筋混凝土中型建築物。長邊方向爲純框架結構，短邊方向由將山牆作爲剪力牆的結構組成。

地基爲 6m 厚的關東亞粘土土增，其下層 *N* 值爲 50 以上的第二類地基（砂礫層）、建築物自重由穿過關東亞粘土土層的 PHC 樁（高強鋼絲預應力混凝土樁來支承）。

隔震結構部分的特點是，建築物與基礎間的各柱下面插入了

(a)東南部外觀

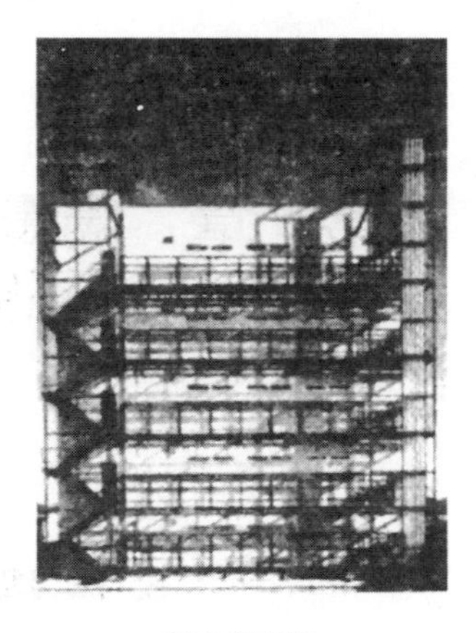

(b)北部外觀

圖 5.1　建築物外觀

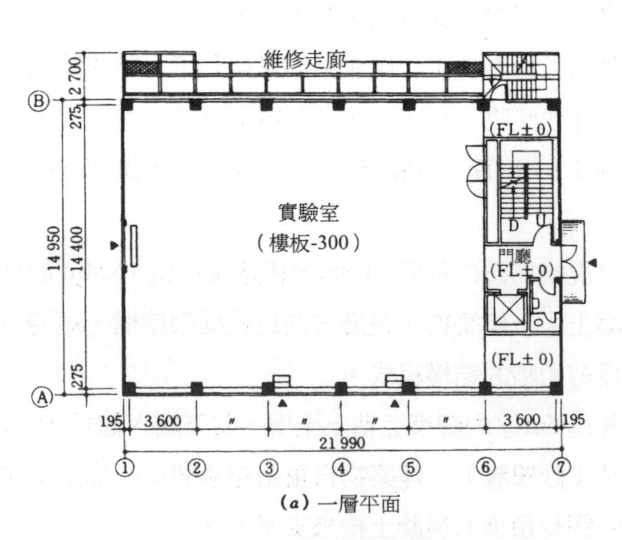

(a) 一層平面

圖 5.2　建築物概要

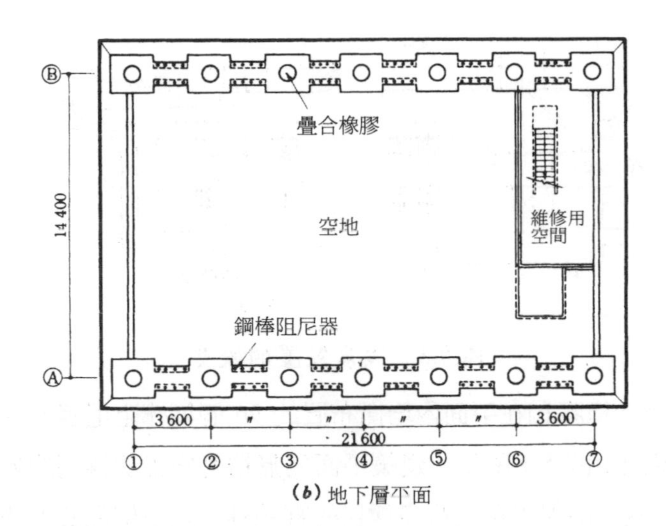

(b) 地下層平面

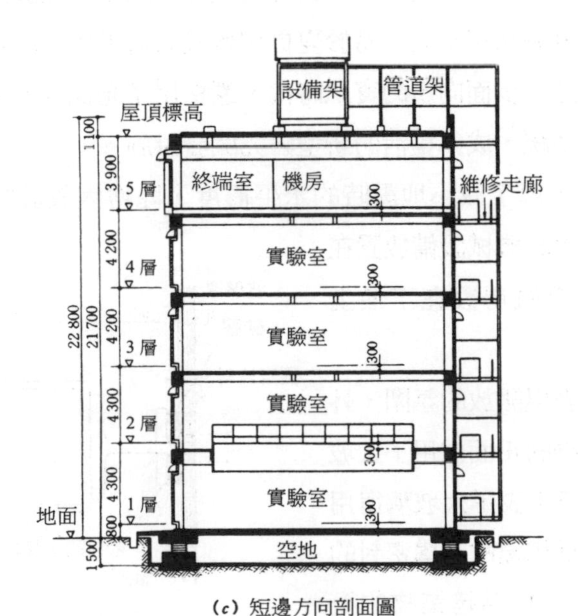

(c) 短邊方向剖面圖

圖 5.2　建築物概要（續）

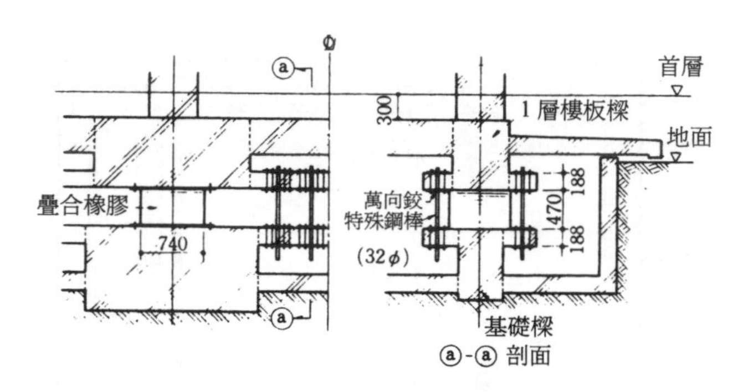

圖 5.3　隔震裝置的概要

14 個疊合橡膠和在平面內均衡布置的 96 個鋼棒阻尼器。隔震裝置的概況由圖 5.3 所示。建築平面爲無粘著施工法得到的無柱大空間布置，除保證可進行多種目的實驗外，在設備配置方面還採用了根據實驗狀況不同、易於變更和增設的通風道、配管和配電系統。爲進一步面向新的資訊時代，還採用了光纖維、雙層樓板等智慧型系統，成爲靈活的新型研究開發設施。

此外，爲了減小地震時的水平震度，除增大設計的自由度外，重量大的機械設備放置在屋頂，計算機房設在了最上層。

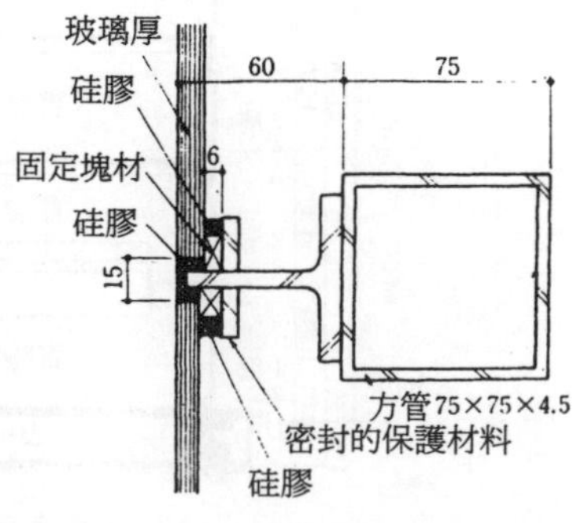

圖 5.4　結構密封詳圖

爲了表現開放的氛圍，外觀上建築物的正面採用了大玻璃窗，圖 5.4 表示大玻璃窗用硅膠與窗框相連的結構密封的細部，表 5.1 爲建築物的概要。

5.1.2　結構概要

上部結構爲地上五層的鋼筋混凝土結構，平面爲長邊方向 (*X*) 21.6cm，短邊方向 (*Y*) 14.4m 的長方形。 *X* 方向的柱距爲 3.6， *Y* 方向爲 14.4m 的單跨。

表 5.1　建築物概況

建築物概況	建築場所		東京都清瀨市下清戶 4-640 號
	用途		實驗室
	面積	場地面積	69859.85m^2
		占地面積	351.92m^2
		總建築面積	1623.89m^2
		標準層面積	328.75m^2
	高度	檐口高度	21.85m
		最高處	22.80m
		標準層層高	2 層：4.300m　3、4 層：4.200m　5 層：3.900m
		一層層高	4.300m
地基		基礎底深	設零基準（±0）GL 開始—1.775m
		PHC 樁	樁頂深度—7.000m

5. 2　隔震裝置

5.2.1　隔震裝置的結構梗概

隔震裝置是上部結構和基礎的接合部，由作爲隔震機構（彈簧）的疊合橡膠和作爲阻尼機構（阻尼器）的特殊鋼棒所構成。

疊合橡膠置於兩片鋼板（厚：30mm）之間，是由直徑爲

74cm的橡膠片（厚：4.4mm）和薄鋼板（厚：2.3mm）交替重疊放置，加硫速接，直至總高40.6cm，形成一體。共計14個疊合橡膠，放置於柱下，通過鋼連結件及螺栓，與上部結構和基礎緊密相連。

阻尼器是利用特殊鋼棒的彈塑性滯回曲線的阻尼減震效果，爲豎向自由、水平方向被約束的結構體系。具體地說，特殊鋼棒是淨長爲45cm，其外側上下分別由間隔20cm的鋼板（厚：25mm支持的結構）。

特殊鋼棒貫穿鋼板，在接觸部插入內藏滾珠軸承的轉動支座，使其可以在水平方向有較大位移，並在垂直方向上容易滑動。上部的兩塊鋼板與上部結構的底層樓板、下部的兩塊鋼板與基礎分別用螺栓固定。鋼棒的布置以8根爲一個單位，在對稱位置12處共使用了96根，其設置狀況如圖5.5、圖5.6所示。

圖5.5　地下層的狀況

圖5.6　地下層的免震裝置

5.2.2　隔震裝置的基本特性

疊合橡膠中使用的天然橡膠的基本特性與表 3.2 相同，特殊鋼棒的特性如表 5.2 及圖 5.7 所示。

表 5.2　特殊鋼棒的基本特性

種類	屈服強度(kg/mm²)	極限拉伸強度(kg/mm²)	伸長率(%)
特殊鋼棒	80 以上	95 以上	15 以上

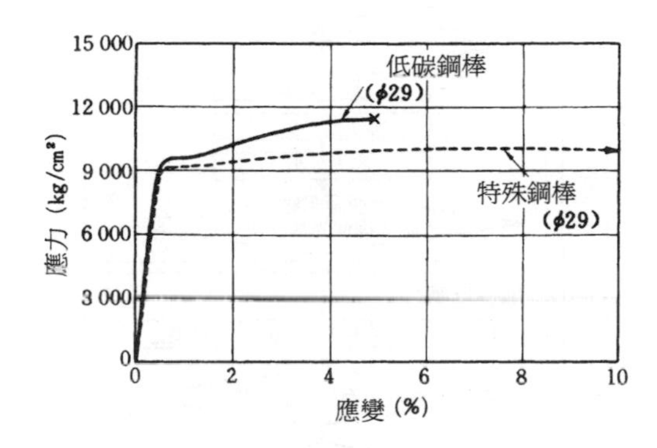

圖 5.7　鋼棒的應力—應變關係

5. 3　隔震設計

5.3.1　隔震設計方法

隔震設計的框圖如圖 5.8 所示，隔震設計的一般方法有以下要點：

㈠設計用輸入波

設計用的輸入地震波如表 5.3 所示，使用了 E1 Centro 40 NS,

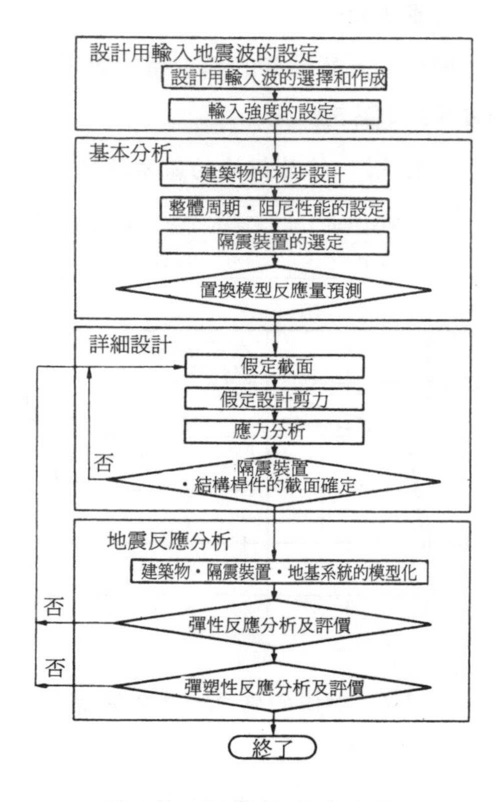

圖 5.8　隔震設計流程圖

Taft 52 EW 等特定波、長周期成分明顯的 1968 年十勝沖地震時記錄下的八戶港灣的地震波 Hachinohe 68 NS、Hachinohe 68 EW，並在考慮現場地基特性的基礎上，採用實際地震波(E1 Centro 40 NS、Hachinohe 68 NS)的相位作成二個人工地震波 GM 850 ELA、GM850 HAA 等共六個波。

人工地震波的作法與 4.1 節所述的大致相同，其假想震級爲 8 級，距震中距離爲 50km。輸入水平各波相同，彈性反應分析時，輸入速度爲 25kine，彈塑性時爲 50kine。

表 5.3　設計用地震波和輸入強度

地震波		最大加速度(gal)	
		彈性分析（相當於 25kine）	彈塑性分析（相當於 50kine）
記錄波	El Centro 1940 NS	254	508
	Taft 1952 EW	216	432
長周期成分較強波	Hachinohe 1968 NS	213	426
	Hachinohe 1968 EW	144	287
人工波	GM 850 ELA GM 850 HAA	336 329	672 658

㈡隔震裝置

隔震裝置以⑴加長固有周期，減小地震輸入；⑵附加衰減性能同樣在減小地震輸入的同時，即使對長周期成分比較卓越的地震波也要適當抑制共振反應量爲目的。分別取大地震時固有周期的目標值爲 3s，等效粘性阻尼比的目標值爲 10％。

㈢上部結構的截面計算

採用基於長期應力和 1 次設計用剪力的地震時應力，對上部結構的桿件進行容許應力設計。此時以 1 次應力設計用剪力超過輸入 25kine 的地震反應剪力。輸入波爲 50kine 時，以上部結構基本上不屈服爲目標來進行設計。

㈣地震反應分析

隔震裝置採用如下所述的雙線性恢復力模型：即標準疊合橡膠爲彈性，鋼棒爲完全彈塑性，隔震建築物整體爲剪切質點系模型。

㈤設計準則

對應地動最大速度爲 25kine、50kine 的地震反應分析，上部結構及隔震裝置的設計準則如表 5.4 所示。隔震裝置最大位移的確定方法如下所述：取疊合橡膠的容許水平位移 37.5mm 的 1/1.5 爲輸入波水平達 50kine 時的最大位移，再取此值的 1/1.5 爲輸入波水平達 25kine 時的最大值。

表 5.4　設計準則

地震波的最大速度	相應的抗震水平	
	上部結構	隔震裝置的最大位移
25kine	短期容許應力以下	16.7cm
50kine	各層的屈服強度以下	25.0cm

5.3.2　與反應分析及截面計算相關的詳細設計

(一)截面假定

根據單質點系模型的反應分析結果，假定上部結構的剪力，從而假定樑、柱的截面。

(二)設計用剪力的假定

總結相當輸入水平爲 25kine的各種地震波的彈性反應分析結果，底層的最大剪力係數爲 0.135，出於安全考慮，假定設計用剪力係數爲 0.15。

(三)內力分析

水平加載時，內力按位移法求解。求解時對於各種結構構件分別考慮如下變形：

柱：彎曲、剪切、軸向變形；

梁：彎曲、剪切變形；

剪力牆：彎曲、剪切變形。

㈣截面計算

截面計算有以下要點：

1) X 方向的梁，考慮首先彎曲屈服，避免剪切破壞，特別是 X 方向的大梁由於加肋板的端部彎矩而產生扭矩，因此伴隨扭轉的剪切補強應與前項的剪力累加後計算確定。

2)對於形成屈服機構時的剪力，柱又要設計成是安全的。

3)設計時樁承擔水平力，應確認即使輸入水平爲 50kine 的地震波，對彈塑性反應時的水平力，樁也不發生破壞。

5.3.3 地震反應分析結果

(一)建築物的模型化和分析方法

包含隔震裝置的建築物的模型化和地震反應分析方法如下所述：

1)振動分析方法

振動分析模型爲如表 5.5 所示，將建築物的各部分質量集中於樓板的 6 質點系模型。

表 5.5 質點系模型的主要參數

層	節點號	層高(cm)	重量①(t)
5	6	420	543
4	5	420	412
3	4	425	412
2	3	430	422
1	2	430	414
隔震裝置部分	1	40.6	705

①考慮了抗震計算時應考慮的樓面活荷載。
1t ＝ 10kN。

彈性分析時，在X方向上，採用考慮了剛域的框架分析，將體系置換成所求得的剪切彈簧系，Y方向採用彎曲剪切彈簧系。隔震裝置則採用具有彈塑性恢復力特性的水平及回轉彈簧系進行分析。

彈塑性分析時，X方向採用據有彈塑性恢復力特性的等效剪切型彈簧，Y方向爲彈性的彎曲，剪切型彈簧。Y方向由於兩側山牆剪力牆的反應剪力在開裂強度以下，所以仍使用彈性剛度。

2)恢復力特性

a)隔震裝置

採用疊合橡膠與鋼棒阻尼器的彈簧合成後的雙線性模型。

b)上部結構

純框架分析模型（X方向），其梁、柱都簡化爲線型桿件，對有關彎曲而言，相對混凝土的開裂和壓縮應力採用彈塑性（e函數）[1]，開於剪切採用彈性，關於柱、梁節點的剪切也採用彈性，恢復力特性使用下降三線型的武田模型[2]。

3)阻尼比

a)建築物的阻尼比

假定彈性反應時建築物的阻尼爲內部粘性阻尼，相對建築物自身無阻尼自由振動的一次振動，取阻尼比爲 2％。高次振型取與各次頻率成比率的阻尼比。

b)隔震裝置的阻尼比

對於建築物一疊合橡膠體系，疊合橡膠的阻尼比在彈性反應分析時爲 1％，彈塑性分析時爲 2％。鋼棒阻尼器僅考慮滯回阻尼。

㈡彈性反應分析結果

固有周期和振型參與係數分別如表 5.6、圖 5.9 所示；各層的最大反應剪力係數和各層最大反應位移分別如圖 5.10 和圖 5.11 所示。

表 5.6　建築物—隔震裝置體系的固有周期（單位：s）

方向	1 次	2 次	3 次	4 次
X(NS)	1.24	0.25	0.10	0.05
Y(EW)	1.33	0.39	0.19	0.13

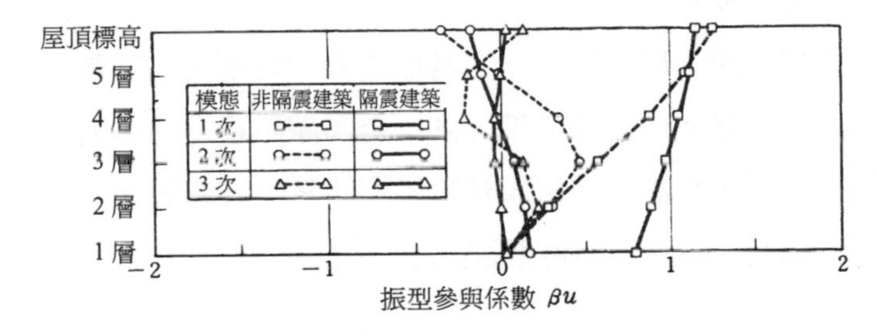

圖 5.9　隔震建築的振型參考係數（X 方向）

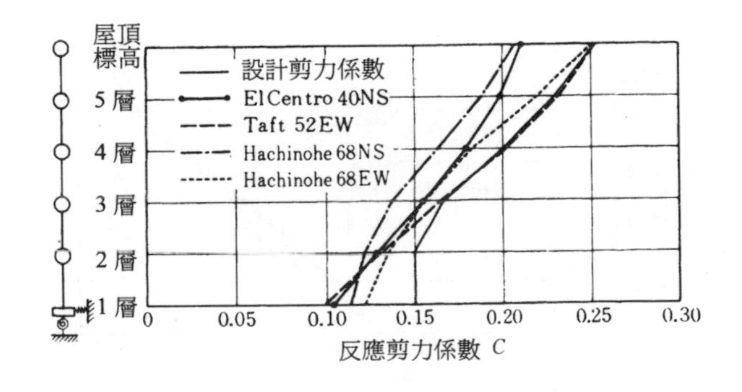

圖 5.10　剪力係數（輸入 25kine 的波時，X 方向）

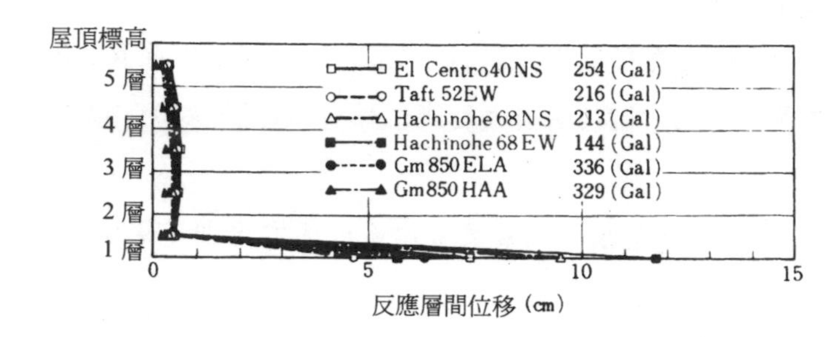

圖 5.11　各層最大反應位移輸入（125kine 的波時，*X* 方向）

(三)彈塑性反應分析結果

圖 5.12、圖 5.13 分別表示了各層的最大反應剪力係數及各層的最大反應位移。由計算結果可見，全部滿足已定的準則。就鋼棒阻尼器而言，均滿足當初臨界變形和能量吸收的設定值，關於這一點，已在 2.2.1 的「彈塑性阻尼器」一節中詳述。

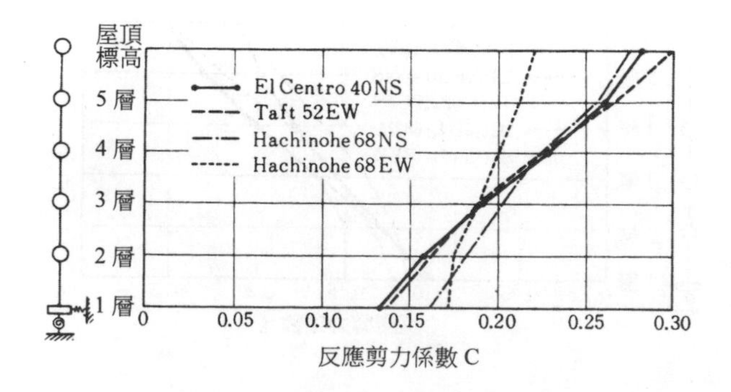

圖 5.12　各層的最大反應剪力係數（25kine，*X* 方向）

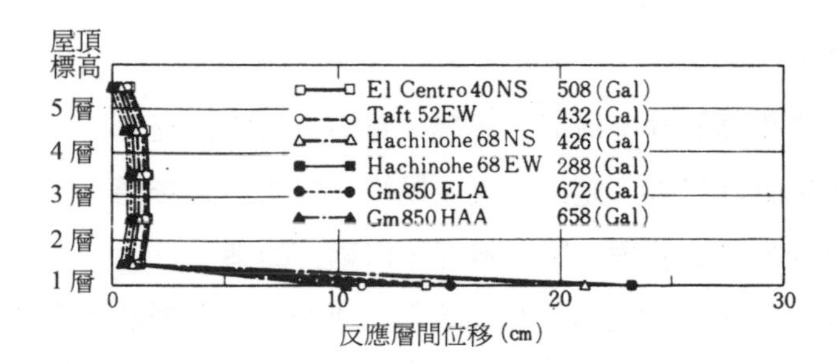

圖 5.13 各層最大反應位移（25kine，*X* 方向）

5. 4　維修與保養

即使是普通建築物，其維護也是一個很重要的課題，但在此僅就隔震建築物所特有的維持管理項目進行介紹。

如第三章「隔震要素的耐久性和耐火性」中所述，作爲隔震要素的疊合橡膠是有機材料，會發生老化，鋼棒阻尼器由於地震時在塑性範圍內反覆產生大變形，也需要替換。因此，在隔震建築物中，隔震裝置現在所具有的性能與設定性能是否對應，外部條件是否發生了變化，有必要進行連續觀察，從而進行維修管理。

實際執行中，應完善維修管理的組織形式，並制訂工作條例，據此實施維修管理。

5.4.1　維修管理

據《新建築學大系(49)維修管理》(3)中所述，一般來說，建築物的維修管理有以下內容：

維修管理：

1)日常維護管理：清掃、運轉、警備、日常檢查。

2)定期維修管理：定期檢查、保修、經常性的修繕。

3)其他的維修管理：臨時檢查、修繕、改造。

⑴的日常維護管理主要內容是：進行不要放置約束隔震裝置變形的東西之管理及設備管道的伸縮連接部位的維護管理。

⑵的定期檢查、保修的維修管理內容及⑶的臨時檢查的維修管理內容如下所述。

5.4.2 臨時檢查維修管理的內容

㈠維修管理的方法

1)疊合橡膠

a)檢查疊合橡膠的彈簧常數和變形能力

定期臨時檢查時，疊合橡膠的彈簧常數及變形能力可採用以下方法進行檢查：i)對維修管理用的疊合橡膠或隔震建築物全體進行加力試驗的方法；和 ii)測定隔震建築物周期的方法。

i)中所謂維修管理用疊合橡膠，是指用與隔震裝置一樣的疊合橡膠或與隔震裝置所用材料相同的、縮小了的疊合橡膠（小試件），且將其放在隔震裝置的附近或相當於原實際情況的環境下。

ii)中的隔震裝置的周期測定，一般採用高靈敏度的地震計進行日常微振動測定，或根據隔震建築物自由振動實驗的頻率分析加以確定。

b)疊合橡膠的外觀檢查

c)環境條件（溫度、大氣）變化的檢查。

2)鋼棒阻尼器

鋼棒阻尼的外觀、防鏽檢查。

以上的管理應以竣工時的測定值爲初始值，以此爲基準，檢查其是否有異常變化。

㈡維修管理項目及檢查方法

維修管理的詳細項目及檢查方法歸納於表5.7。

表5.7 維修管理項目及檢查方法

	項目	方法	定期	臨時	日常
疊合橡膠	彈簧常數（變形能力）	・維護管理用疊合橡膠的加力試驗 ・建築物的整體加力實驗	V	V	×
	周期	・建築物整體的日常脈動實驗 ・建築物整體的自由振動實驗	V	V	×
	位移	・測定豎向位移 ・測定水平位移	V	V	×
	外觀	・傷痕，裂痕 ・彎曲（變形） ・薄鋼板的防鏽	V	V	V
	環境條件	・溫度 ・大氣情況	V	V	×
鋼棒阻尼器	位移	・水平	V	V	×
	外觀	・彎曲（變形） ・傷痕，裂痕 ・防鏽	V	V	V
	防鏽	・塗層的狀態	V	V	×

㈢隔震裝置維修管理的時間

1)定期檢查……設定實施時間

2)臨時檢查……大地震（日本氣象廳所定震度階的震度5以上），火災，水淹時。

5. 5 實驗驗證和地震觀測

建築物竣工後實行的靜力實驗、起振機加振實驗、地震觀測、風觀測等結果如下所述。

5.5.1 靜力實驗

除進行建築物施工隔震裝置單體的水平、垂直方向性能實驗外，爲了研究了解作爲隔震建築物整體的隔震裝置的特性，還應進行水平靜力實驗，加力情況如圖 5.14 所示，在地基側設置的反力框架上安裝靜力千斤頂以施加 X、Y 方向的力。在此僅表示了 Y 方向的結果。圖 5.15 中分別表示了僅有疊合橡膠的情況（位移約至±100mm）和疊合橡膠＋阻尼器的情況（至＋ 15mm）的荷載—位移曲線及設計值。在變形較小範圍內，從隔震建築物整體

圖 5.14 靜力加載實驗

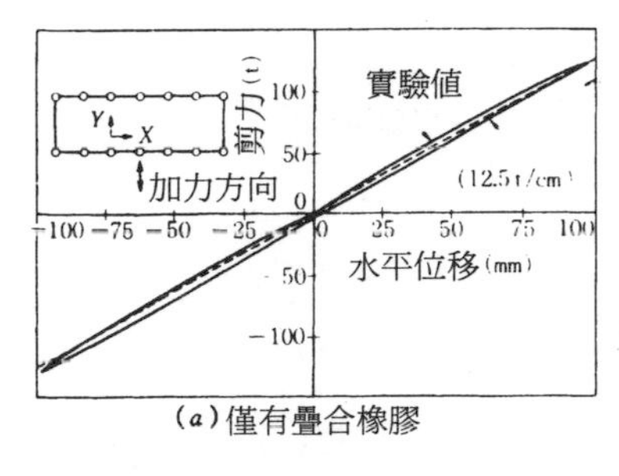

(*a*)僅有疊合橡膠

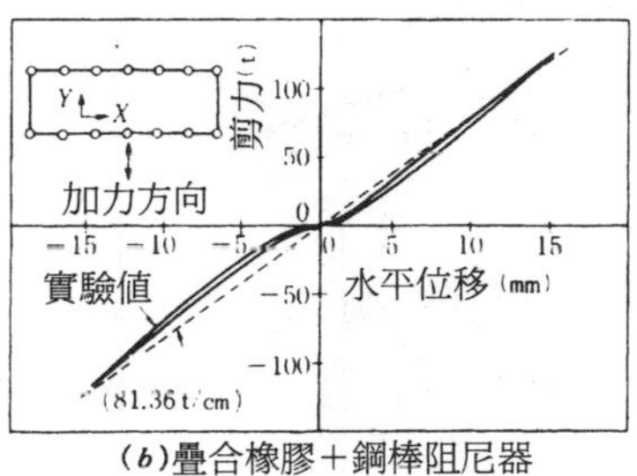

(*b*)疊合橡膠＋鋼棒阻尼器

圖 5.15　隔震裝置的荷載—位移曲線（ *Y* 方向）

加力的靜力實驗中，可以看出隔震建築整體力學特性與設計值有很好的對應性。此外，有鋼棒阻尼器情況下（圖 5.15 (*b*) ）零位移附近的滑移狀的滯回曲線，是由於支持鋼棒阻尼器的球面支承與鋼棒之間的間隔(±0.5mm)而產生的結果。

5.5.2　起振機加振實驗

爲了考查在隔震裝置小振幅時，隔震建築物整體的固有周期，阻尼比、振型等基本動力特性，在隔震建築的首層樓面設置起振機（0.3t, 2 台），在水平(*X* ， *Y*)及扭轉方向加振情況下的結果如下所示。 *Y* 方向的振型如圖 5.16 所示。圖中表示了包括基礎及頂層出屋面小屋的各次振動的各層振幅比，其中，設頂層出屋面小屋的振幅爲 1。模擬實驗的分析模型如圖 5.17 所示，是一個考慮了上部結構、隔震裝置、地基等的剪切型多自由度模型。在圖 5.16 中也表示了這一分析結果。一次振型表示出了將變形集中於隔震裝這一隔震建築物的特有形狀。另外，實驗值與分析結

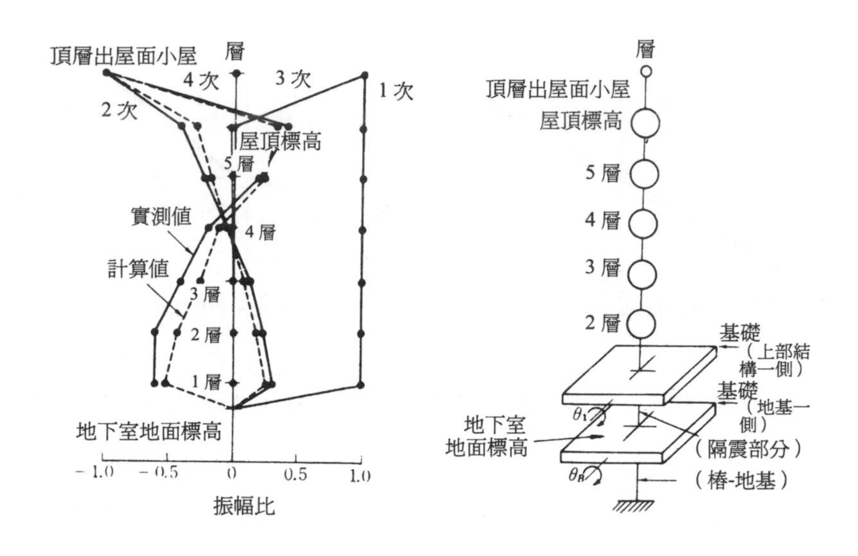

圖 5.16 振型（*Y*方向）

圖 5.17 分析模型

果值有很好的一致性。*Y*方向的共振曲線的實驗值與數值分析解如圖 5.18，周期值的一覽表如表 5.8 所示，在這些實驗之前進行的僅有疊合橡膠支承狀態下的實驗中得出：水平方向(*X*，*Y*)的一次周期均約爲 2.5s，阻尼比約爲 2 %；扭轉方向一次周期爲 2.0s，阻尼比約爲 3.1 %。附加了阻尼器後，如表 5.8 所示，一次周期 *Y*方向爲 1.67s～1.82s，*X*方向爲 1.82s～1.96s，比當初設定的一次固有周期（約爲 1.2s～1.3s）更長，其原因是在靜力實驗中如圖 5.15 所示的恢復力特性所見到的那樣，由於小振幅時滑移的影響。可以預想，若振幅增大，其結果將與設計值〔剛度：81.46t/cm(814.6kN/cm)，彈性周期：1.33s〕十分接近。

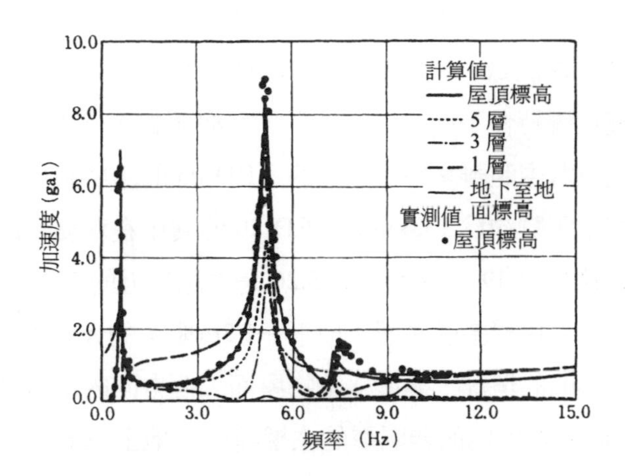

圖 5.18　共振曲線（ *Y* 方向）

表 5.8　固有周期

方向	項目	平動周期		扭振周期
		1 次	2 次	
Y (NS)	實驗	1.67～1.87s (0.53～0.6Hz)	0.2 (5.0)	實驗 1.37s (0.73Hz)
	分析	1.77 (0.56)	0.2 (5.0)	
X (EW)	實驗	1.82～1.96 (0.51～0.55)	0.32 (3.1)	分析：1.36s (0.74Hz)
	分析	1.84 (0.54)	0.33 (3.0)	

5.5.3　地震觀測

㈠地震觀測的一般情況

採用一具有時間修正功能的自動記錄系統，定時記錄加速度、位移、減震阻尼器應變等約 60 個通道的數據，自竣工後的昭和 61 年（1986 年）始，至昭和 62 年（1987 年）5 月爲止，共獲 18 個記錄地震記錄。其震中位置分別如圖 5.19 所示。其中，特別舉出地震反應特性不同的三個例子，其概要如表 5.9 所示。表中的地震是以震中距離來進行分類的：RD 05 的震中在伊豆大島的近海（震中距離約爲 133km），RD 20 的震中在茨城縣的西南部（震中距離約爲 49 公里），圖 5.20 是震源較近的 RD 20 的加速度記錄波形。相對基礎底面（地下—1.5m 處）的 X、Y 方向加速度均爲 12gal 的情況，隔震建築物屋面二個方向的加速度均約爲 3gal。而同一地區內的非隔震的主樓建築（地上三層、地下一層

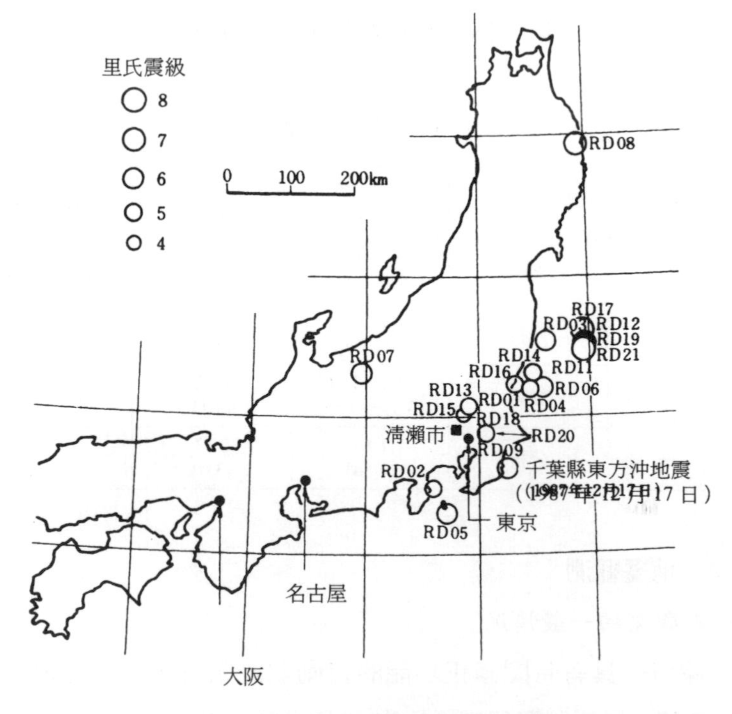

圖 5.19 觀測地震波的震中位置

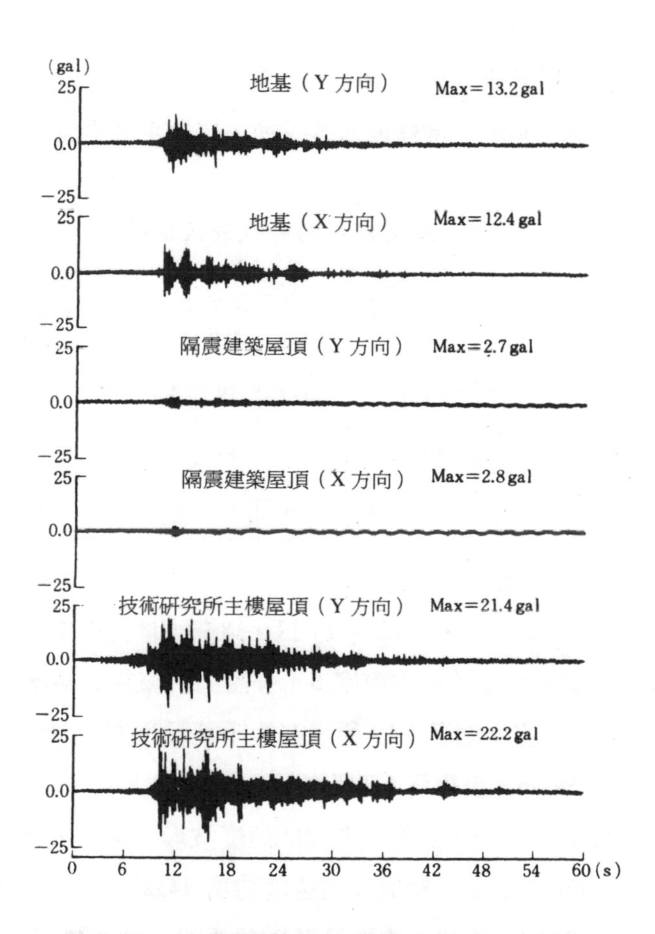

圖 5.20　地震觀測的加速度波形的一個例子（茨城縣西南部地震）

的鋼筋混凝土結構）屋頂的加速度，兩方向均約爲 20gal，約是隔震建築基礎底面處加速度的 1.7 倍，是隔震建築屋面處的近 7 倍。由此可見，對 RD 20 的地震來說，可認爲隔震裝置大大降低了地震的輸入動。從圖 5.21 的地震反應譜可以看出，RD 05 類型的遠震，在長周期範圍內反應相對偏大。由於觀測到的全部地震都非常小，不容易對隔震效果在定量上正確地把握，但可以想像，當反應位移超過 3cm 時，鋼棒進入塑性域，將對地震產生更大的減震效果。

表 5.9　地震觀測的有代表性例子

地震編號	地震發生時刻	震中地名	里氏震級 M	震中距離Δ (km)	震源距離 x (km)	深度 (km)	記錄加速度(gal)			
							地表面		隔震建築屋面	
							X	Y	X	Y
RD 05	1986.11.12 9:41	伊豆大島近海	6.1	133	139	39	5.0	4.4	6.4	6.3
RD 15	1987.2.22 5:39	埼玉、千葉縣縣境	4.4	40	92	85	2.5	3.7	1.0	0.9
RD 20	1984.4.10 19:59	茨城縣西南部	5.1	49	74	57	12.4	13.1	2.8	2.7

㈡ 1987 年千葉縣東方沖地震

1987 年（昭和 62 年）12 月 17 日，以關東地區為中心發生強烈地震。千葉和銚子等地為震度 5（強震），東京、橫濱等為震度 4（中震）。震中如圖 5.19 所示在距千葉縣東方沖 20km 處，深度為地下 58km，震級為 6.7 級。

圖 5.22 表示了觀測到的 Y 方向加速度波形，由此可見，地基（地下—0.5m 處）的地動最大加速度約為 44gal，隔震建築屋面的最大加速度約為 11gal，約降低了 1/4。同時，主樓屋面上約為 59gal，與此相比，隔震建築的情況約為其 1/6。

5.5.4　風觀測

為了把握強風時，隔震建築物的運動情況，及可居住性等，對風進行了研究。風速用超音波風度計（三方向）測定，其中加

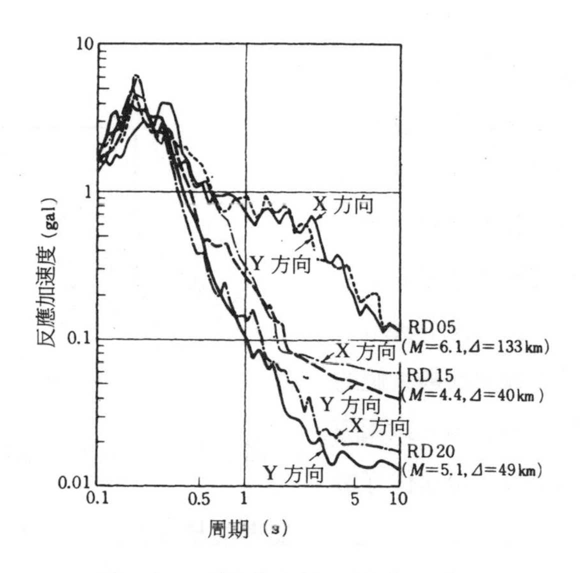

圖 5.21　觀測波的加速度反應譜

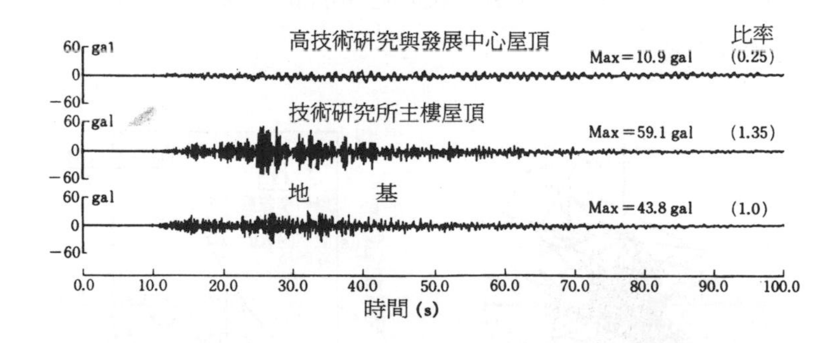

圖 5.22　1987 年千葉縣東方沖地震的觀測加速度波形

速度最大的 R8 號記錄（1987 年 4 月 12 日）的風向，風速如圖 5.23 所示。10 分鐘內的最大平均風速 $\overline{U}\cdot = 16.6m/s$，評價時間內的最大瞬間風速爲 $\overline{U} = 27.9m/s$。 $X-Y$ 座標系下，30s 的加速度記錄如圖 5.24 所示。換算成 X、Y 分量，兩方向均約爲 1gal。若換算成隔震裝置的變形，約相當於 0.6mm。爲了確認可居住性，以 Y 方向爲例，平均風速和反應加速度的關係如圖 5.25 所示。圖中表示了加速度的標準偏差與最大值的實測值和數值分析值。以國際標準化組織 ISO 的可居住好壞的評價作爲一個判斷的尺度，主要考慮標準偏差的值（將加速度放在次要地位）。敏感的人可以感到的下限值（ISO6897, 1984 年）如圖所示。據此，隔震建築物在如此的強風下，其可居住性沒有受到影響。

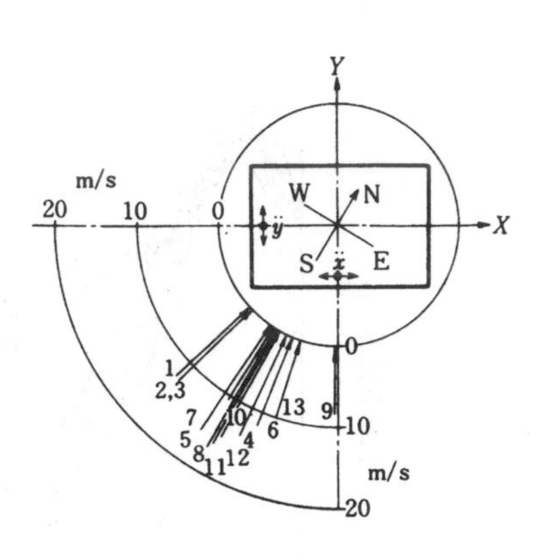

圖 5.23 風向、風速記錄

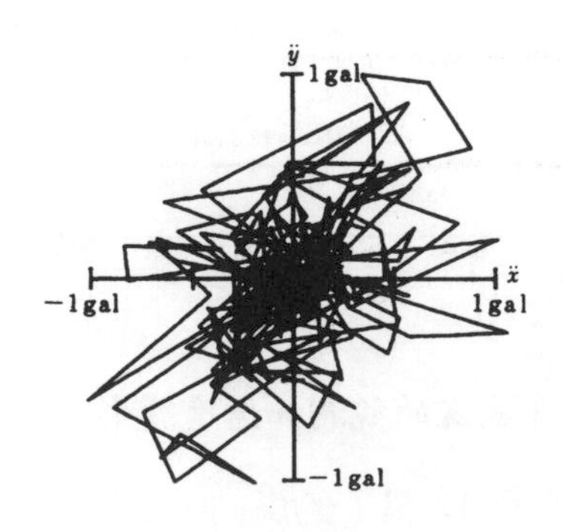

圖 5.24 反應加速度記錄(R8, 30s)

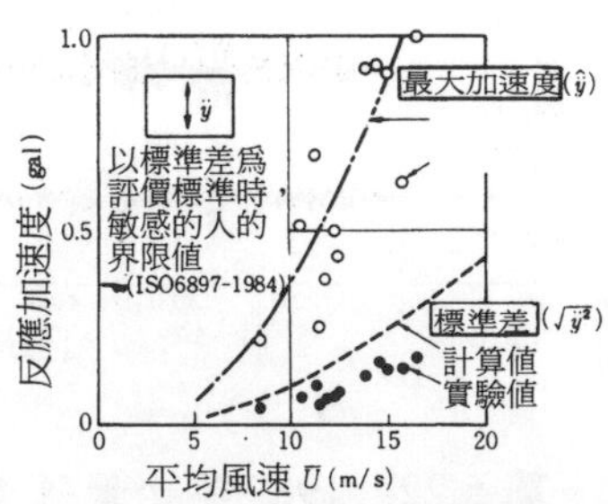

圖 5.25 平均風速和反應加速度的關係

参考文獻

1) 武藤　清：耐震設計シリーズ2鐵筋コンクリート構造物の塑性設計，丸善，1969.

2)Takeda, T. et al.：Reinforced Concrete Response to Simulated Earthquakes, ASCE, Vol. 96, ST 12, pp.2257-2573, 1970. 12.

3)田村　恭・大園泰造ほか：維持管理，新建築學大系 49，彰國社，1983.

第6章　其他國家的隔震建築物

6.1　美國

Foothill Communities Law and Justice Center

建於加利福尼亞州洛杉磯東 80 公里的 San Bernardino 市的 Rancho Cuca monga Industrial 公園中。如圖 6.1 所示，距離 San Andreas, Sierra Madre 約爲 20 公里。而 San Andreas 和 Sierra Madre 斷層被認爲是活斷層。此建築爲標準層面積 4200m^{2}的大建築物，

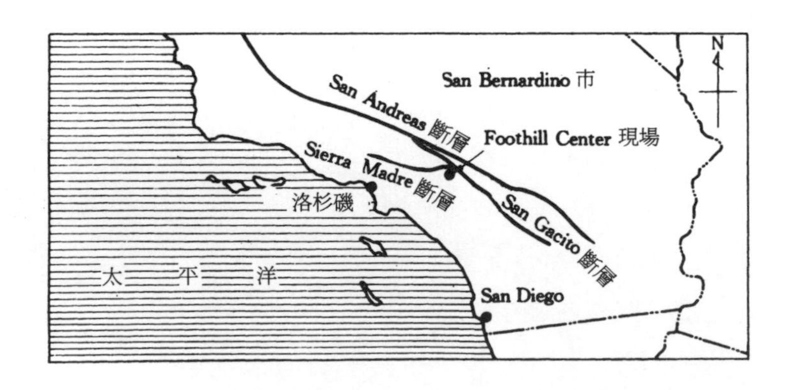

圖 6.1　Foothill Center 的地理位置

五層的總重量由 98 個高阻尼疊合橡膠支承。概況如下所述[1]。

⑴用途：市法院

⑵設計等

建築設計 HMC Architect

・建築設計顧問 HOK

・結構設計 Taitor & Genz

・隔震結構設計 Led & Craeks 助手與 J. kelly 教授（加州大學）

⑶建築物概要

鋼結構建築地上四層，地下一層，平面尺寸 33.3m × 126.2m

・隔震支承的上端至最上層樓板距離 23.3m。

・圖 6.2 及圖 6.3 爲建築物的全景及剖面圖。

⑷隔震裝置

・周期：水平方向 2s，垂直方向 0.1s；阻尼比 8 %（水平）。

・疊合橡膠：爲增大阻尼而混入了塡加劑的天然橡膠與鋼板的疊合（圖 6.4），與垂直方向的荷載相對應，共五種 98 個（圖 6.5），圓柱形狀。

・結合：上部結構與疊合橡膠支承用鋼鉸連接，不傳遞拉力，但分擔剪力。

・自保護裝置。

萬一支承破壞時，

圖 6.2　Foothill Center 的全景（美國第一個隔震建築物，1987 年 10 月）

爲了避免建築物與地基直接接觸，從鋼基礎梁豎直向下伸出至與地基間隔約 25cm 的鋼柱腳（圖 6.6）。

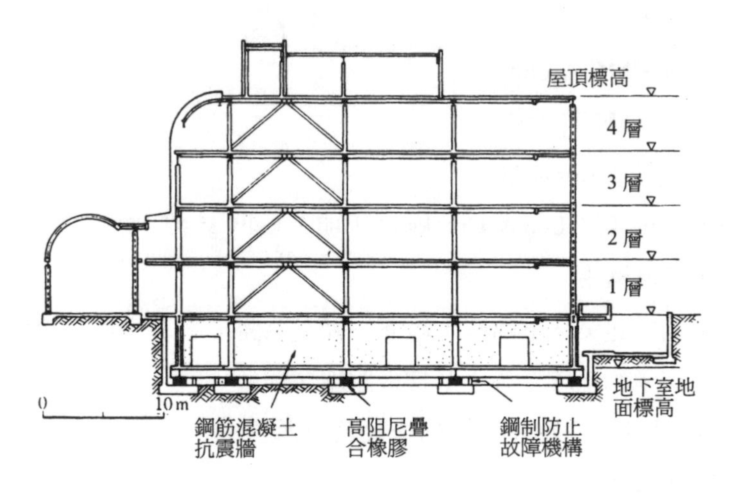

圖 6.3　剖面圖

⑸地基

硬砂礫及砂礫，爲僅次於岩石的硬地基。

⑹設計用輸入地震波

設計用的預想最強地震（建築物壽命以內發生概率較高）和界限地震（有發生的可能性，但概率較低）分別如表 6.1 所示。如對 San Andreas 斷層預想界限地震來說，假定阻尼爲 5 %時，反應譜的最大值加速度爲 1G，速度爲 127cm/s。

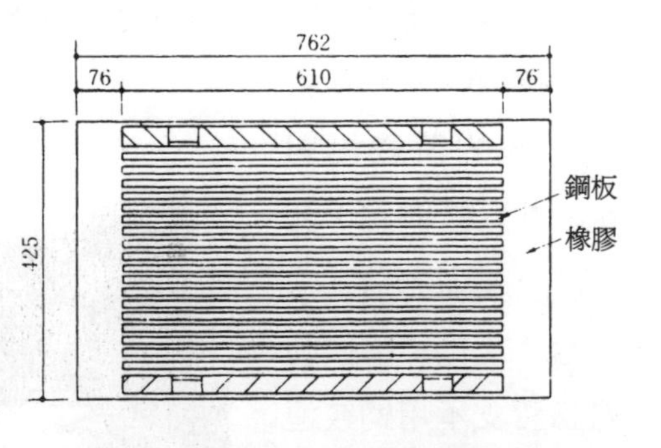

圖 6.4　高阻尼疊合橡膠的剖面

此外還採用了以下各時間歷程進行了分析：

(a)El Centro 1940 年 NS 分量的 1.5 倍

(b)Taft EW 1952 年波的 3 倍

(c)Caltec 人工波 A1 的 0.9 倍

⑺**反應位移等**

界限地震時，對應於周期 2sec，阻尼 8 % 時的反應位移爲 38cm（主要是支承部分位移）；時程分析時，支承部分採用雙線性恢復力模型。

⑻**給排水管**

接頭處使用球式連接（圖 6.7）易於替換。

圖 6.5　疊合橡膠的設置情況（1984 年 4 月拍攝，表示用大量疊合橡膠排放在混凝土板上的情景）

圖 6.6　鋼製自保護裝置

表 6.1　使用的設計用地震波

地震的種類	產生震源的斷層	預想震級	斷層和建設地的距離
限界地震	San Andreas 斷層	8.3	21.6km
限界地震	Sierra Madre 斷層	7.5	1.9～22.4km
最強界地震	Sierra Madre 斷層	6.9	19.～22.4km

圖 6.7　給排水管的球式連接

6. 2　紐西蘭

William Clayton　大樓

位於南半球環太平洋地震帶的紐西蘭，已經將降低地震荷載的隔震結構設計方法形成了規範[2]。這對於簡化設計，減少建築費用，降低結構與非結構部位的損害都有很大的幫助。

對於 William Clayton 大樓來說，是在進行了隔震結構與普通結構的比較研究後的產物，結構顯示隔震結構雖然造價提高了2％～3％，但是抗震安全性大大提高，因此而決定採用隔震結構的。此結構於1982年竣工，以下敘述其概要(3)。

⑴**用途**：政府機關及有關部門辦公用建築。

⑵**設計**：R. I. Skinner（總設計師）

⑶**建築物概況**：鋼筋混凝土四層建築，平面尺寸為97m × 40m，建築物的全景如圖6.8，斷面如圖6.9所示。

⑷**地基**：岩石

⑸**隔震裝置**

・固有周期　2s

・疊合橡膠　採用了正方形的疊合橡膠(60*cm* × 60*cm* × 20.7*cm*)，其中心插入鉛棒（直徑10.5cm）；每一個疊合橡膠承擔

圖6.8　William Clayton 大樓全景

的軸力爲 270t 共計 80 個。疊合橡膠的剖面如圖 6.10 所示。

・恢復力特性　恢復力特性如圖 6.12 所示。圖中各值爲 $Q_d = 66kN$，$K_r = 1.55kN/mm$，$K_d = 2kN/mm$，$K_u = 13kN/mm$。

・容許位移疊合橡膠高度的 200 %。

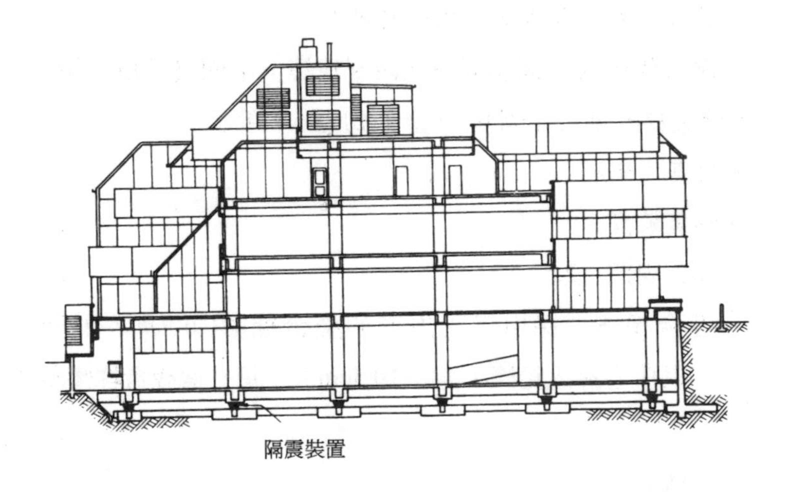

圖 6.9　建築物剖面

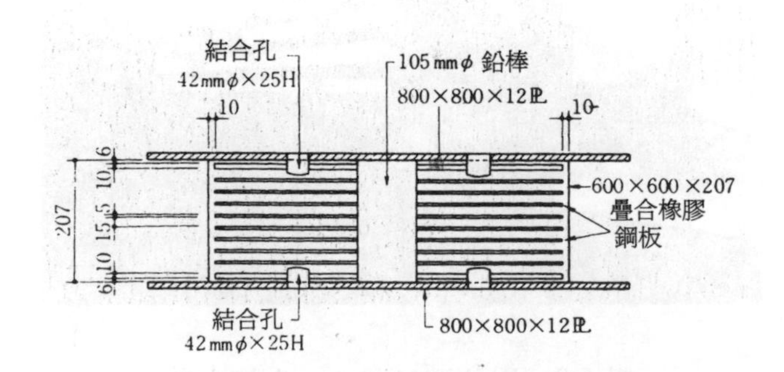

圖 6.10　插入鉛棒的疊合橡膠剖面圖

・建築物與周圍側壁的距離爲 15cm。

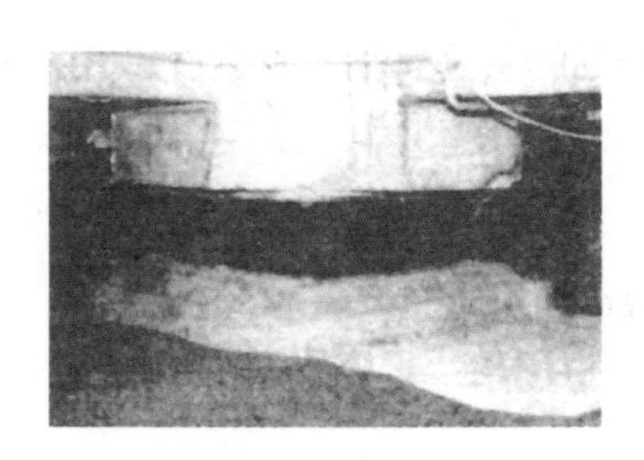

圖 6.11　疊合橡膠的設置

⑹**設計用輸入地震波**

1)1.5 倍的 El Centro 1940 波 NS 分量，最大加速度爲 0.532G。

2)相當於震級爲 8 級或斷層附近的巨大地震的人工地震波 A1，最大加速度爲 0.35G。

⑺**反應位移**：相應於 1.5 倍 El Centro 波的反應位移爲 100，人工地震波 A1 的相應反應位移約爲 150mm。

⑻**疊合橡膠的耐火性能**：在疊合橡膠上塗層 20mm 厚後，阻燃性約能保證爲一小時。

⑼**風荷載**：插入鉛棒後提高了初始剛度，可以認爲不發生搖

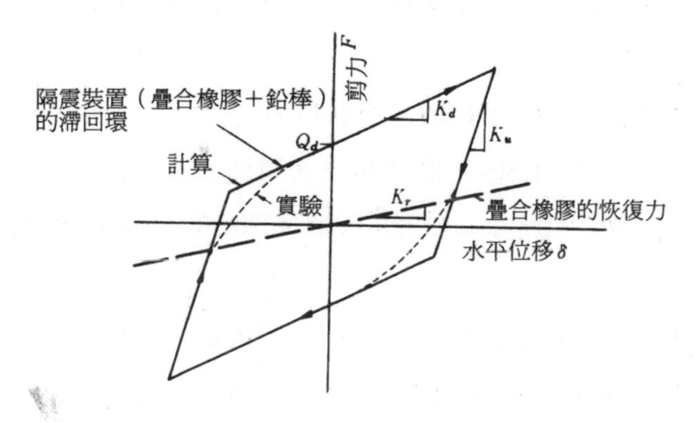

圖 6.12　插入鉛棒的疊合橡膠的荷載—位移曲線

動。

⑽**柔性的設備管道**：水壓較高的管道採用不鏽鋼風箱式，污水管則採用柔性 U 型方式。

6.3 南斯拉夫

Pestaloci 小學

位於歐洲高震帶中心的南斯拉夫的斯考比市(Scopje)曾因 1963 年的大地震，市內的大部分建築物受到毀滅性的破壞。作爲恢復重建事業的一環，瑞士援建了一所帶有隔震結構的小學校，其概況如下所述。

⑴**建設資金**：瑞士 Pestaloci 財團

⑵**設計**：Alfred Roth（瑞士）

⑶**建築物概況**：鋼筋混凝土三層壁式建築，教學樓部分與單層部分由溫度縫分開，建築外觀、平面及立面分別如圖 6.13、圖 6.14 及圖 6.15 所示。

⑷**隔震裝置**：如圖 6.16，圖 6.17 所示：

・固有周期　1.56s（實測的一次周期）。

・疊合橡膠的尺寸　方形(70cm × 70cm × 35cm)橡膠層間未插入鋼板。

・疊合橡膠的容許變形　水平方向 20cm，垂直方向 15.5cm。

・疊合橡膠負擔的軸力，35t ／個～50t ／個（350kN ／個～500kN ／個），建築物總重≒2600t(26000kN)。

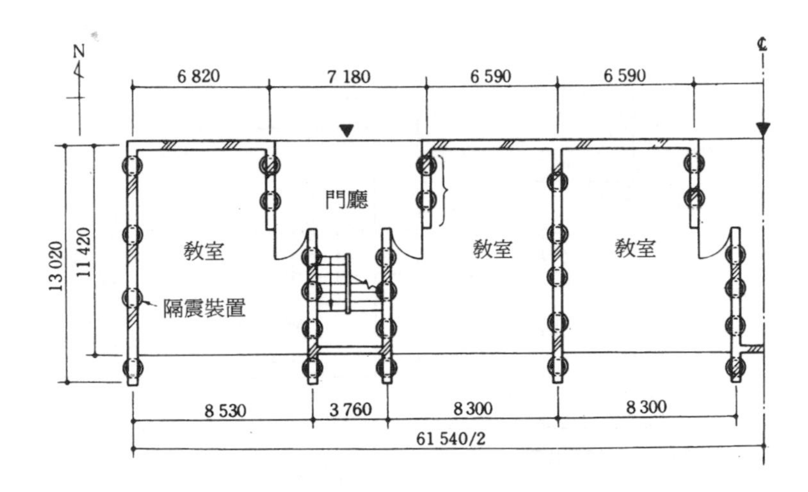

圖 6.13　一層平面與隔震裝置的配置

圖 6.14　外觀

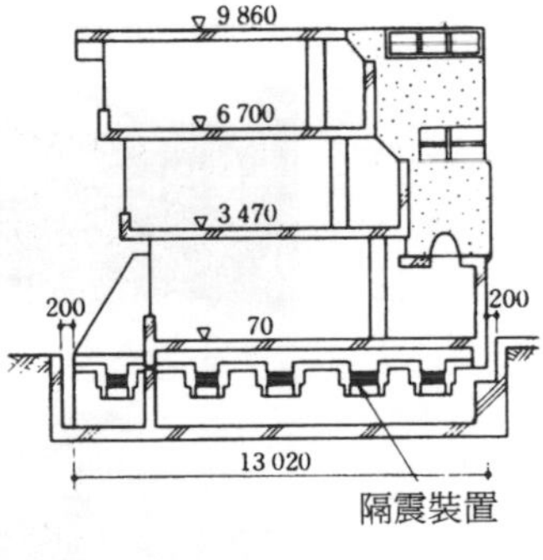

圖 6.15　剖面圖

・建築物周圍側壁與隔震裝置的淨距約為 20cm。

・為了防止風所引起的水平與回轉振動，在基礎與上部結構之間插入了泡沫橡膠。

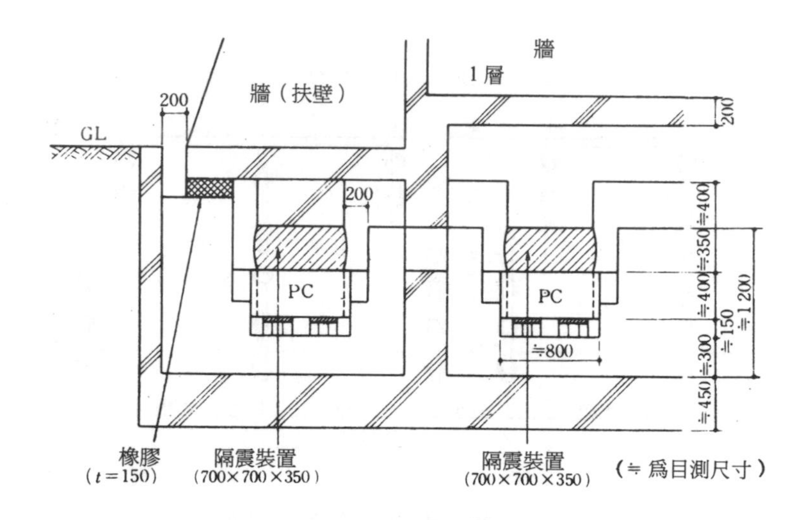

圖 6.16　隔震裝置部分的詳圖

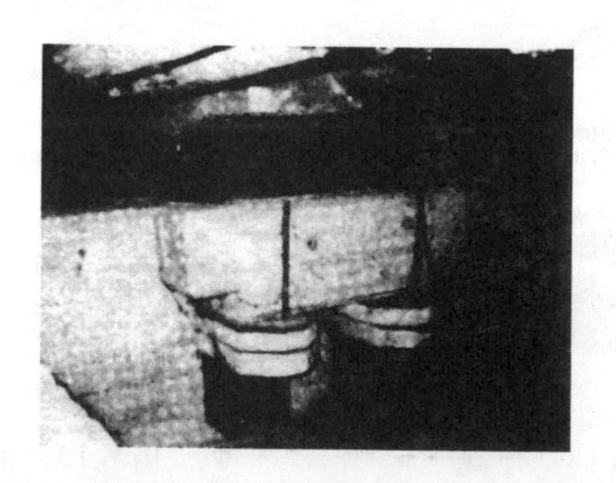

圖 6.17　隔震裝置

⑸**地震觀測**：在地基和一層樓板上各設置了二個加速度計。

⑹**施工方法**：

・施工時先用木塊代替隔震裝置，待上部結構施工完成後，將建築物用於千斤頂頂起，然後放入隔震裝置。

・使用橡膠薄片以調節預鑄混凝土塊間的高度差。

參考文獻

1) Tarics, A. G., Way, D. and Kelly, J. M.：The Implementation of Base Isolation for the Foothill Communities Law and Justice Center, County of San Bernardino, California, A Report to NSF and the County of San Bernardino, 1984.1.

2) Standards Association of New Zealand：Code of Practice for The Design of Concrete Structures, NZS 3101, Wellington, 1982.

3) Skinner, R. I., Tyler, R. G., Heine, A. J. and Robinson, W. H.：Hysteretic dampers for the protection of structures from earthquakes, Bull. of the New Zealand Nat. Soc. for Earthq. Engang.,Vol.13, No.1, pp.22-36, 1980. 3.

4) Robinson, W. H.：Lead-Rubber Hysteretic Bearings Suitable for Protecting Structures During Earthquakes, Earthquake Engineering and Structural Dynamics, Vol.10, pp.593-604, 1982.

5) Okada, T. and Simeonov, B.：Pestaloci Elementary School Main Building in Scopje-Base Isolation Building-, 1985. 4.

6) Petrovski, J. and Simovski, V.：Dynamic Response of Base Isolated Building, Proc. of 7th European Conference on Earthquake Engineering, Athens, 1982.

第Ⅱ篇
建築物的防震與樓板隔震

第 7 章　微振的防震

伴隨著高度資訊化社會的發展，以尖端技術產業爲首，各種各樣的產業部門中，研究開發設施及製造設施等，都針對抑制微米級的微小振動而採取防震對策的必要性提出了更高的要求。在此，就實例來闡述有關精密儀器的防震設計方法。

7. 1　精密機械的容許振動值

7.1.1　振動量的表示方法

微振的振動量表示方法有多種，在此僅做簡單說明。就波的類型來說，有：

⑴如常時脈動所代表的地基振動那樣，頻率和振幅均爲不規則的非穩態隨機波。

⑵設備機器振動所代表的規則的穩定波。

⑶表示衝擊時動荷載的衝擊波等。

在微小振動範圍內的防震設計是以上述所有波的類型爲對象的。

振動量的單位分成以下三類：位移 X（$\mu m = 0.001\text{mm}$：微米），速度 V (cm/s：kine)，加速度 A (cm/s^2：gal)；在穩態波的

情況下，設f爲頻率，則有 $V = 2\pi fX$ ， $A = 2\pi fV$ 的關係。爲了明確這些振動量的單位的關係，經常採用如圖 7.1 所示的網格對數圖。此圖的橫軸爲頻率，縱軸爲速度，右斜上軸爲位移，右斜下軸爲加速度。如圖所示，當頻率爲 5Hz 時，位移約爲 $X = 1\mu m$ ，加速度約爲 A=0.1gal ，振動速度約爲 $V = 0.003kine$ 。

對於隨機波或包含各種頻率分量的波形，可採用頻譜分析方法換算成其他的單位，也可採用數值微積分方法換算成其他單位的波形。

上述各量是作爲一種物理量的表示方法。作爲無量網的加速度也有用分貝(d B)來表示。以加速度 $A_0 = 0.001gal$ 爲基準，實際加速度爲 A' 時的分貝值爲 20log(A'/A_0)，即 $A' = 0.1gal$ 時爲 40 分貝(dB)， $A' = 1.0gal$ 時爲 60 分貝(dB)， $A' = 10gal$ 時爲 80 分貝(dB)。

7.1.2 精密機械的容許振動值

討厭振動的精密機械，在半導體工廠、生物科學工廠、與研究有關的工廠等可大量見到。圖 7.1 中表示了稱之爲人體可感知振動的界限振動量及電子顯微鏡、曝光裝置、精密天秤、三維座標測定機等精密儀器的容許振動值的範圍。

儘管精密機械生產的廠家不同，機器的容許振動量多規定爲單一振動量，如 0.5 μm 以下或 0.2gal 以下等。但使用頻率控制型加振器，在厭振機械上的正弦波加振實驗結果顯示，即使爲一個機種，也有容許振動值隨頻率而異的導向。因此，這種頻率依存性不可忽視。

精密機械的容許值因機器的結構和使用目的不同而異：精密天秤等計量機械當在重力方向上有微小加速度變化時會出現問題，而攝影、攝像等裝置當被攝影體和攝影器材間有相對變形量時則出現麻煩。此外，隨頻率增高，精密機械容許值從振動速度軸依次轉向加速度軸的情況很多。在構成機械的材料較爲複雜，難於用數值分析方法求出機械振動容許值的情況下，可依賴振動實驗等個別的調查結果加以確定。把握各種厭振機械的振動容許值在防震設計上是非常重要的。

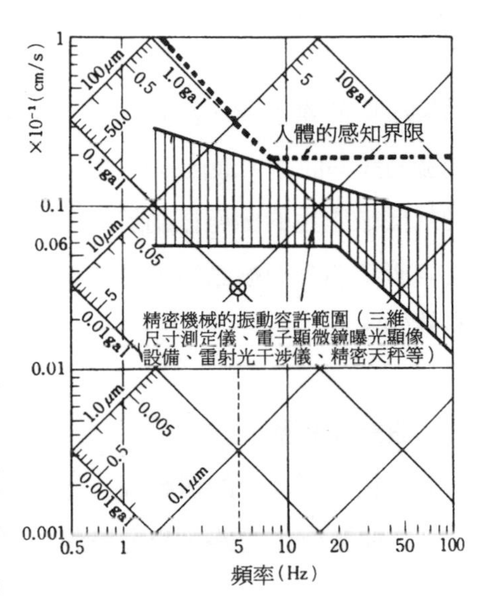

圖 7.1　精密機械的容許振動值

7.2　設計方法的基本概念

7.2.1　振動評價法

由於厭振機械的振動容許值在頻率範圍內不同，所以測定值和振動預測也應隨頻率的變化分別進行評價。作爲計算方法對於常時脈動、衝擊振動等非穩態振動的輸入波，雖然也有直接積分法，但通常有計算反應譜，用振型分解法求特定頻率反應的方法及頻譜評價方法。其中所謂頻譜評價方法，是首先計算輸入波在短時間段中的當前譜，記錄下最大值和相應頻率，以作成與最大值相關的頻率曲線，最後乖以傳達率❶以得到反應譜曲線的方法。回轉式機械產生的穩態振動反應可得出一簡單線譜。這種評價方法可以將譜曲線與振動容許值曲線直接進行比較，在這方面，它是有效的。

7.2.2 設計流程圖

傳到精密機器上的振動源，如圖 7.2 所示。大致可分爲：

⑴常時脈動，道路、交通建設工程、工廠等建築物外部傳來

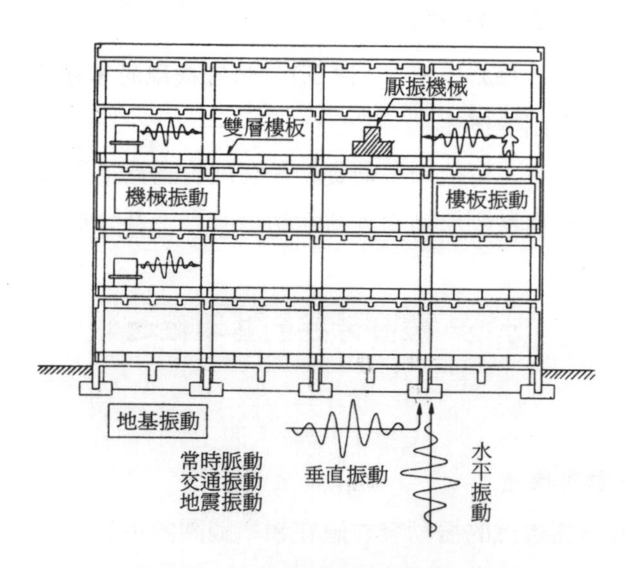

圖 7.2 外界振動源的傳遞路徑

❶傳達率是同頻率下反應值與輸入值的比。也稱傳播比。

的非穩態隨機振動。

⑵由建築物內部的建築設備、生產設備產生並通過結構傳遞的穩態波振動。

⑶在精密機器周圍作業而伴隨產生的穩態波及衝擊波振動。

相對於這些振動源的防震設計程序如圖 7.3 所示。概略地，對流程圖的內容進行如下闡述。

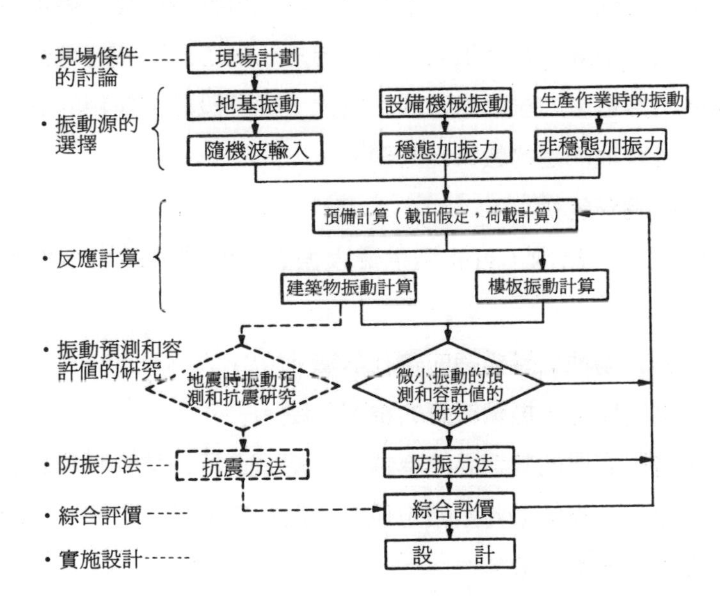

圖 7.3　防振設計流程

7.3 地基振動反應

7.3.1 場地環境調查

在防微振的建築物建設之前，首先必須判斷建設場地環境是否合適。受周圍的工廠、道路交通等產生振動的影響，場地的振動在一天的不同時間有很大差異。另外，對應於周圍的地形及地層構造，傳遞來的振動也不同。爲此，實際設計中採用的數據，應以現場實地測定的數據爲基礎。

現場調查包括：

⑴工作時時內，可能產生最大振動的時間段的場地振動測定。

⑵調查場地土層構造的鑽孔試驗。

⑶測定場定土振動波速的檢層試驗。

⑷調查表層地基等易於卓越的周期而進行的常時脈動測定。

從這些調查結果判斷預定現場的振動環境是否合適，可確定防震設計的基本方針。

7.3.2 地基振動的輸入損失效果

在這樣的周邊環境條件下，外振源主要在地上，因此可以認爲其大部分在淺層地基中以表面波的形式在水平方向傳播。傳到建築物之下產生了相位差，如圖 7.4 (*a*) 所示。傳向建築物的輸入量（傳播比 X/X_0 ：建築物的底部振動 X 與周圍場地振動 X_0 的比

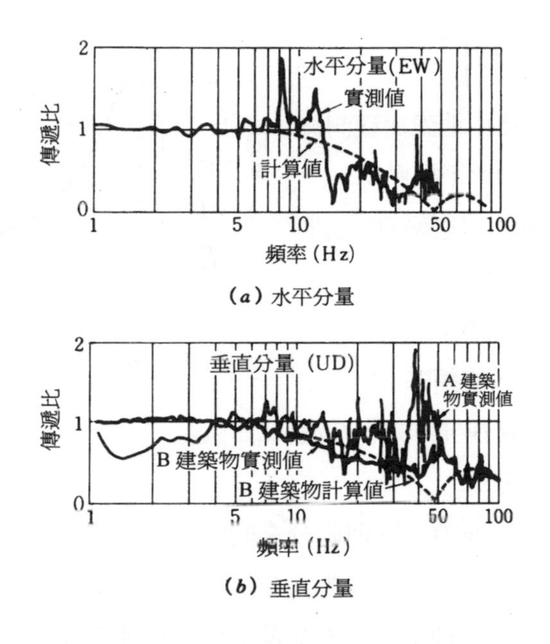

(*a*) 水平分量

(*b*) 垂直分量

圖 7.4　輸入損失效果實測

值）減小。這種現象稱爲輸入損失，是微振中存在的顯著現象。這與深震源垂直入射卓越的地震動在性質上大不相同。

輸入損失理論如式(7.1)所示，其頻率特性如圖 7.5 所示[1]，若將傳播比 X/X_0 置於縱軸，縱軸的值小於 1.0 的部分，就是輸入損失效果。

從各式各樣的建築物常時脈動的調查結果來看，水平分量與其說如圖 7.5 所示的虛線的理論曲線所示，不如說更接近於包絡線所對應的實線。其原因可認爲與波動的傳播方向，及基礎的形狀等因素有關。

$$\frac{X}{X_0}=\frac{V_s}{\pi Lf}\sin\left(\frac{\pi Lf}{V_s}\right) \tag{7.1}$$

式中 X_0 ——自由地表面觀測波的水平振動；

X ——輸入建築物的水平振動；

L ——建築物長度；

f ——輸入波頻率；

V_s ——地基土的剪切波速。

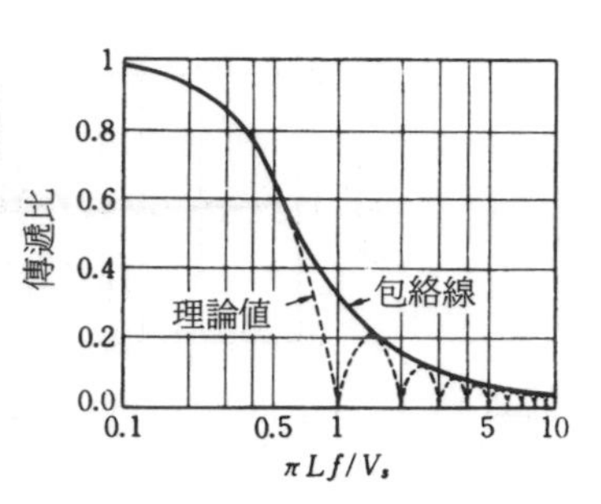

圖 7.5 輸入損失特性圖

另一方面，垂直方向運動分量的情況示於圖 7.4 (*b*) ，對建築物A來說，基本看不到輸入損失的情況，對建築物B來說，有若干損失的情況。這種不同，主要是由板、地基梁等構成的底板的面外剛度和所承受的面壓大小等多種條件引起的。筆者們經實驗得出了用垂直方向振動降低係數 R 加以修正的(7.2)式。

$$\frac{Z}{Z_0}=\left(\frac{V_s}{\pi Lf}\cdot\sin\frac{\pi Lf}{V_s}\right)^R \tag{7.2}$$

式中 Z_0 ——自由地表面觀測波的垂直振動；

Z ——輸入建築物的上下振動；

R ——垂直振動的降低係數(≤ 1.0)。

這裡將自由地表面的觀測波中考慮輸入損失效果後的波形作爲設計輸入波。

由於精密機器與半導體製造機械的防震，原本就是以達到 200Hz 的高頻範圍的全領域爲對象的，所以輸入損失效果對於地基振動的輸入在防震設計上具有重要意義。

7.3.3　相對於地基振動的反應

爲了計算相對垂直方向地基振動建築物的反應，分析模型採用如圖 7.6 所示的空間模型。並且在設置了精密儀器的樓板四周再進行詳細的模型化處理。水平分量的反應分析按既往的剛性樓板假定進行分析。

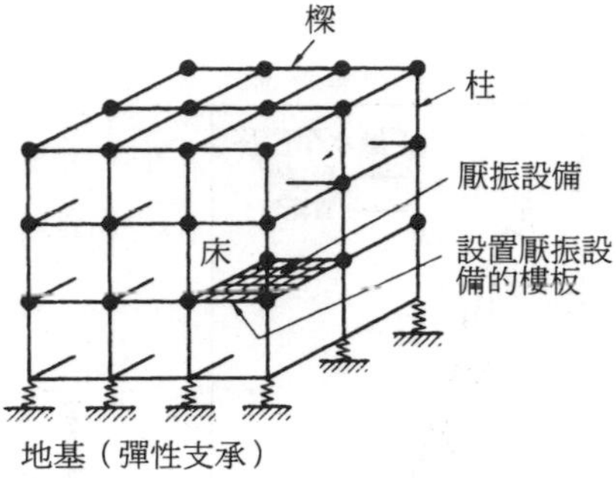

圖 7.6　振動分析模型

對於地基常時脈動輸入，作爲採用振動譜評價法的反應評價例子，對某半導體工廠六層建築物五層的柱位置的水平及垂直振動的預測值與竣工後的實驗值對比結果，分別如圖 7.7 及圖 7.8 所示。

7. 4　相對於機械設備振動的反應

建築設備中產生振動的有代表性的機械爲冷凍機、空調機、變壓器、電梯、空調管道[2]、冷卻塔等。有關製造設備方面，工廠或研究設施相應的小型壓縮機、各種爐、處理設備，小型冷卻機等，配置在壓振機械相鄰處的情況較多。

機械加振力的大部分爲馬達等動力迴轉引起的穩態加振力；從設置了數百千克到數噸重的機械的半導體工廠中實測的工作狀

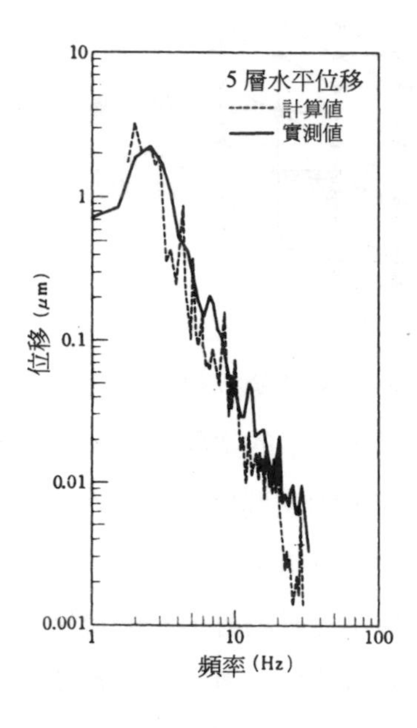

圖 7.7 半導體工廠對常時脈動的反應（水平）分量

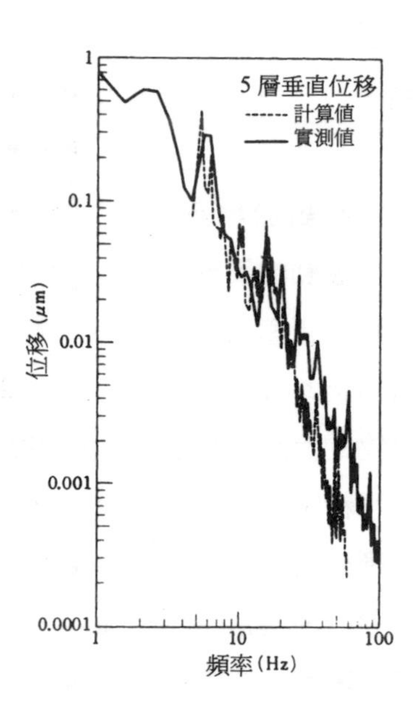

圖 7.8 半導體工廠對常時脈動的反應（垂直）分量

態來看，頻率範圍在15Hz～100H z，振動加速度在10gal～250gal之間，也有因機械重量產生數十到數百千克動荷載的情況。

機械設備的防震材料分爲金屬彈簧、氣壓彈簧、防震橡膠、防震墊等等。防震設計時，由於使用上有各自適當的防震頻率範圍，有必要對應械加振力，選擇滿足目標值的適當材料。

振動模型中，對輸入機械的設置場所，加振力、加振頻率進行反應分析。概算時，也有在不同結構體及不同頻率中用距離衰

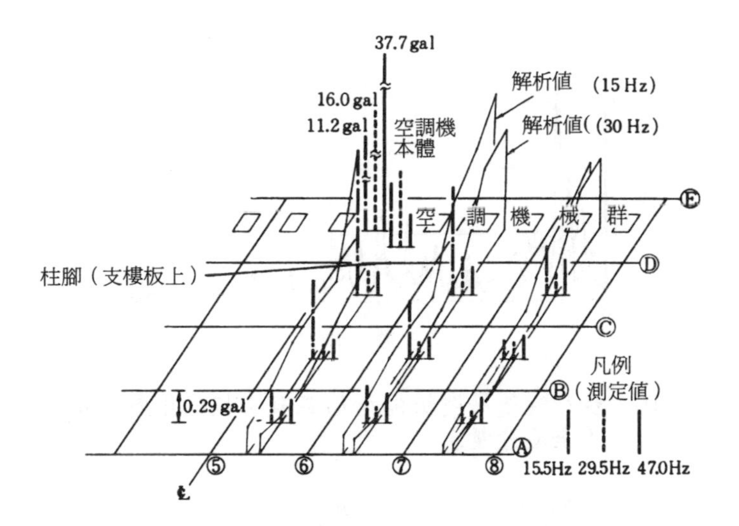

圖 7.9　空調機械運轉時樓板上的振動分布

減進行評價的方法。在譜評價法中，在特定的頻率上將這些分析結果用豎線譜表示振幅峰值，並與容許值進行對比。圖 7.9 表示了十幾台空調機運轉時，某特定樓層的樓板（約一半部分）的振動分布與分析結果的例子。

7.5　相對於現場作業產生振動的反應

現場作業時的振源爲厭振機械周圍的行走、機器人的作業和自動搬運車等等。作爲代表作業振動的外干擾源，以下敘述步行時的振動情況。

高度爲 1.8m 的雙層樓板和其下的鋼筋混凝土板在有步行時的振動實測例子，如圖 7.10 所示。在幾個特定的頻率時，雙層樓

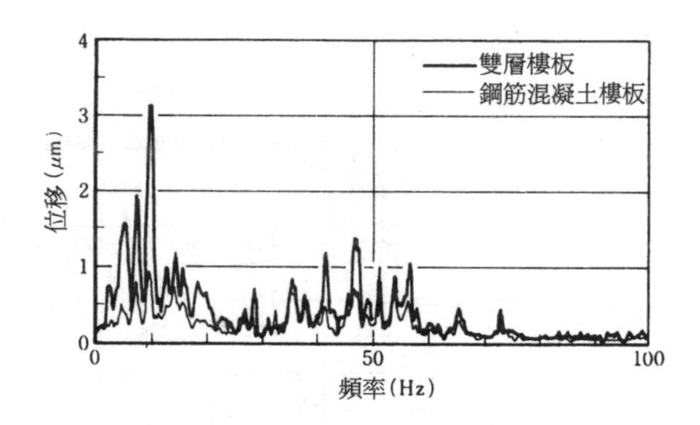

圖 7.10 步行時雙層樓板與鋼筋混凝土板的振動測定值（垂直分量）

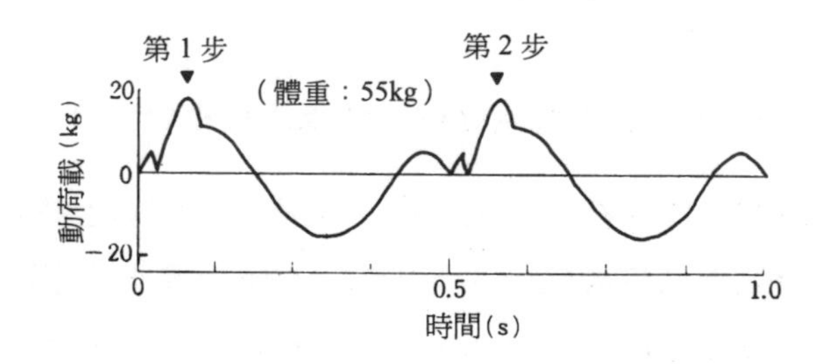

圖 7.11 步行時的動荷載波形（2 步）

板上的振動增大。

對步行時動荷載的考慮方法有多種，現僅根據步行者所穿鞋的情況，對鋼筋混凝土樓板受到如圖 7.11 的荷載（2 步）進行評價[3]。圖 7.12 表示了一固有頻率爲 10Hz 的鋼筋混凝土樓板，在步行時樓板中央附近產生的反應位移波形的測定值與計算值。這種樓板的振動值與一般樓板的比較如圖 7.13 所示。一般說來樓板的固有頻率越小，反應位移量越大。

機器人、搬運車等產生的起振力，因機種而異，一般起動時及工作中的頻率約爲 3Hz～5Hz、10Hz～30Hz、60Hz 等。產生 10gal～20gal 的加速度。換算成起振力後，多數爲數千克至數十千克。

厭振機器近傍的雙層樓板，如上所述，受到由鋼筋混凝土樓板向上傳遞的或由雙層樓板周圍傳來的動荷載。雙層樓板的構造有兩種情況，一種爲僅有自由通路，其高度 H 較低的情況，另一種則爲從樓板伸出立柱或架設結構構架，其上再設置自由通路、高度較大的情況。它們各自的振動特性是不同的。在鋼筋混凝土樓板上用小鎯頭加衝擊力，測定

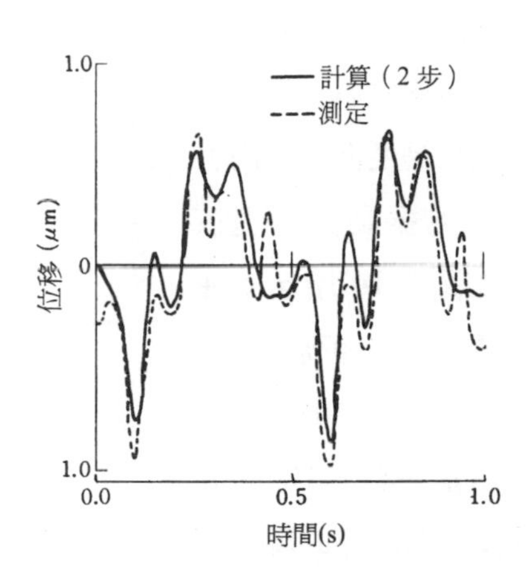

圖 7.12　步行時樓板的反應位移波形

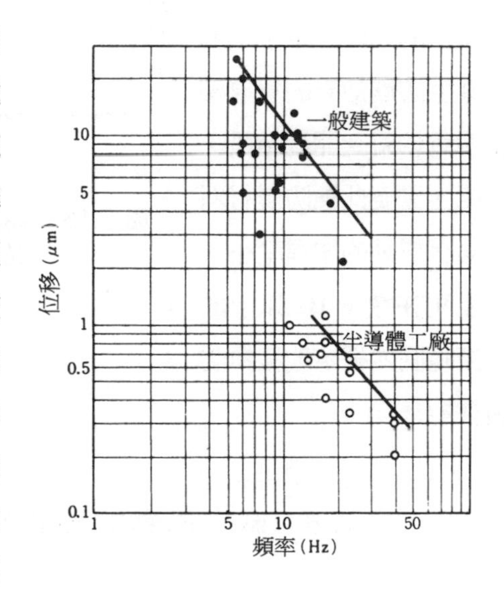

圖 7.13　步行時鋼筋混凝土板的振動量

雙層樓板和鋼筋混凝土樓板的垂直振動值，在第一種情況（高度低的情況）下二者的振動值差別較小，如圖 7.14 所示；在第二種情況（即高度較大的情況下），樓板中央的反應值當在數十 Hz 的高頻範圍也有增幅的現象，如圖 7.15 所示。

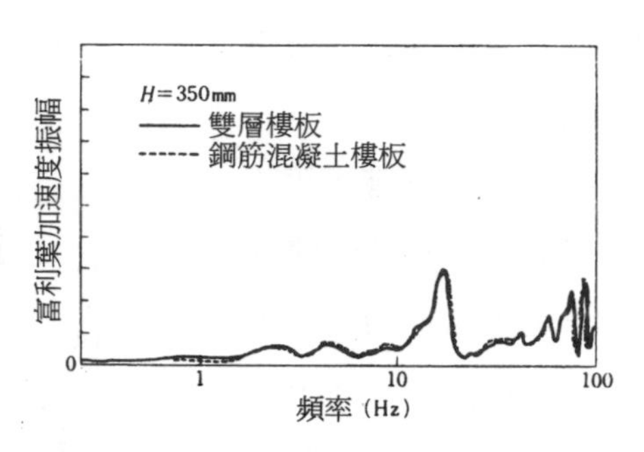

圖 7.14　低位式雙層樓板與鋼筋混凝土樓板的測定結果

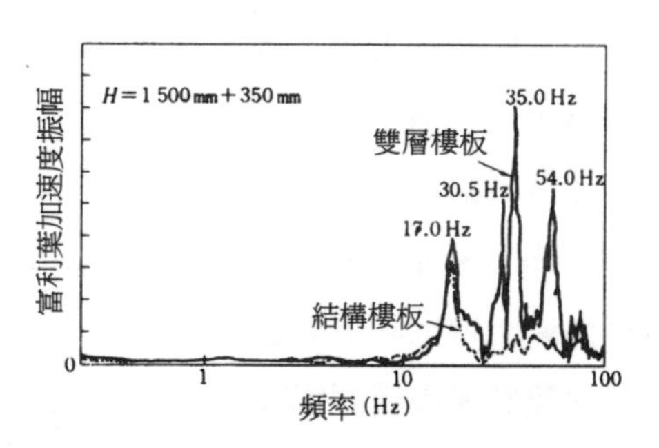

圖 7.15　高位式雙層樓板與鋼筋混凝土樓板的測定結果

使用防震橡膠，在防止微振的同時對中小地震也產生防震效果的雙層樓板還處於研究開發階段。性能上需要此種防震材料在固有震動的增幅率小，並能夠在數十 Hz 以上的高頻範圍內穩定地發揮防震性能。

7.6　微小振動的綜合預測及評定

精密工廠的外部擾動分爲地基振動和設備機械及現場作業的伴隨振動等等。前面敘述了一邊預測這些干擾引起的振動，一邊進行防震設計的情況。綜合評價是最後求出各自譜反應值的總和，並與圖 7.1 所示的精密機器的振動容許曲線進行比較。不滿足容許值時，以同樣的步驟反覆進行，直到滿足容許值爲止。

最後，基於綜合評價結果，以已建的建築物爲例，將已建的三層樓板中央的振動預測值和實測值進行比較，並示於圖 7.16。另外，考慮雙層樓板的振動增幅和固有頻率爲 3Hz 的大氣彈簧防震裝置的傳播率，求出的厭振精密機械的振動預測值與現場作業時的實測值的比較如圖 7.17 所示。

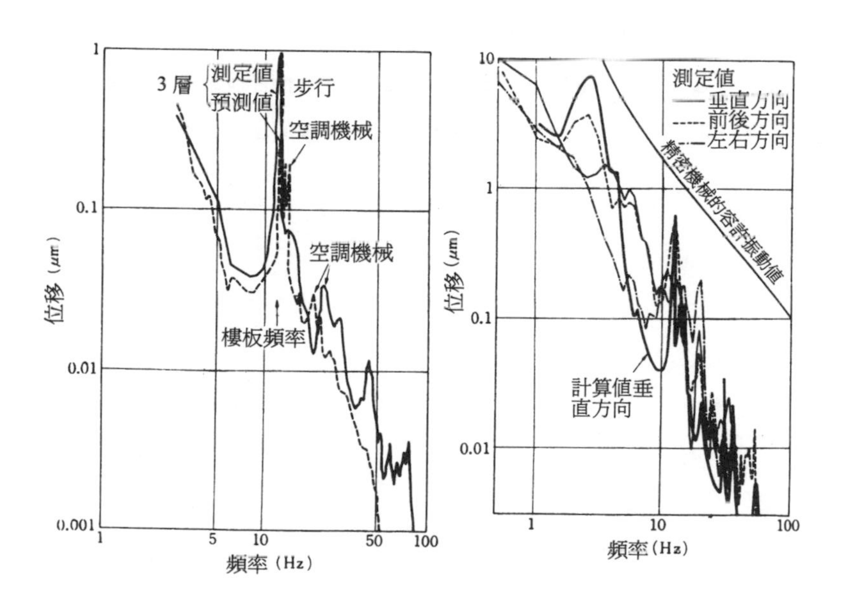

圖 7.16　樓板的測定值和分析值（垂直分量）

圖 7.17　精密機械的測定值和分析值（垂直分量）

参考文獻

1) 土質工學會：土と構造物の動的相互作用，昭和 48 年 10 月。

2) 山本年雄・伊勢　博：半導體工場建築設備の防震設計，建築設備士，第 15 巻，第 5，昭和 58 年 5 月。

3) 內田祥哉・宇野英隆ほか：床の硬さが人間に及ぼす影響について，日本建築學會大會學術講演梗概集，昭和 43 年 10 月。

4) 寺村　彰：微振抑制對策とそのシミュレーション騷音制御，日本騷音制御工學會，Vol.10, No. 2, 1986. 4.

5) 寺村　彰・武田壽一・吉原醇一・蔭山　滿：微振動の解析システムの開發，大林組技術研究所報 No.32, 1986. 7.

6) 蔭山　滿・寺村　彰・吉原醇一・武田壽一：精密加工工場の環境振動評價について，日本建築學會大會學術講演梗概集，昭和 61 年 8 月。

第 8 章　機構振動的防震

由地基、機械和現場作業而產生的微振的防震設計，已在第 7 章有了一定的敘述；以下就機械振動引起較大振動的有效防止措施，敘述採用附加振動體進行防震的動平衡防震法。並以鋼筋混凝土樓板和放置機械結構物的防震方法爲例進行介紹。

對於機械振動的防震，歷來有傳統的防震橡膠、空氣彈簧等的彈性支承方法，使用砂子、小礫石隔絕材料等的隔震方法，也存在構造上提高剛度的補強方法等。這些方法請參考其他文獻。

8.1　各種防震法與動態平衡防震法

在建築物內設置產生振動的機械，屢給居住者帶來不快，或使精密儀器產生障礙。此外，大型壓縮機械等，即便是與周圍的地基隔開，設計成獨立基礎的形式，仍有使周圍的地基產生晃動，發生振動公害的情況。

這裡敘述的方法是：在以特定的頻率加振、處於穩態振動狀態的機械基礎或結構物（以下稱振動物體）上，加設由一小質量塊和彈簧所組成的附加振動體，根據該附加振動體大體在加振源機械的頻率內產生共振，使振動體產生防震效果。此方法稱爲動平衡防震法。

動平衡防震法將附加振動體安裝在振動體上這一點與 Den Hartog⑴、⑵等所研究的阻尼減震理論類似，阻尼減震理論如後所述，是爲了降低振動體與機械的強迫振動發生共振時的增幅率的理論。

在此提出的動平衡防震法有以下特徵：

⑴在振動體的自振頻率與機械的強制振動頻率差別較大時的非共振狀態下仍然適用。

⑵在理論上限定爲穩態振動，根據省略阻尼項的情況來取得防震效果。

⑶由於小質量能得到防震效果，故可適用於重結構物。

⑷附加振動體製作時，由於有不用考慮阻尼裝置的優點，僅考慮質量因素及彈簧因素即可設計。製作時用作質量的材料可使用混凝土或鋼板，彈簧則可使用阻尼小的普通鋼材或螺旋彈簧等普通的結構材料，製作簡單。

8.2 在強制外力作用下單質點振動體的防震理論

8.2.1 運動方程式

在代表鋼筋混凝土樓板的垂直振動、地基所支承的機械基礎的垂直或水平振動，及單層結構物的水平振動等的單質點振動模型上，附加振動體構成的雙質點系模式如圖 8.1 所示。

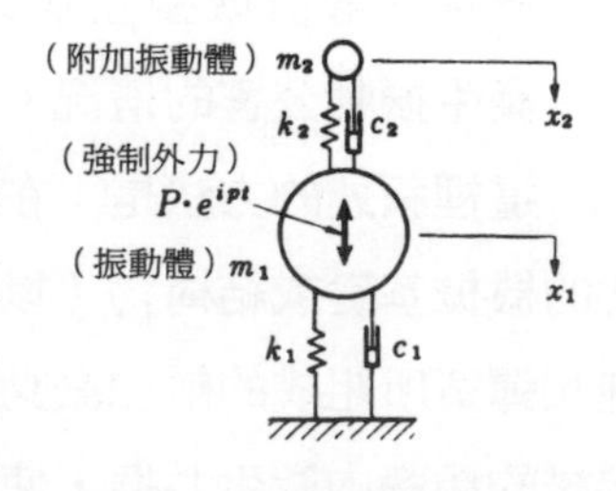

圖 8.1 雙質點系模型

振動體的質量為 m_1 ，剛度為 k_1 ，阻尼係數為 c_1 ；附加振動體的質量為 m_2 ，剛度為 k_2 ，阻尼係數為 c_2 。在干擾力 Pe^{ipt} 的作用下，振動體的位移為 x_1 ，附加振動體的位移為 x_2 ，此剪切型體系運動方程如式(8.1)所示：

$$\left.\begin{aligned} m_1\ddot{x}_1+k_1x_1+k_2(x_1-x_2)+c_1\dot{x}_1+c_2(\dot{x}_1-\dot{x}_2)=P\cdot e^{ipt} \\ m_2\ddot{x}_2+k_2(x_2-x_1)+c_2(\dot{x}_2-\dot{x}_1)=0 \end{aligned}\right\} \tag{8.1}$$

設(x_1,x_2)的解為式(8.2)、式(8.3)，將它們代入式(8.1)

$$x_1=X_1\cdot e^{i(pt-\psi_1)} \tag{8.2}$$

$$x_2=X_2\cdot e^{i(pt-\psi_2)} \tag{8.3}$$

這裡，求解中採用以下關係：

$$\mu=m_1/m_2 \text{（質量比）}$$

$$v_j^2=k_j/m_j,\ j=1,2$$

$$h_j=c_i/(2v_j\cdot m_j),\ j=1,2$$

$$f=v_2/v_1 \text{（固有頻率比）}$$

$$g=p/v_1 \text{（強制頻率比）}$$

位移反應比率可按式(8.4)、式(8.5)求出：

$$\frac{X_1}{X_{1st}}=\sqrt{\frac{(f^2-g^2)^2+4h_2^2f^2g^2}{A}} \tag{8.4}$$

$$\frac{X_2}{X_{2st}}=\sqrt{\frac{(f^2+4h_2^2g^2)\mu^2f^6}{A}} \tag{8.5}$$

這裡：

$$X_{jst}=P/k_j,\ j=1,2$$

$$A=\left[(1-g^2)(f^2-g^2)-(\mu f+4h_1h_2)fg^2\right]^2+$$
$$4\left\{(h_2+h_1f)f-\left[h_1+(1+\mu)h_2\cdot f\right]g^2\right\}^2g^2$$

位相角(ψ_1,ψ_2)分別由式(8.6)、式(8.7)式給出：

$$\tan(\psi_1) \approx \frac{(f^2 - g^2)B_1 - 2h_2 fgB_2}{(f^2 - g^2)B_2 - 2h_2 fgB_1} \tag{8.6}$$

$$\tan(\psi_2) \approx \mu\frac{f^4 B_1 - 2h_2 f^3 gB_2}{\mu f^4 B_2 - 2h_2 fgB_1} \tag{8.7}$$

這裡，

$$B_1 = 2g\{(h_2 + h_1 f)f - [h_1 + (1+\mu)h_2 f]g\}$$

$$B_2 = (1 - g^2)(f^2 - g^2) - (\mu f + 4h_1 h_2)fg^2$$

8.2.2 防震原理

1)阻尼防震理論

阻尼防震理論在於假設振動體的阻尼係數 c_1 爲零。

爲了降低振動體共振時的增幅率，如圖 8.2 所示，抑制共振曲線的最大增幅率。

即，對於干擾力 Pe^{ipt}，這個防震現象設

$$f = \frac{1}{(\mu + 1)}, h_2 = [3\mu\{8(1+\mu)^3\}]^{1/2}$$

其結果，最大位移反應比率爲：

$$\frac{X_1}{X_{1st}} = (1 + 2/\mu)^{1/2}$$

2)動平衡防震理論

本防震法中，設附加振動體的固有頻率 υ_2 與外力頻率 p 大致相同：

$$\upsilon_2 = p \quad \therefore \quad f = g \tag{8.8}$$

將式(8.8)代入式(8.4)及式(8.5)，假定阻尼係數 $c_1 = c_2 = 0$，即 $h_1 = h_2 = 0$，位移則變爲式(8.4')、式(8.5')

$$X_1 = 0 \tag{8.4'}$$

$$X_2 = -P/k_2 \tag{8.5'}$$

位相角的式(8.6)、式(8.7)變爲式(8.6')、式(8.7')

$$\psi_1 = \pi/2 \tag{8.6'}$$

$$\psi_2 = -\pi \tag{8.7'}$$

從以上結果可以看出，振動體的位移 X_1 爲零，即處於靜止狀態。附加振動體的位移 X_2 如式(8.5')所示，等於干擾力的大小與附加振動體的彈簧常數之比。附加振動體的振動與外力由式(8.7')可知，有 180°的相位差，即與干擾力的方向相反。此外，振動體的相位差爲π/2，即爲普通阻尼力的相位滯後。

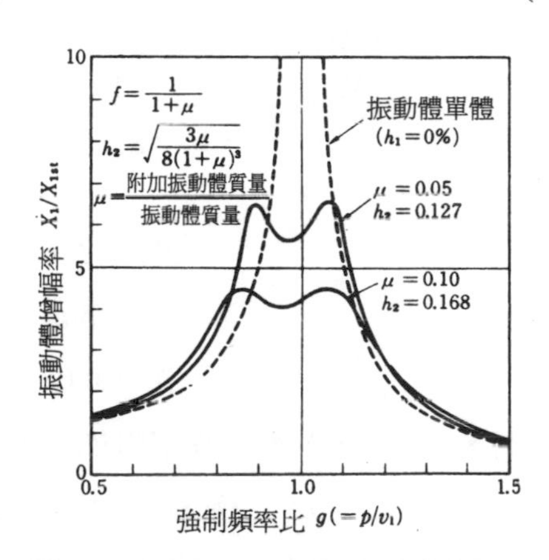

圖 8.2　阻尼理論得到的振動體的反應值

所謂動平衡防震法，即根據上述原理，利用了尙附加振動體的自振頻率與外力的振動頻率一致時，附加振動體產生的力有抵消外力的效果。動平衡防震法因外力與附加振動體的力方向相反，產生一種動平衡效果而得名。

由式(8.4')可以看出，當阻尼係數爲零時，理論上，雖意味著振動體爲靜止狀態，但實際上，由於存在阻尼，不可能成爲靜止狀態。在以下章節中，將用動平衡防震法中實際使用的各種常數，定量地討論防震效果、防震性能狀態等。

8.2.3 動平衡防震法

㈠附加振動體固有頻率比 f 的影響

注意到振動體的頻率反應，四種情況的位移比率算例如下：

例 8-1　作爲比較的對象，僅有振動體的單質點系位移反應比率可由式(8.9)求得：

$$\frac{X_1}{X_{1st}}=\frac{1}{\sqrt{\{1-g^2\}^2+4h_1g^2}} \tag{8.9}$$

其中：

$$X_{1st}=P/k_1$$

$$g=p/\upsilon_1$$

$$h_1=0.05$$

例 8-2～例 8-4 爲加設了附加振動體後振動體的位移反應比率，例 8-2　$f=0.5$，例 8-3　$f=1.0$，例 8-4　$f=1.5$。

各例題中同爲 $h_1=0.05, h_2=0.005, \mu_1=0.1$，按式(8.4)進行計算。

例 8-1～8-4 的計算結果，示於圖 8.3。橫軸爲強制頻率比 g，縱軸爲振動體的位移反應比率。根據以上的計算結果，對振動體的反應情況，可得如下結論。

1)例 8-2～例 8-4 分別爲強制頻率比 g 比振動體的共振點(g＝1.0)低、一致、高等三種情況。所有這些情況下 V 型曲線的最小值均在各自附加振動體的固有頻率 υ_2 處存在。由此可見，只要是穩態振動，對任何強制振動頻率，動平衡防震法都適用。

2)在各例中，越是正確地選擇附加振動體的固有頻率，使其與成爲V型曲線的最小振幅的頻率 v_2 一致，就越能得到更好的防

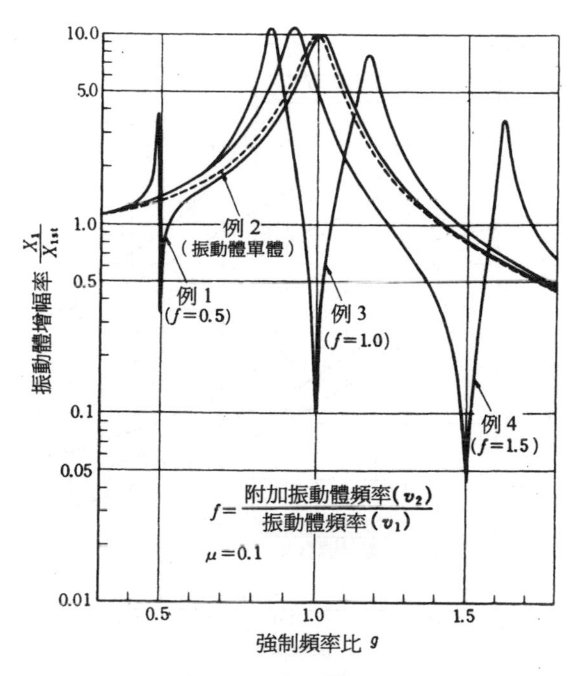

圖 8.3　振動體的反應值

震效果，為此，有必要使附加振動體具有頻率微調功能。這種功能可通過微調附加振動體的質量或彈簧常數來進行。

㈡附加振動體的質量比μ和強制頻率比 g 的影響

將近似式(8.8)代入式(8.4)中可得式(8.10)

$$\frac{X_1}{X_{1st}}=\frac{2h_2}{\sqrt{(\mu g+4h_1h_2)^2g^2+4h_2^2\left[1-(1+\mu)g^2\right]^2}} \tag{8.10}$$

討論中，設質量比μ＝ 0.005～0.10，強制頻率比 g ＝ 0.3～1.8，阻尼比 h_1＝ 0.05, h_2＝ 0.005。

計算結果如圖 8.4 所示。圖中橫軸為強制頻率比 g ，縱軸是以質量比μ為參數的式(8.10)的值（如實線所示）。作為比較，虛

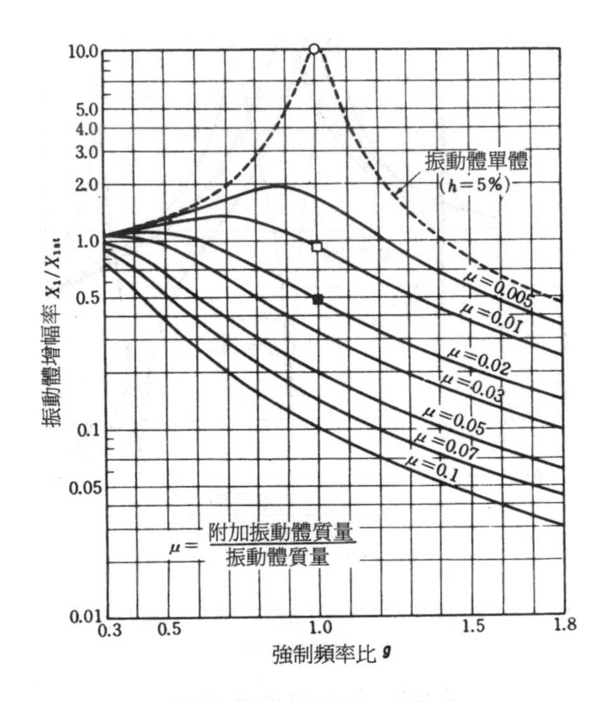

圖 8.4　振動體的反應值

線為振動體單體的反應位移比率。防震效果可由虛線與實線的比求得：如 $g=1.0$ 時，虛線上為「0」的點的反應比率約為 10.0，而質量比為 $\mu=0.01$ 時，減少至「□」點的 0.95，有約 1/10 的減振效果，質量比 $\mu=0.02$「■」點減小為 0.48，即有約振動體單體反應比率的 1/20 的防震效果。

從以上結果，可對防震效果得出以下結論：

1)質量比μ越大，防震效果越好。

2)振動體的共振點($g=1.0$)附近，幾乎沒有增幅現象，全體呈有下斜的下降趨勢。

3)振動體的阻尼比 h_1 不同，引起的位移反應比率變化在此沒有表示。但總體說來，在振動體單體式(8.9)的情況下變化較大，而式(8.10)的情況，變化則相對較小。

另一方面。將式(8.8)代入式(8.5)中，可得求附加振動體 m_2 反應量的式(8.11)。

$$\frac{X_2}{X_{2st}}=\sqrt{\frac{\mu^2 f^4(1+4h_2^2)}{(\mu g+4h_1h_2)^2g^2+4h_2^2\left[1-(1+\mu)g^2\right]^2}} \tag{8.11}$$

這裡：$X_{2st}=P/k_2$

與圖 8.4 相對應，附加振動體的反應結果如圖 8.5 所示。由圖可知：

1)附加振動體的反應值在 P/k^2 所得到的靜位移(1.0)以下。

2)質量比 μ 增大，反應量減小。

3)在 $g<1.0$ 的範圍內[註]隨著強制頻率比 g 的增加，反應量增

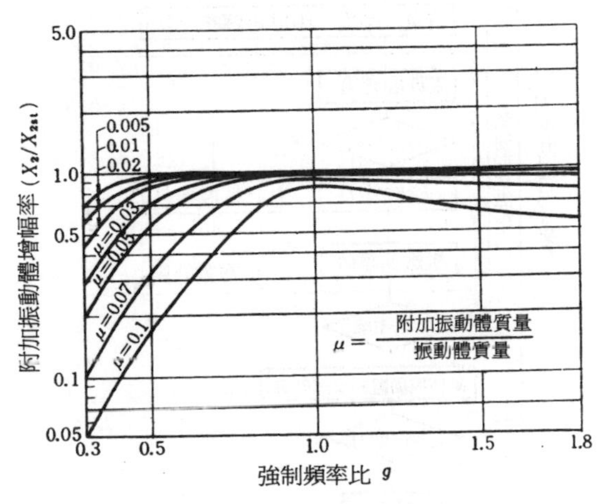

圖 8.5　附加振動體的反應值

[註]：原文未指明 g 的變化範圍。

大，這與圖 8.4 所看到的曲線向右下方下降的現象相反。

8.3 實例

防震設計的流程如圖 8.6 所示。從設計框圖中可以看出，首先進行模型化，設定產生外力的機械常數、地基常數、基礎形狀和附加振動體的各常數等；其次，用 Hurty 等人[3]提出的方法求

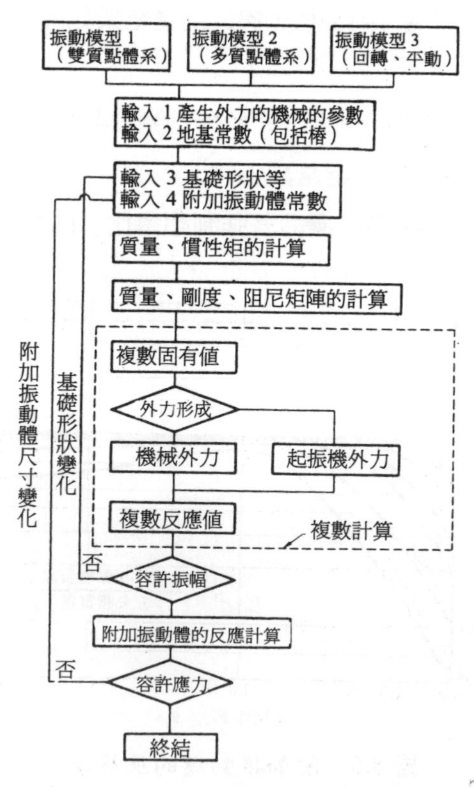

圖 8.6 動態平衡法的分析程序

得基礎與附加振動體的反應值，與其容許值相比較，經過某種程度的反覆試算後，最後確定最佳的各種常數。圖 8.6 中的振動模型 1 爲雙質點系模式，2 爲剪切型多質點系模式，振動模型 3 爲考慮了水平動和轉動的模型。使用這些模型的動平衡防震法進行防震的實例(4)、(5)介紹如下。

8.3.1　鋼筋混凝土樓板垂直振動的防震實例

1)目的

空調設備通風管道的振動引起了鋼筋混凝土樓板的振動，其振動原因是由於風道發生了約 17Hz 的振動。使用動平衡防震法後，希望使 17Hz 成分的振動位移量減少約 1/3。

2)樓板的概況

樓板爲鋼筋混凝土製，一塊板的尺寸爲 7.68m × 10.0m，厚 150mm；樓板的固有頻率約爲 16Hz，而通風管道所產生的主要振動頻率爲 17Hz。

3)附加振動體概況

作爲防震對象的樓板共有五塊，每塊樓板中央放置一附加振動體，共爲五個振動體。實驗中準備了兩類附加振動體。其中之一如圖 8.7 所示，即在螺旋彈簧上吊置 50kg 的疊合鋼板，通過重量的調整來調整頻率；另一類如圖 8.8 所示，將視爲彈簧材料、12mm 厚的鋼板(35cm × 110cm)懸置，兩邊各放置 50kg 的疊合鋼板做爲砝碼，通過改變砝碼的位置來調整附加振動體的頻率。這兩個附加振動體的重量與樓板有效質量的質量比分別約爲 1/270 和 1/140。

4)實施結果

實施前後的測定結果如圖 8.9 所示。此結果中，兩方式約得到相同的防震效果；樓板中心的 10μm的位移，防震後減小到了 2μm～3μm，達到了預期的目標。

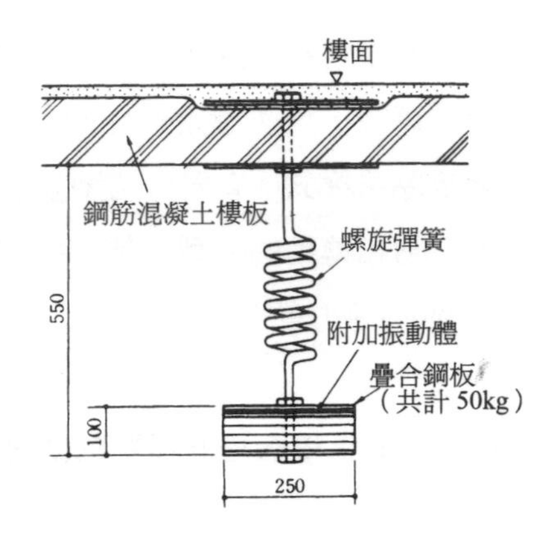

圖 8.7 螺旋彈簧型的附加振動體

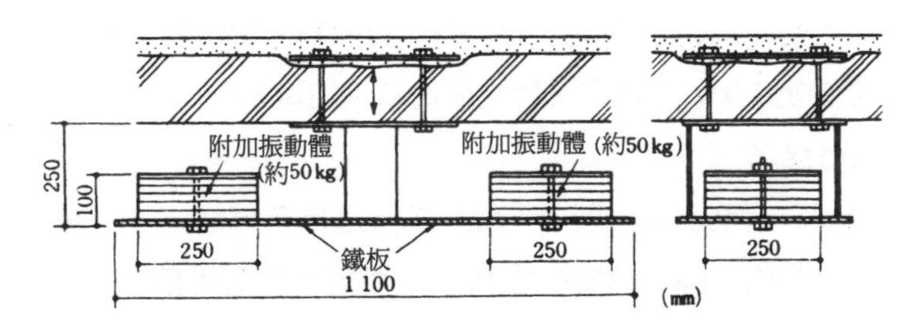

圖 8.8 鋼板彈簧型的附加振動體

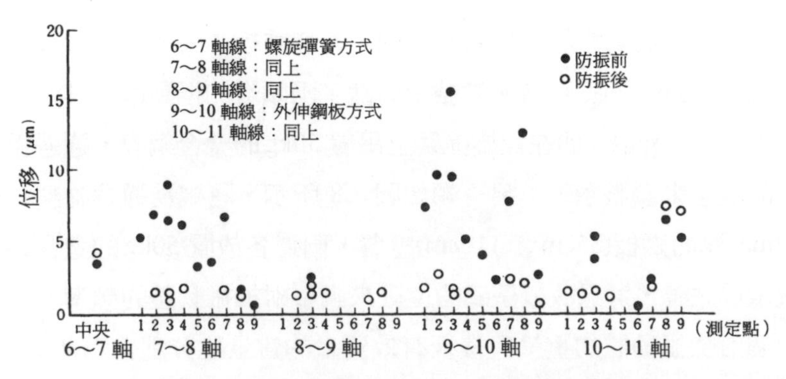

圖 8.9 鋼筋混凝土樓板的防振動效果

8.3.2　四層鋼結構水平振動的防震實例

1)目的

某工廠內四層鋼框架結構發生較大的低頻搖晃，給其內的工作人員帶來極不愉快的振動。對此，從人體感知振動的觀點出發，將作業空間的振動量控制在 150μm 以下作爲防震目標。

2)建築物的概況

建築物平面尺寸 16m × 46m 爲局部四層的鋼框架結構。其二層平面圖與整個建築的剖面圖示於圖 8.10。

爲了進行防震設計，事先進行了建築物的振動測定。振動源在二層 B 和②～④軸線附近設置的 165rad/min(2.75Hz)的兩台廻轉式機械。建築物主要在橫向上以 40sec～100sec 的節拍振動，產生屋頂約爲 1500μm，二層約爲 650μm 的位移。另外，在機器停止時，測得橫向的基本頻率約爲 3.1Hz，相應阻尼比由自由振動波形得到 h 的平均值爲 0.008。

3)動平衡防震法

由於在建築物內禁止用火，加之在設備機械以外，基本上沒有使用支撐等補強措施的空間，所以使用動平衡防震法。如圖 8.10 所示，附加振動體分別設置在二層的③、Ⓑ軸線的柱附近和屋面的⑤、Ⓑ軸線附近兩處。屋面及二層樓面的附加振動體的形狀分別如圖 8.11 和圖 8.12 所示。二層的附加振動體重物重量爲 10.1t(101kN)，其目的是對建築物全體進行整體防震；屋面處的重量爲 0.73t(7.3kN)，其目的是進一步增強圖 8.10(b)，所示的中間夾層（MR 層）～屋間層（R 屋）的上層結構的防震效果。

4)結果預測

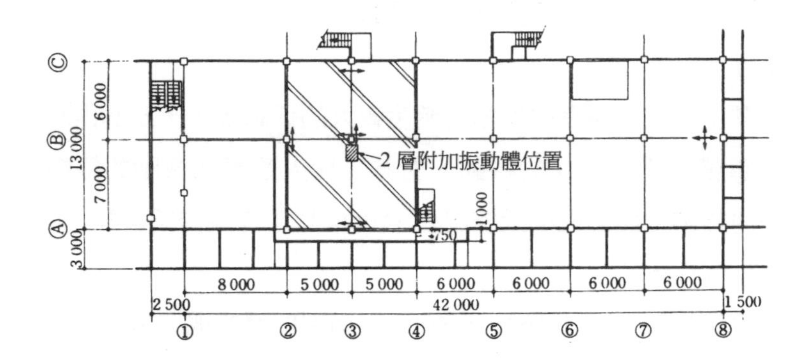

(a)2 層平面（樓面：標高＋ 6200）

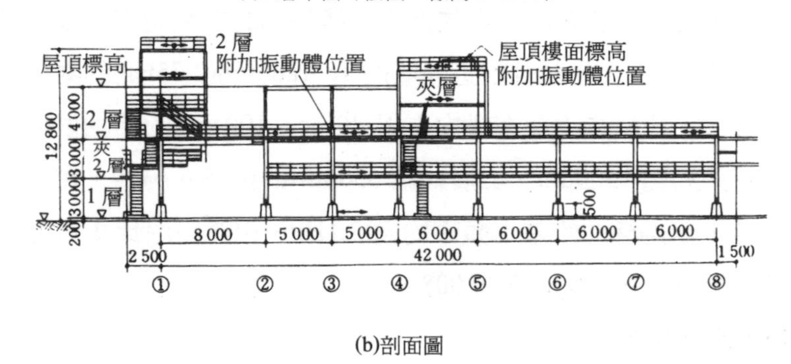

(b)剖面圖

圖 8.10　建築物概況

這個防震實例的特點是，在某一特定頻率加振的振動體上，在不同的位置放置兩個固有頻率大致相同的附加振動體。在這種情況下，固有值集中在外力頻率附近，反應變得複雜起來。反應分析時，使用如表 8.1 所示的各部分的重量彈簧常數及阻尼比，採用如圖 8.13 所示的三種振動分析模型，它們分別代表 1)僅有建築物的情況，2)在建築物的二層加設了附加振動體的情況，3)在 R 層和二層樓面處分別加設了附加振動體的情況。

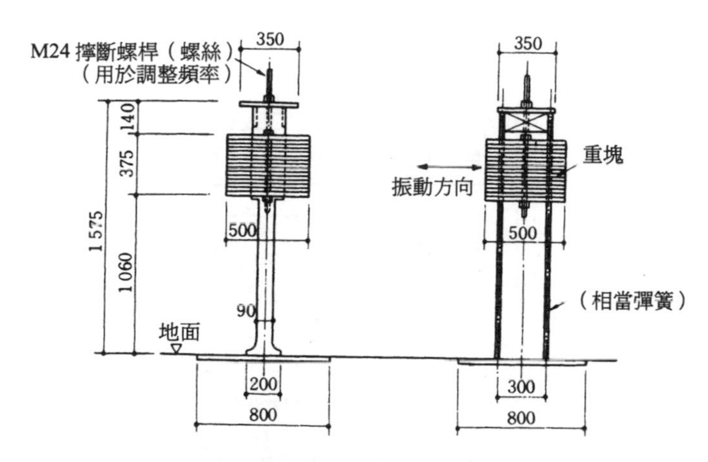

圖 8.11　屋面的附加振動體的形狀

表 8.1　分析用參數表

層	重量(t)	彈簧常數(t/cm)	阻尼比 h (%)
頂層附加振動體	0.7	0.23	0.5
R 層	20.0	13.52	0.8
2 層附加振動體	10.1	3.10	1.0
2 層	260.0	210.24	0.8
夾層 2 層(m^2)	220.0	358.10	0.8

注：1t/cm ＝ 10kN/cm。

固有值的計算值示於表 8.2，改變第二個振動分析模型中附加振動體的頻率時，建築物反應值的變動情況在圖 8.14 中用實線表示，此外，表 8.3 中表示了位移反應與測定值的比較結果。

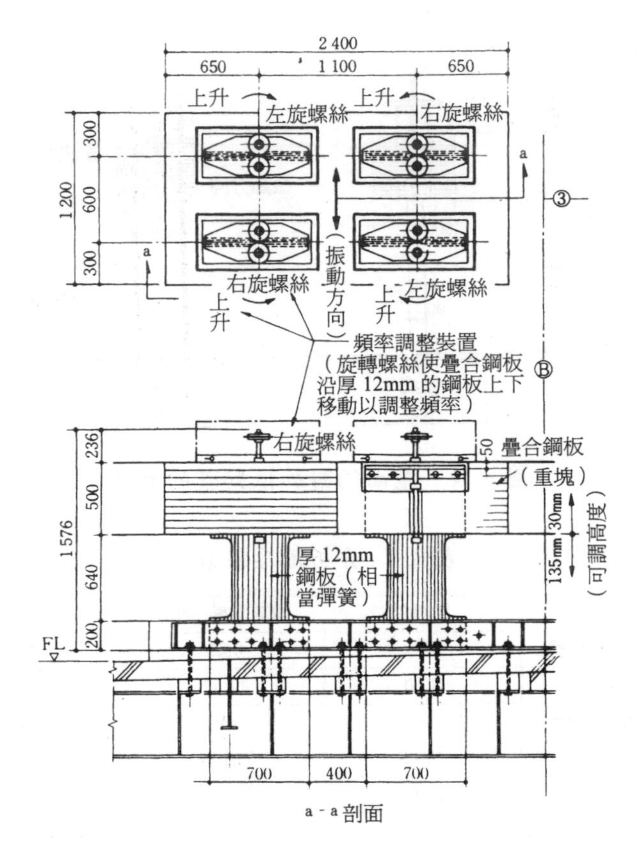

a - a 剖面

圖 8.12　二層的附加振動體的形狀

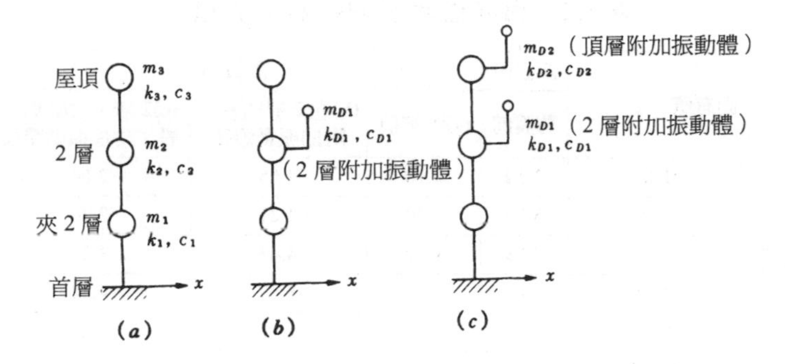

圖 8.13　分析用振動模型

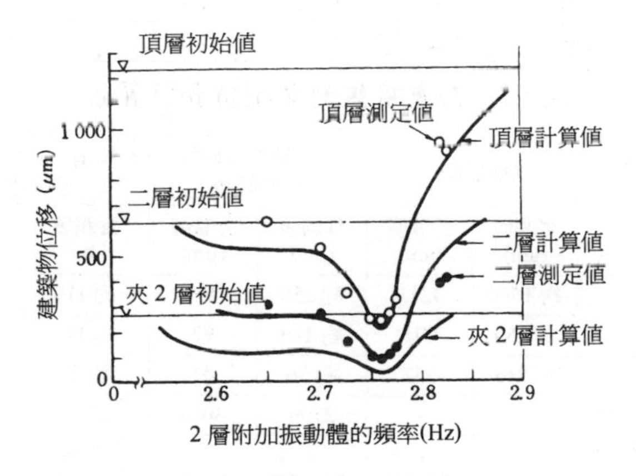

圖 8.14　建築物的反應位移

表 8.2 固有值的實測值和計算值

固有值		測定值	計算值		
		防震前	(a)防震前	(b)在 2 層加設了附加振動體後	(c)2 層，頂層都加設了附加振動體後
固有頻率(Hz)	1 次	3.10	3.10	2.65	2.64
	2 次	5.50	4.40	3.21	2.76
	3 次	9.65	8.60	4.41	3.25
	4 次	-	-	8.57	4.44
	5 次	-	-	-	8.57
振型	頂層附加振動體	-	-	-	46.07
	頂層	5.38	5.38	4.15	5.32
	2 層附加振動體	-	-	32.70	28.52
	2 層	2.30	2.30	2.41	2.41
	1 層	1.00	1.00	1.00	1.00

表 8.3 防震前後的實測值和計算值

防震前後 / 層	(a)防震前		(b)2 層加設附加振動體後		(c)2 層、頂屋加設附加振動體後	
	實測值 (μm)	計算值 (μm)	實測值 (μm)	計算值 (μm)	實測值 (μm)	計算值 (μm)
頂層	約 1500	1211	約 250	209	約 110	102
2 層	約 650	607	約 110	97	約 110	115
夾層	約 215	257	約 36	41	約 40	51
2 層附加振動體	-	-	2500	3080	2500	3170
頂層附加振動體	-	-	-	-	11000	8322

注：1000μm ＝ 1mm。

5)防震效果

一邊使用測振儀器觀測建築物的振動量，一邊進行頻率調整作業。首先對二層上設置的附加振動體的頻率，通過旋轉調整用螺旋進行調整。這個調整過程的建築物振動量的測定值如圖 8.14 的「•」及「。」所示。橫向為附加振動體的頻率變化。建築物

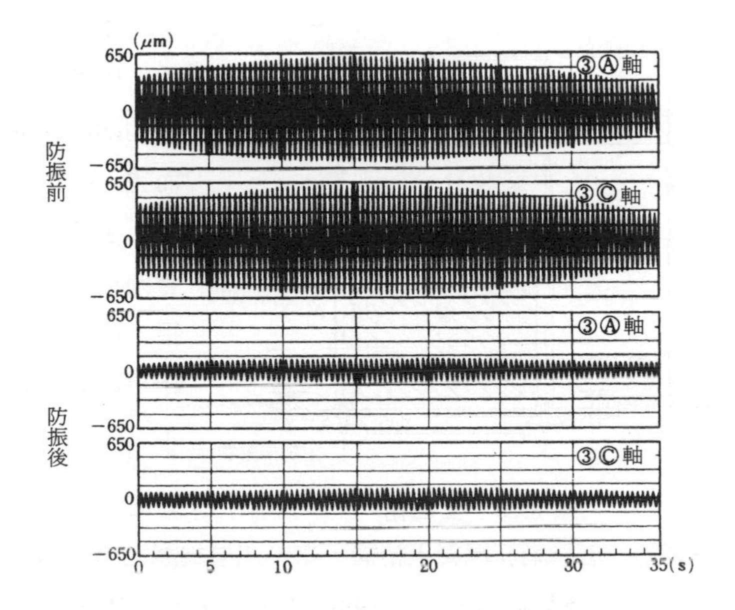

圖 8.15　二層樓板防振動前後的實測波形

振動量最小時的頻率爲 2.76Hz。其次，在R層也使用同樣方法進行調整作業，測得結果如表8.3所示。圖8.14中的「・」和「。」進一步減小到 110μm 以下。

防震前後的測定值的比較如圖 8.15 所示。最後建築物的振動量，在二層約減爲 1/6～1/7，在 R 層約減爲 1/14～1/15，建築物全體任何部位的振動量均在 110μm 以下，達到了人體幾乎感覺不到的程度。

8.3.3　由轉數可變型機械引起的建築物迴轉式振動的防震實例

⑴目的

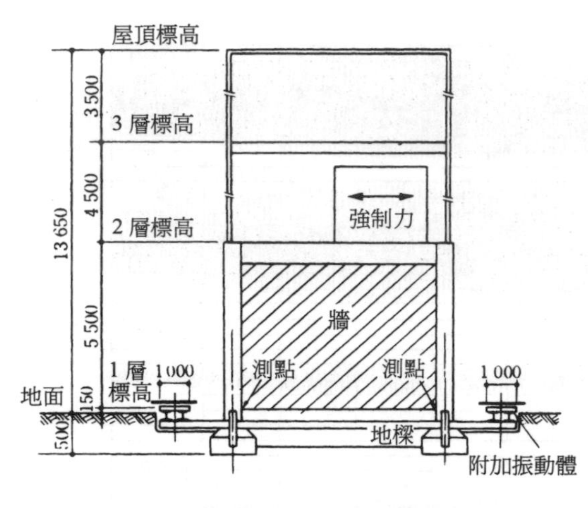

圖 8.16 立面圖

某三層廠房，因其二層設置的迴轉式機械而產生搖擺振動。由於該振動會向周圍地基傳播，故有必要將廠房底盤振動減少 $\frac{1}{3}$。

(2)**建築物的概況**

建築物一層爲鋼筋混凝土結構，二、三層爲鋼結構，平面尺寸 7m × 8m，建築物高度約爲 14m，其立面如圖 8.16 所示，在一層平面上設置附加振動體的情況如圖 8.17 所示。建築物的總重量約爲 500t(5000kN)，一次頻率爲 4.2Hz，二次爲 14.2Hz；建築物在外力作用下產生搖擺振動，一層底盤端部的上下，水平單側振幅都約爲 10μm～15μm。支承地基爲回填土，其常時脈動卓越頻率約爲 3Hz～5Hz。

(3)**附加振動體的概況**

本防震例的特點是，迴轉式機械的轉數在 650rad/min～750rad/min 範圍內時刻在變化，附加振動體的頻率也應採用可變型控制方式。如圖 8.18 所示，附加振動體 W_1 若能繞建築物的搖擺中心運動，則最有效果。爲此，根據 δ_v 與 δ_H 的合成作用來設計附加振動體重物 W_1 使其繞建築物的搖擺中心運動。其中 δ_v 爲水平方

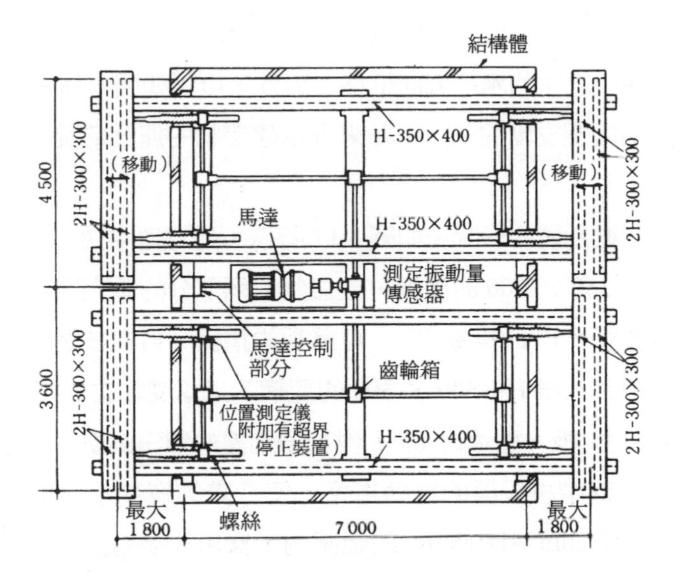

圖 8.17　平面圖和附加振動體的布置

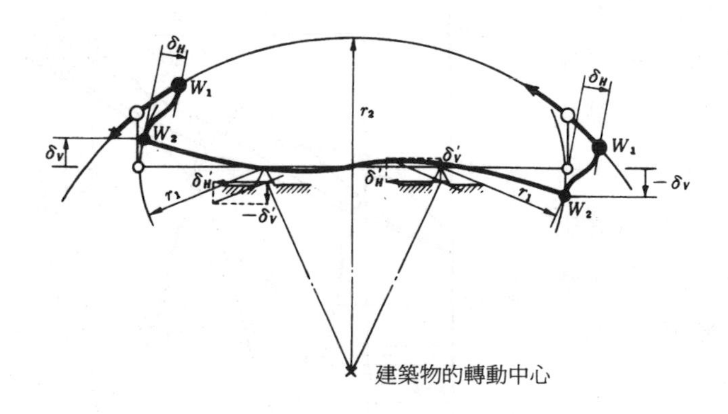

圖 8.18　附加振動體的工作原理

向部件所產生的垂直方向的位移，δ_H 爲水平方向部件端部加設的垂直部件所產生的水平方向位移。另外，可用如圖 8.18 所示的水平部件的兩個支點的 δ_H 、 δ_v 來表示建築物的運動情況，從而求出搖擺中心。

附加振動體的形狀，如圖 8.17 所示，是在地中樑上平行排列四根 H—350 × 400 的型鋼，在這些型鋼部分的垂直方向上舖一塊相當於圖 8.18 的質量 W_2 、可滑動的鋼板，再在該鋼板上放置二根一組共八根 H—300 × 300 的型鋼，以承受相當於圖 8.18 的質量 W_1 的鋼板，重量約 4.5t。附加振動體的頻率調整，是通過使用在耐壓盤中央設置的電動馬達，使八處的螺旋千斤頂一起起動，在 1400mm～1800mm 的範圍內，採用改變包括豎向材料的上部與支承點的挑出距離的方法。

⑷防震效果

防震前後一層樓板的垂直振動的測定結果如圖 8.19 所示，防震前的震動量由機械離心力產生，轉數增加，振幅也隨之增加。有代表性地將加設了附加振動體後①轉速固

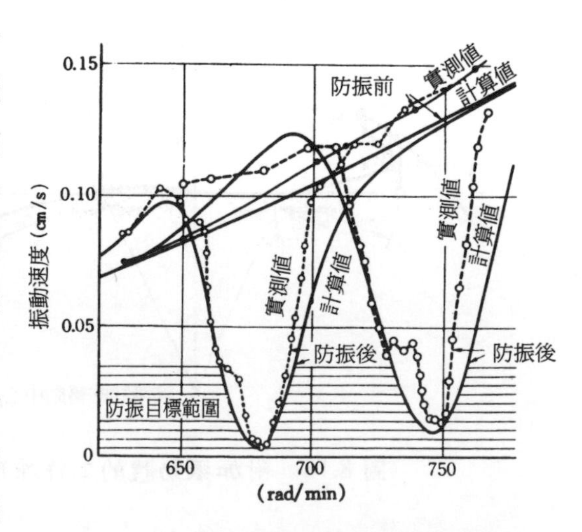

圖 8.19　防振前後的實測值和計算值

定於 680rad/min 的情況和②轉速固定於 750rad/min 的情況示於圖上。從防震效果圖上看，防震後約爲防震前的 1/10，充分滿足了初期目標（降低率 1/3）的要求。

另外，此附加振動體是以自動控制爲目的進行設計的。實際上，驅動裝置是由圖上所示的振動量檢測傳感器和電動馬達的正、反轉開關（反饋回路）等構成的，因此，稍加操作，即可以得到最佳的防震效果。

参考文獻

1) Den Hartog, J. P.: Vibration Problems in Engineering, Van Nostrand, 1950.

2) 亘理　厚：機械振動，丸善，pp.129，昭和 41 年。

3) Hurty, W. C. and Rubinstein, M. F.: Dynamics of Structures, Prentice-Hall, 1964.

4) 島口正三郎・寺村　彰・中川恭次・渡邊清治ほか：ダイナミック・バランサによる防震方法の研究(その 1-その 4)，日本建築學會大會學術講演梗概集，昭和 53 年。

5) 寺村　彰・渡邊清治：ダイナミック・バランサ防震方法に關する基礎的研究(その 5)，日本建築學會大會學術講演梗概集，昭和 57 年。

第 9 章　樓板隔震

9. 1　隔震樓板的概況

9.1.1　隔震樓板的構造

近年來，隨著結構設計方法的不斷進步，建築物的抗震性能得到了不斷地提高。但是，建築物內部的精密儀器及其他用品的安全性，在地震後產生的問題較多。特別是對於計算機來說，除了由於機器的翻倒、移動等引起對人體的危害外、自身的破損、運轉停止、誤動作等帶來的二次影響引起的損失較大。

設置計算機的樓層的樓板與一般辦公用建築的樓板在結構上略有不同，即在建築物自身的樓板上再放置一層樓板，構成雙層樓板結構，稱之爲自由通路層。雙層樓板爲計算機等提供了所需要的空調時冷風用空間，以及與計算機聯接的電纜配線空間，另外還有在計算機更新時配電盤等容易取出、替換配線自由的優點。由於使用方便，現在幾乎所有的計算機房都使用雙層樓板，但由於僅將面板放置在支承腳上，在地震時容易引起面板偏離、跳起落下，以及支承腳粘接部分的剝離、傾倒等。另外，還應考慮到由於機器的移動、自由通路層的電纜被切斷、支承機器的小輪及螺旋千斤頂落入孔洞或翻倒、機器相撞等重大損害。

因此，爲了避免地震時由於計算機的翻倒和移動帶來的致命的損傷，應考慮自由通路層自身的補強及減少傳向計算機的輸入強度。現在，計算機房的自由通路層的抗震方法如表 9.1 所示，分爲以下三大類：

⑴雙層樓板補強方法；

⑵固定法；

⑶隔震樓板法動態樓板系統。

隔震樓板可採用各種方法，本章以動態樓板系統（Dynamic Floor System）爲例進行介紹。

將上層樓板浮架在結構樓板上以構成雙層樓板。樓面板放置於固定在主樑和次樑上的支座上，構成具有普通自由通路層的機能和特徵的結構。將隔震裝置安裝到結構樓板的零件圖，例如圖 9.4 所示，裝置的詳圖如圖 9.2 所示。

對這種系統的隔震性能起決定性作用的隔震裝置約在 $8m^2$～$16m^2$ 的樓板上放置一個，且放置在固定於結構樓板的滑板上。爲了避免其與建築物的牆與柱發生撞擊，緩衝部分的相對位移可通過計算預先得出（一般 5 層～6 層建築物，約爲 10cm～15cm）。然後在緩衝部分周圍設製等於相對位移的空隙距離，在空隙中塞入經過特殊加工的硬質橡膠，並保證其在地震時可以脫開。

9.1.2 隔震裝置的機能

⑴地震輸入的降低

表 9.1　計算機房的樓板施工方法

	方法的概要	優點	缺點
a	以往做法	・在樓板平面上機器布置自由 ・施工費用較低	・輸入機器的加速度大 ・機器滑移、傾覆的危險性大 ・自由通路樓面的傾覆危險性大
b	雙層樓板補強法	・在樓板平面上機器布置自由 ・防止自由通路樓面的倒塌破壞	・輸入機器的加速度大 ・機器滑移傾覆的危險性大
c	固定法	・防止機器的滑移、傾覆	・輸入機器的加速度比 a、b 更大 ・機器上布置自由度差 ・變更機器造成的施工費用大、工期長
d	隔震樓板法 （動態、台面系統）	・在樓板平面上機器布置自由 ・防止機器的滑移、傾覆 ・降低地震時輸入機器的加速度	・建築結構主體與隔震樓板間的相對位移

當地震波某一分量的周期與建築物的卓越周期大致相同時，結構樓板的反應振幅可達到輸入波振幅的數倍。考慮到這種特

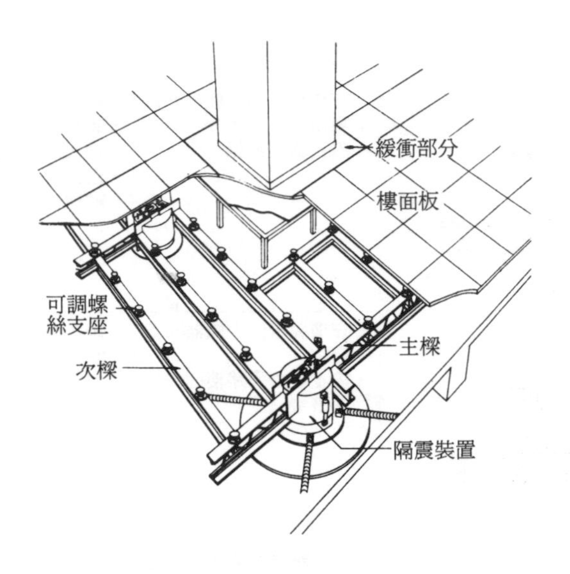

圖 9.1 隔震樓板的詳圖

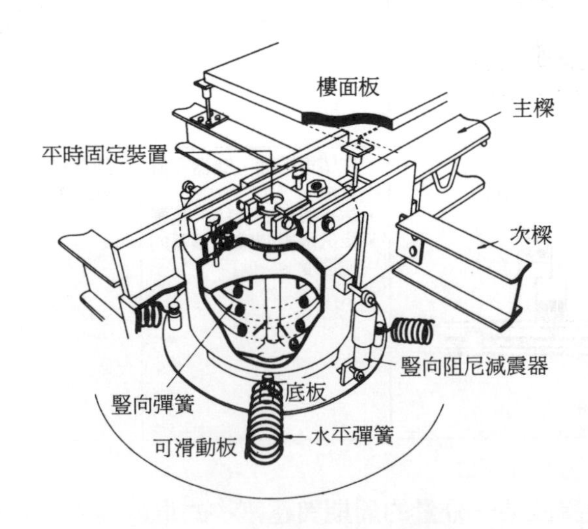

圖 9.2 隔震裝置的詳圖

性，隔震裝置在水平和垂直兩方向均加設較爲柔軟的彈簧，以得到比結構體系長的周期；另外，再加設包含摩擦阻尼器在內的阻尼器吸收地震能量，以減小向雙層樓板的傳播。當隔震裝置受到設定值以上的地震力（輸入加速度）時，即產生水平方向的滑動，同時，垂直方向的平時固定裝置被解除，以發揮其機能。

⑵日常可居住性的保證

彈性支承上的隔震樓板平時水平方向由於有摩擦力作用，不產生滑動。但上下方向搬運小車等的行走會使樓板產生振動，從而產生對計算機房來說的可居住性問題。爲此，垂直方向上平時隔震裝置不產生作用，而地震發生時，只要地震加速度在計算機的容許加速度之內，讓它具有發揮彈性支承機能的平時固定機構功能（圖 9.3）。

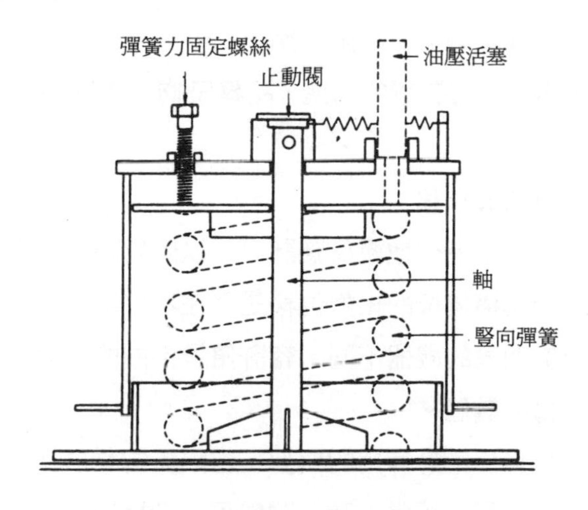

圖 9.3　平時固定裝置的斷面詳圖

9.2 隔震樓板的設計

9.2.1 隔震樓板的設計方法

設計程序如圖 9.4 所示。

以下就與隔震裝置有關的設計部分加以說明。

(1)計算機房結構樓板反應的確定

採用建築物設計用的各種地震波，求出設置計算機的結構樓板的反應譜。

(2)隔震裝置的周期和阻尼比的確定

在確定反應譜的基礎上，確定隔震裝置在水平及垂直方向上合適的周期（彈簧剛度）和阻尼比。

另外，希望隔震裝置的周期 T 爲建築物一次周期 T_0 的三倍以上。

(3)設計容許值及其校核

對設定的體系進行地震反應計算，以確認隔震樓板的加速度和隔震樓板與結構樓板的相對位移是否在容許範圍內。

作爲研究對象的機器不同，容許值是不同的，因此對各種機器應使用適當的數值。

在此，作爲反應計算用的模型，當隔震的雙層樓板及它的活荷載與結構樓板相比相當小時，雖然可以結構樓板的反應爲基礎求解雙層樓板的反應，但當重量較大不可忽略時，應使用如圖 9.5 所示的分離模型。

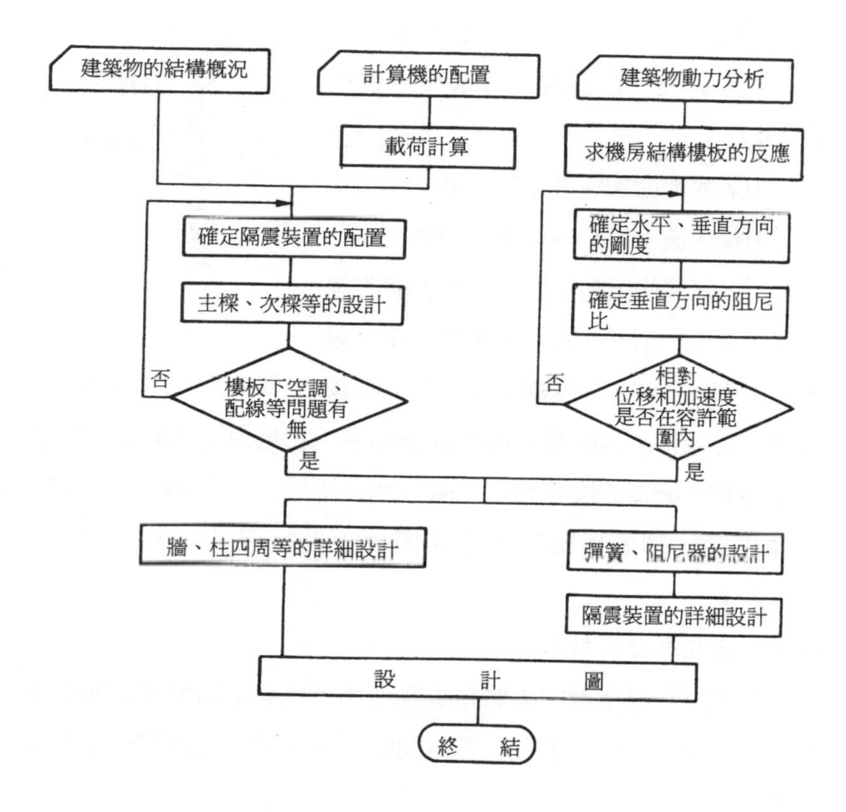

圖 9.4　隔震樓板設計順序

9.2.2　分析實例

基於上節的設計方法，爲了確定隔震樓板的效果，在水平方向上進行分析的例子如下所示。

(一)建築物和計算機的概況

1)建築物模型：八層建築（包括三層出屋面小屋），鋼—鋼筋混凝土結構，剪切型 11 質點體系。

阻尼比：$h_1 = 2.5\%$

固有周期：$T_1 = 1.15s, T_2 = 0.38s$。

2)計算機房設置層：五層（1 質點號：4）

3)最大地面加速度：250gal

4)輸入波：El Centro 40 波 NS 分量

5)計算機的振動特性：雖然不能說都考慮了機器的形狀、尺寸、重量分布，設置方法和輸入波加速度的大小（有無迴轉振動）等條件，但根據以前的實驗結果，在自由通路層上設置了調平器時，機器的固有頻率和阻尼比分別爲 $f = 5$ Hz, $h = 5\%$；而用固定腳直接固定在結構樓板上的情況下：$f = 3$ Hz, $h = 5\%$。

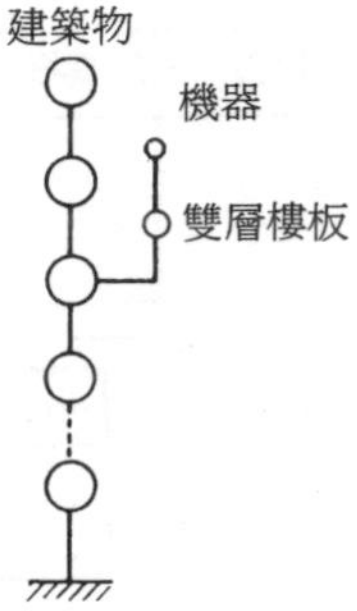

圖 9.5　分離模型

(二)分析模型和分析結果

在包括雙層樓板的整體分析模型中，由建築物與雙層樓板及機器的質量比，假定不存在各自間的相互作用，僅以樓板反應作爲輸入。

將隔震樓板（動態樓板體系），模型化爲如圖 9.6 所示的包含庫倫摩擦的單質量體系，其振動方程式如下所示。

$$M(\ddot{x} + \ddot{y}) + C\dot{x} + Kx + f(\dot{x}) = 0 \tag{9.1}$$

式中 $f(\dot{x}) = F \quad (\dot{x} > 0)$

$\quad\quad = -F(\dot{x} < 0)$

$F = \mu Mg$

μ——摩擦係數；

$\ddot{x} + \ddot{y}$——反應加速度；

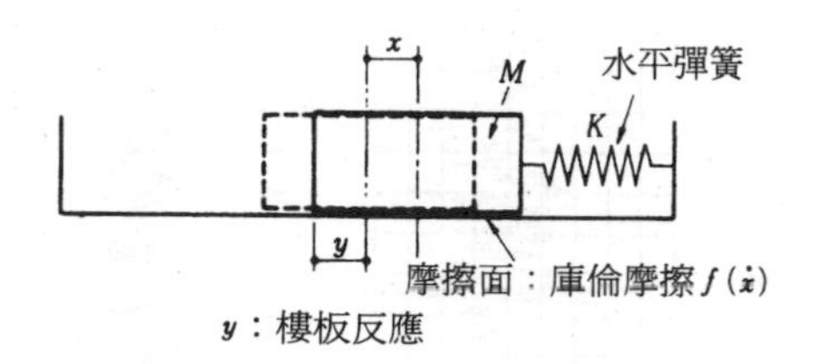

圖 9.6　隔震樓板的模型化

C——阻尼係數；

M——質量；

K——彈簧常數。

用該振動模型，輸入實際地震波（El Centro 波 NS 分量）最大加速度爲 250gal；根據自由通路層各種抗震方法的不同，進入自由通路層面及計算機機器的輸入波形的模擬分析結果示於圖 9.7。

由這些結果可知，與以往的樓板固定法和雙層樓板補強方法相比，隔震樓板法可以大大減小地震波的輸入強度，因此，其上放置的計算機的安全性可以大大提高。

9.3　隔震樓板的振動台實驗

爲了確認隔震樓板的效果，以下介紹所實施的計算機機器的振動台實驗。實驗之前，爲求出隔震化效果的比較數據，首先進行了一般非隔震樓板上的計算機機器的運轉臨界振動實驗。加振方向僅限於水平方向。

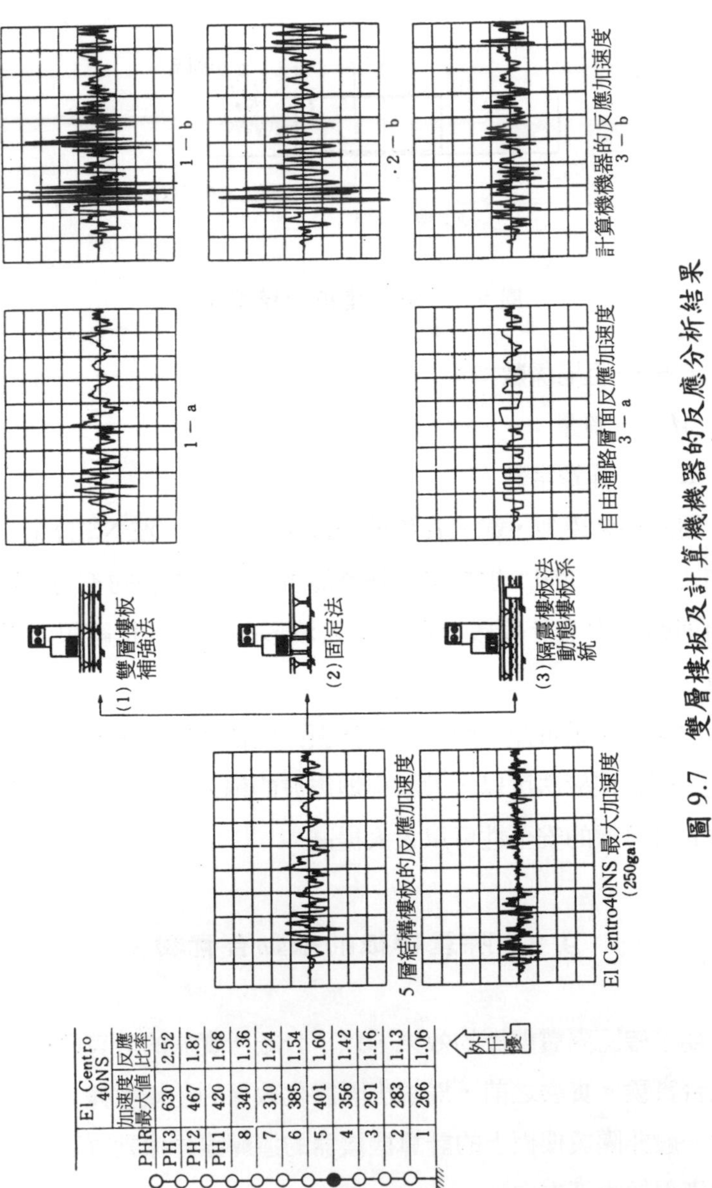

	El Centro 40NS	
PHR	加速度最大值	反應比率
PH3	630	2.52
PH2	467	1.87
PH1	420	1.68
8	340	1.36
7	310	1.24
6	385	1.54
5	401	1.60
4	356	1.42
3	291	1.16
2	283	1.13
1	266	1.06

圖 9.7 雙層樓板及計算機機器的反應分析結果
（摩擦係數μ＝0.1）

9.3.1　機器的運轉臨界振動實驗

(一)實驗方法

1)如實驗體照片圖 9.1 和表 9.2 所示，作爲實驗對象的機器共有六種。爲了得出對應運轉時輸入的上限值，計算機系統事先處於運轉狀態。另外，由自由振動和正弦波加振實驗得到的各個機器的振動特性固有周期和阻尼比示於表 9.3。機器單體的固有周期和阻尼比由於機器的種類和設置方法的不同略有不同，但大致可取固有周期 $T_0 = 0.2s \sim 0.08s$ 。

（頻率 $f = 5.0$ Hz～12.5Hz），阻尼比 $h = 1.5$ %~8.5 %

表 9.2　實驗對象的機器規格

No	機器名	寬(cm)	長(cm)	高(cm)	重量(kg)	支腳數	機器安裝方式
1	磁帶裝置(MT-1)	610(530)	727(647)	1626	295	4	調平器支承
2	磁帶裝置(MT-2)	610(530)	727(647)	1626	295	4	調平器支承
3	磁鼓	625(545)	925(740)	1067	160	4	調平器支承
4	讀卡機	839(759)	675(595)	1040	163	4	調平器支承
5	存儲器	978(898)	675(595)	1430	272	4	3 台連接
6	中央處理器	1650(1325)	675(595)	1430	397	6	

注：括號中的數值爲支腳間的距離。

表 9.3 機器的周期和阻尼比

	方向	短邊方向(x)		長邊方向(y)	
	機器名	周期(s)	阻尼比(%)	周期(s)	阻尼比(%)
1	MT-1	0.156	-	0.204	7.88
2	MT-2	0.178	1.64	0.200	6.03
3	磁鼓	0.168	8.54	0.143	-
4	讀卡機	0.143	1.53	-	-
5	存儲器	0.091	-	-	-
6	中央處理器(CPU)	-	-	0.087	-

2)輸入波的種類和加速度

建築物模型爲中高層建築物中的一例——九層鋼—鋼筋混凝土(SRC)辦公樓建築（一次周期 $T_1 = 0.56$ s），實驗用的樓板反應波爲從上述建築物的線性振動分析結果求得的中間層（四層）樓板和最高層（九層）樓板二種；這時建築物底部的輸入波分爲以下兩種：

a)El Centro 40 NS；

b)Hachinohe 68 NS。

圖 9.9 表示了輸入地震波和反應波的加速度—時間歷程曲線。另外，表 9.4 中選擇與日本國家氣象廳的震度大致相應的地動加速度後，求得的反應加速度值。表中的斜線部分爲超過實驗中使用的振動台實驗能力的部分。陰影部分爲一般樓板工作臨界振動實驗的區域。

表 9.4　輸入地震波最大加速度一覽表（單位：gal）

氣象廳規定震度	EL Centro 40 NS 波			Hachinohe 68 NS 波		
	地面運動	4 層	9 層	地面運動	4 層	9 層
Ⅳ	100	159	424	100	159	215
Ⅴ	200	319	848	200	312	430
Ⅵ	300	478	／	300	469	645
Ⅶ	400	638	／	400	625	860
Ⅷ	500	797	／	500	781	／

◿：振動台性能上實驗不可能的領域
□：一般樓板振動極限實驗的領域。

圖 9.8　振動實驗裝置和機器的配置

㈡實驗結果

一般地，當機器爲兩點支持時，靜回轉開始時重心處的加速度，可按下式求得：

$$\frac{H}{2}\cdot\frac{W}{g}\cdot\alpha_R \geq B\cdot\frac{W}{2} \tag{9.2}$$

可得出

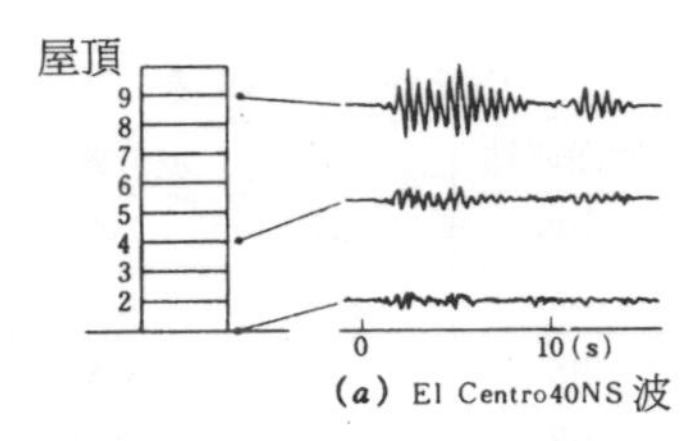

(a) El Centro40NS 波

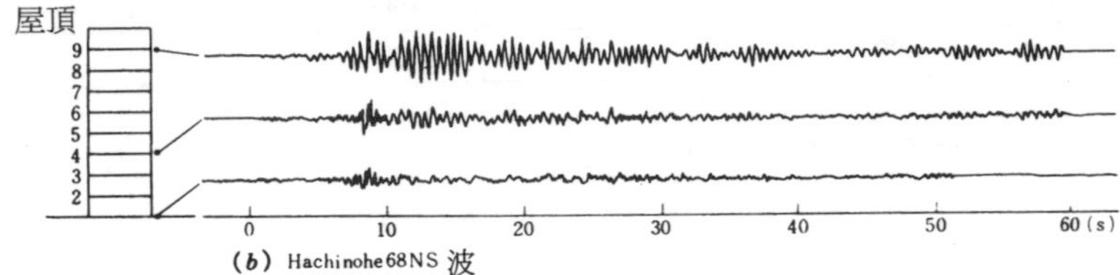

(b) Hachinohe68NS 波

圖 9.9　樓板反應加速度波形

$$\alpha_R=\frac{B}{H}\cdot g$$

式中　H——機器的高度；

B——機器的寬度；

g——重力加速度(980gal)。

實驗結果如表 9.5 所示，表中的數值是目視機器狀態的數值，上述的靜回轉的加速度值已如表所示。

由此可見，儘管搭載機器不同，但當樓板反應加速度超過 200gal 時，各個機器大致都開始廻轉，超過 400gal 時，產生水平移動，600gal 以上時爲臨界顛覆狀態；但在 430gal 左右時，磁鼓產生錯誤動作，靜止廻轉加速度的計算值與實驗值大致相當。

表 9.5　機器的目視觀查結果（運轉臨界實驗）

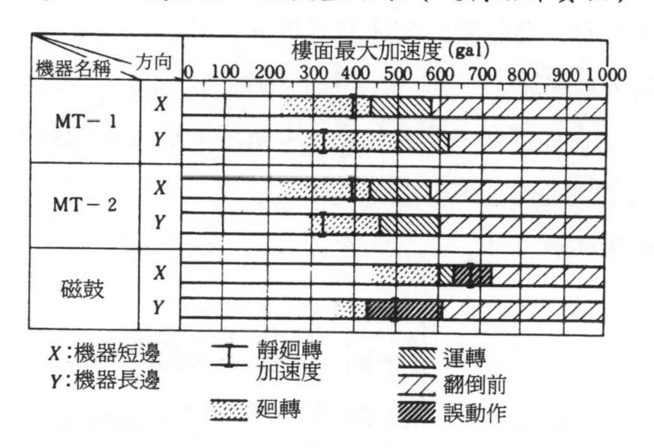

雖然不同尺寸機器情況有所不同，但從這些結果出發，仍可推斷出不引起機器顛覆和誤動作的樓板反應加速度爲 200gal 以內。

9.3.2　隔震樓板的地震輸入試驗

(一)實驗方法

1)試驗體和實驗裝置

隔震樓板試驗體與實驗裝置的概況如圖 9.10 所示。

・隔震裝置

・滑動面：不鏽鋼板

・摩擦材料：縮醛樹脂類（acetal 樹脂系）

・水平彈簧：螺旋狀的拉伸彈簧（僅有水平彈簧的周期：3.58s）

・實驗裝置及測定：振動台上放置隔震樓板，在其上載有調平器以支承計算機，加振方向爲水平方向，測定振動台與隔震裝置的相對位移，各位置的加速度等等。

2)輸入地震波

最大輸入加速度一覽表如表 9.4 所示。加震直加到加速度達到振動台的性能的上限附近 860gal。

3)實驗參數

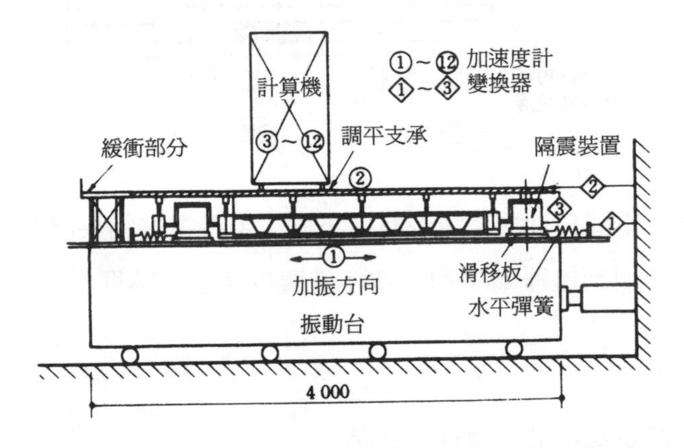

圖 9.10　隔震樓板的截面及測點

- 樓板安裝施工方法

  一般樓板：不使用隔震樓板直接安裝在振動台上

  隔震樓板：由摩擦面和水平彈簧等構成

- 機器的搭載重量和摩擦係數❶

  無負荷：摩擦面面壓＝ 9kg/cm²

  靜摩擦係數 0.11

  動摩擦係數 0.09

❶請參閱第 I 編第 2 章(2.1.2)。

有負荷：摩擦面面壓＝ 18kg/cm²

靜摩擦係數 0.09

動摩擦係數 0.07

㈡實驗結果

1)機器搭載重量不同時的隔震效果

相對於輸入地震波的最大加速度，隔震樓板上的反應加速如圖 9.11 所示。若從圖中看隔震樓板的支承重量不同對隔震效果的影響，可知，機器荷載時不管是否增加輸入加速度，隔震樓板上機器的輸入加速度爲當時設計值附近的 80gal～150gal 有所減小。另一方面無荷載時，爲 200gal，其隔震效果比起荷載的情況來有所降低。其原因如第 I 篇第 2 章(2.1.2)中所述在於摩擦面壓與摩擦係數有關。

此外，隔震裝置在滑動開始時樓板反應加速度增大的現象，可認爲是由於靜摩擦與動摩擦係數的不同所造成的結果。

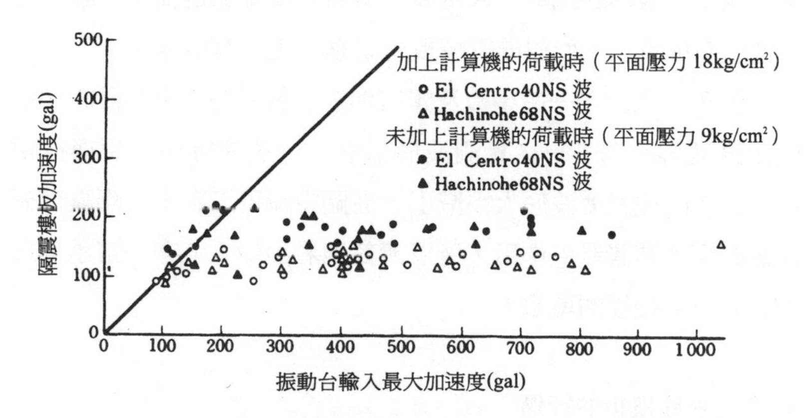

圖 9.11　載有不同重量機器的隔震樓板的隔震效果

2)隔震樓板與一般樓板的反應比較

一般樓板實驗的輸入加速度限制在表 9.4 中所示陰影線部分的機器無破損危險的範圍內，而隔震樓板的實驗則以振動台振動性能的最大限度的加速度進行輸入。

由於樓板安裝方法不同，機器各部分的最大反應加速度分布如圖 9.12(a)～(d)所示。圖 9.12 是使用 Hachinohe 68 NS 波進行實驗的例子（中間層和最高層）是在同一輸入水平上，比較一般樓板與隔震樓板上機器各部分的反應加速度最大值。從圖中可以清楚看出，由於樓板安裝方法不同，傳向機器的輸入加速度和反應加速度不同。隔震樓板的存在可以大大減小輸入到機器底部的加速度，此外，可得到機器上部的反應加速度基本上不增幅的效果。這與在機器的上部有樓面的數倍增幅情況的一般樓板相比，隔震樓板有很大的優越性。對於一般樓板來說，與具有較短周期夾有高振型的中間層相比，以長周期一次振型振動的最高層方面其加速度的增幅的比率要大得多，機器的反應加速度，一般在其上部也有所增加，而對隔震樓板來說基本上沒有增幅。

圖 9.13 表示了一般樓板及隔震樓板上放置的各種機器的加速度記錄波形的例子；從實測波形來看，一般樓板與隔震樓板相比，後者的加速度波形大幅減小。從圖中還可以看出，隔震樓板由於有隔震裝置發生作用，可以清楚地看出輸入波在一定水平之上就有不同振幅的現象。

9.3.3 隔震樓板的評價

(一)隔震效果

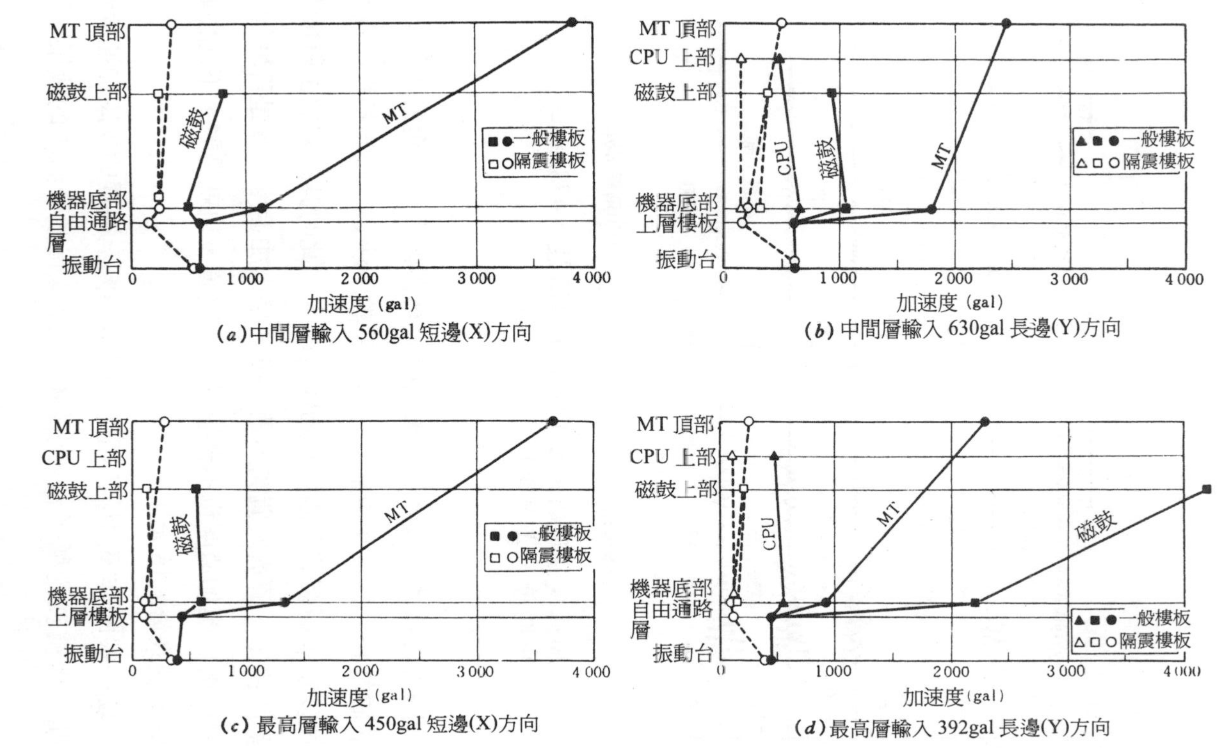

(*a*)中間層輸入 560gal 短邊(X)方向

(*b*)中間層輸入 630gal 長邊(Y)方向

(*c*)最高層輸入 450gal 短邊(X)方向

(*d*)最高層輸入 392gal 長邊(Y)方向

圖 9.12 最大反應加速度分布的比較

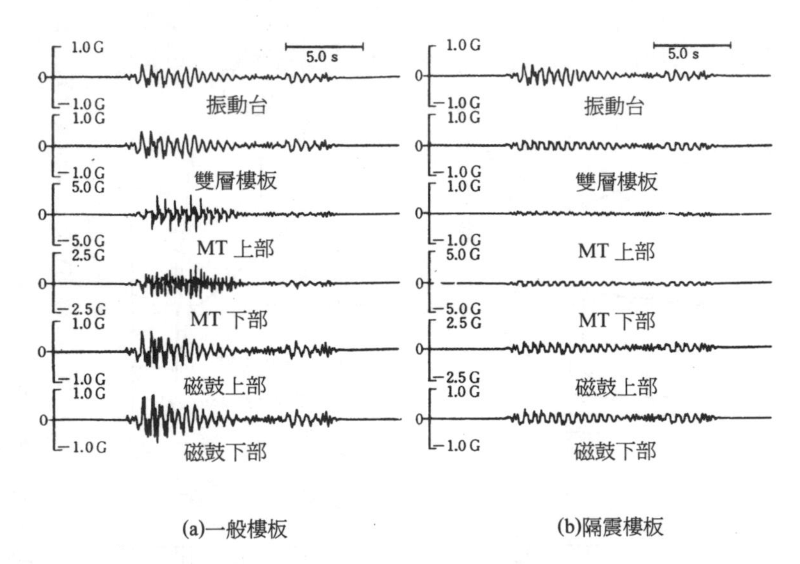

圖 9.13 加速度波形的比較(El Centro NS 波，478gal，中間層，*X* 方向)

隔震樓板的輸入降低效果由輸入結構樓板的地震波及其與隔震裝置的頻率比以及滑動面的摩擦係數所決定。隔震樓板的反應加速度當隔震裝置剛剛開始動作時最大，此時其振幅值由靜摩擦係數所決定。隔震裝置開始動作後，輸入加速度不管是否增加，隔震樓板反應加速度也不會超過某一定值，也就是說，不比由動摩擦係數求得的值大。

與一般的非隔震樓板相比，隔震樓板上機器的反應加速度無論輸入地震波的種類和大小如何，都具有顯著減小的效果，因此，具有在大地震時防止機器傾覆的功能。

㈡相對反應位移與殘留變形

若將隔震樓板的反應加速度設計得較小，則結構樓板與隔震樓板的相對位移反而增大。假如能取得足夠大的間隙以使盡可能吸收這些變形能，結構安全性是可以確保的，但是結構空間的大小是有上限的。因此，在考慮搭載機器的設計用加速度的容許值及平時作業穩定性等因素時，必須確定一個最優值。

另一方面，地震後隔震樓板與結構物樓板之間的相對位移的殘留量，取決於構成隔震裝置的摩擦材料的摩擦係數和水平彈簧的恢復力特性，因此在設計時也應相應考慮。實際中的隔震樓板受地震的實例如圖 9.14 所示。它是實際地震時，某鋼——鋼筋混凝土(SRC)6 層結構的第六層樓板上，裝置的隔震樓板與結構樓板的相對依移軌跡的紀錄。此時的六層結構樓板上的輸入加速度約

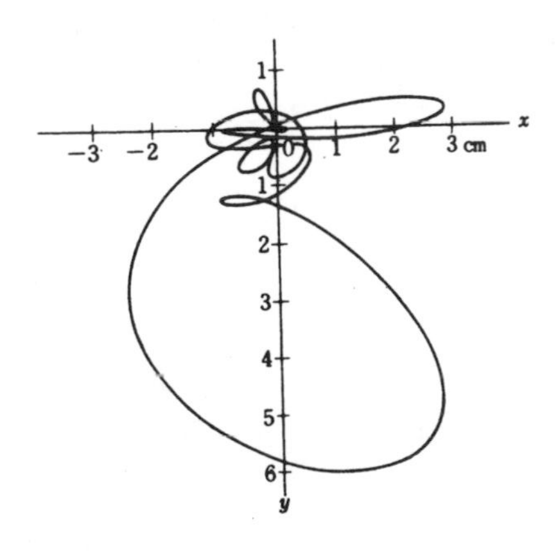

圖 9.14　實際地震時隔震裝置的水平方向相對位移軌跡
（1980 年 9 月 25 日，東京震度IV，千葉縣中南部地震）

爲 300gal（一層爲 100gal），相對位移大約達到 6cm，但是地震結束後，相位變形還原爲零。

參考文獻

1) 中川恭次・渡邊清治・島口正三郎・山下信夫・安井久純・伊庭　力：ダイナミック・フロア・システムに關する實驗的研究（その1實大モデルの正弦波強制振動實驗），大林組技術研究所報，No.16, pp.46-50, 1978.

2) 中川恭次・渡邊清治・島口正三郎：ダイナミック・フロア・システムに關する實驗的研究（その2振動台によるコンピューター機器の實大振動實驗），大林組技術研究所報，No.17, pp.17-21, 1978.

3) 山下信夫：ダイナミック・フロア・システム免震裝置を持つ床構造，TOKIKO REVIEW, Vol. 20, No. 4, 1976. 12.

4) 坂上幸雄・吳服義博：ダイナミック・フロア・システム免震床の效果，TOKIKO REVIEW, Vol. 23, No. 1, 1979. 3.

参考文献

第Ⅲ篇
建築物的控振

第10章　建築物的控振

控振一詞，具有廣泛的涵義，它既包含控制機械等一般振動的控振，也包括結構物對於地震及風等的控振，本篇主要敘述對地震的控振。

控振的方法大致可以分爲三類，如圖10.1所示，圖中(a)的情況是考慮外干擾的一般特性，爲避免發生結構物與外干擾的共振等現象，安裝預先對彈簧及阻尼等予以調整的裝置，這種方法一般稱爲被動控制方法[1]；採用疊合橡膠等隔震方法也屬於這種方法。圖中(b)是採用檢知結構物及外干擾的振動傳感器，將此傳感器獲得的信號作爲控振的控制信號，從外部施加控制力，以積極的控制結構物的反應，這種方法稱爲主動控制法[1]；圖中的(c)也使用傳感器，但不是施加外力，而是根據振動的情況，使結構物的剛度、阻尼、質量等隨時產生變化而加以控制的方法，稱爲半主動控制方法[2]（或稱準主動控制法）。

關於被動控制方法的控振，以前述的隔震結構爲代表利用動態阻尼器液面懸動等方法，已經達到了實用化的程度；與其相對，主動控制方法還處於研究階段，但這種方法的控振效果顯著，可期待在不久的將來進入實用化階段。

本章以力圖更大地降低地震反應爲目的，敘述積極向地震的搖晃挑戰的方法，即主動控制法。控制系統的概要如圖 10.2 所

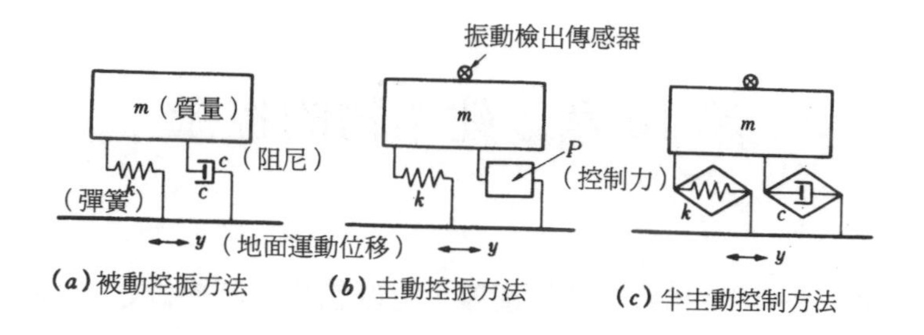

圖 10.1　控振方法的概念圖

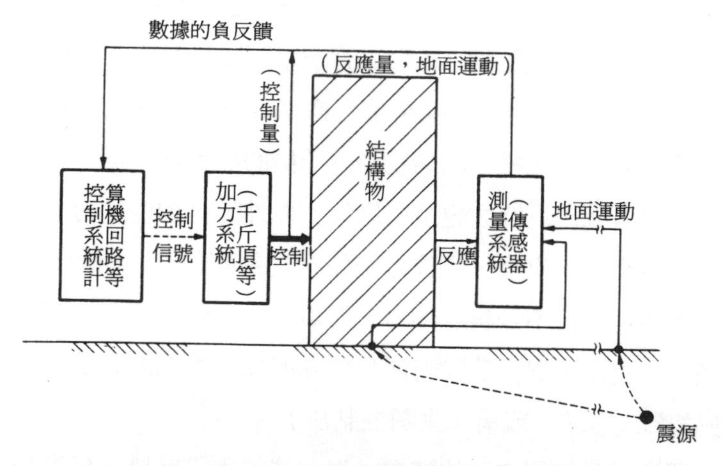

圖 10.2　控增振系統概況

示。控振的裝置大體上由儀器量測系統、控制系統、加力系統等構成，因此控振系統應考慮這三部分的特性來進行設計。

10.1　主動控制的原理和方法

10.1.1　控制方法

要對結構物進行主動控制，必須時時刻刻給結構物施加最佳的控制力。檢出所需信息的裝置是各種傳感器，它的配置位置有以下兩種方法。

⑴正反饋控制方式（如：在地基上設置傳感器的方法）。

⑵負反饋控制方式（如：在結構物內部設置傳感器的方法）。

⑴的方法是透過傳感器感知向結構物輸入的地基振動，以此

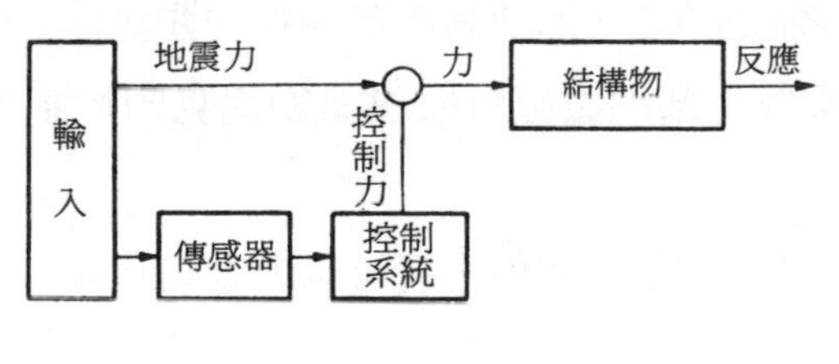

(a)開放式迴路

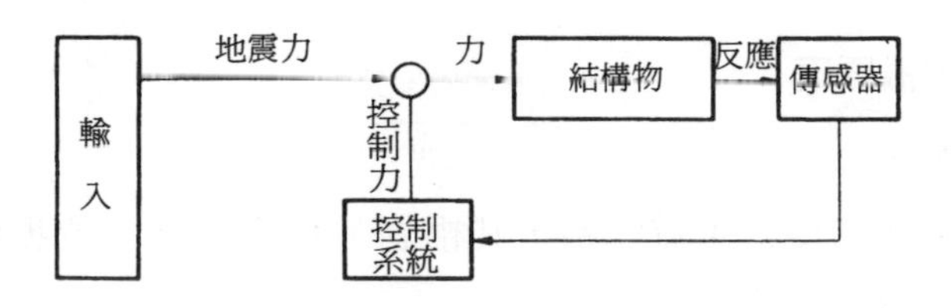

(b)控制迴路

圖 10.3　控制迴路

來得出控制力的方法，稱爲正反饋方式；結構的反應沒有反應在控制力中，作爲一個控制系統沒有封閉，在這個意義上講，形成圖 10.3(a)所示的開放式廻路[(3)～(5)]。爲了能夠將控振對象的結構物的振動特性同時反映在控制系統中進行控制，則需對結構物的振動特性事先了解掌握，並需要一個能夠反應這些特殊性的控制廻路。在實際應用時發現，包含地震時結構物的非線性反應在內進行正確地預測，並反映到控制廻路上是相當困難的。

⑵的方法是用傳感器檢知作爲結果的結構物的反應，將它反映到下一次的控制力中，這樣的方法稱爲負反饋控制方法[(3)～(5)]。信息的循環是反應→控制→反應。以作爲一個控制系統是封閉的意義上來說，形成圖 10.3(b)所示的封閉式廻路[(3)～(5)]。由以後敘述的控制方式可以得知，這個方法不需要事先將結構的振動特性正確地反映在控制廻路中，即使對於結構物的非線性，也有可能進行追踪。對風等上部加振源引起建築物搖晃的控制也是有效的，即具有通用性。

除⑴、⑵的單獨控制方式外，還可以考慮同時擄有兩者長處的並用方式。

10.1.2　控振原理

㈠振動方程

將結構物作爲單質點系，其相對於地震波輸入的振動方程式，如式(10.1)所示：

$$m\ddot{x} + c\dot{x} + kx = -m\ddot{y} \tag{10.1}$$

式中 m,c,k ——結構物的質量、阻尼係數和剛度；

$\ddot{x}, \dot{x}, x$ ——由輸入加速度 $\ddot{y}$ 所產生的相對於地基的相對反應加速度、相對反應速度和相對反應位移。

同樣地，主動控制力 P 作用在結構物上時，如式(10.2)所示：

$$m\ddot{z} + c\dot{z} + kz = P \tag{10.2}$$

式中 $\ddot{z}, \dot{z}, z$ ——由控制力 P 產生的相對於地基的相對反應加速度、相對反應速度、相對反應位移；

P ——主動控制力。

由式(10.1)、式(10.2)可得相對於地基的相對座標系（以下簡稱相對系）及絕對座標系（以下簡稱絕對系）的各運動方程，如式(10.3)及式(10.4)所示：

$$m(\ddot{x} + \ddot{z}) + c(\dot{x} + \dot{z}) + k(x + z) = -m\ddot{y} + P \tag{10.3}$$

$$m(\ddot{x} + \ddot{y} + \ddot{z}) + c(\dot{x} + \dot{y} + \dot{z}) + k(x + y + z) = c\dot{y} + ky + P \tag{10.4}$$

式中 $\ddot{x} + \ddot{z}, \dot{x} + \dot{z}, x + z$ ——相對於地基的相對反應加速度，相對反應速度和相對反應位移；

$\ddot{x} + \ddot{y} + \ddot{z}, \dot{x} + \dot{y} + \dot{z}, x + y + z$ ——絕對反應加速度，絕對反應速度，絕對反應位移。

(二)主動控制力

可根據振動方程(10.3)及方程(10.4)，考慮主動控制力 P 的各種情況。

1)基於地震輸入進行控制的情況

在相對系下，控制結構物振動的理想控制力 P（以下稱最佳控制力）爲(10.5)式，絕對系下爲(10.6)式。這種方式的控制力由於與結構物的反應無關，爲所謂正反饋即開放式迴路方式。因爲施加的最佳控制力與輸入相抵消，所以結構物的絕對反應和相對反應都爲零。

$$P^{*}= m\ddot{y} \tag{10.5}$$

$$P^{*}= -(c\dot{y} + ky) \tag{10.6}$$

2)基於結構物的反應量進行控制的情況

a)使用反應的三個分量（加速度、速度、位移）的情況

考慮以結構物的反應量爲基礎，根據負反饋控制法得出的最佳控制力進行控振。這種方法是由反應量來求得與當前的控制力相對應的增量 ΔP ；如果這種修正能在極短時間內進行，控制力的形式與式(10.5)和(10.6)所示的最佳控制力一樣，控制的結果可使反應量無限接近於零。

根據式(10.3)、式(10.5)可得相對系的增量 ΔP 爲式(10.7)；絕對系的情況時根據式(10.4)、式(10.6)得式(10.8)

$$\Delta P = -\{m(\ddot{x} + \ddot{z}) + c(\dot{x} + \dot{z}) + k(x + z)\} \tag{10.7}$$

$$\Delta P = -\{m(\ddot{x} + \ddot{y} + \ddot{z}) + c(\dot{x} + \dot{y} + \dot{z}) + k(x + y + z)\} \tag{10.8}$$

若用實際觀測力 F 和根據反應量所得到的控制力的增量 ΔP 來表示最佳控制力 P^{*} ，則在相對系情況下爲(10.9)，絕對系情況下爲(10.10)

$$P^{*}= F - \{m(\ddot{x} + \ddot{z}) + c(\dot{x} + \dot{z}) + k(x + z)\} \tag{10.9}$$

$$P^{*}= F - \{m(\ddot{x} + \ddot{y} + \ddot{z}) + c(\dot{x} + \dot{y} + \dot{z}) + k(x + y + z)\} \tag{10.10}$$

式中 F——實際觀測到的控制力；

P^{*}——對觀測到 F 的結果應修正的最佳控制力。

相對系下的式(10.7)和式(10.9)及絕對系下的式(10.8)和式(10.10)表示的是同樣的內容；但式(10.7)、式(10.8)所表達的是控

振的原理，而式(10.9)，式(10.10)在控振裝置設計時易於理解。

b)使用反應量的一個或兩個的情況

在這種情況下，不是以使反應量爲零，而是以使反應量降低爲目的。這種方法是一種考慮了控制裝置的能力和控振目的等在實際上應用可能性較高的一種方法。在此，以採用反應速度來加設結構物的阻尼力的情況爲例，此時，相對系下，控制力如式(10.11)，絕對系下如式(10.12)所示：

$$P=-c(\dot{x}+\dot{z}) \tag{10.11}$$

$$P=-c(\dot{x}+\dot{y}+\dot{z}) \tag{10.12}$$

式中 c 爲控制力引起的阻尼係數。

以上將基於振動方程式的主動控制力 P 的給出方法歸納於表10.1。

㈢控振原理

從控振原理的觀點出發，對表 10.1 進行重分類，可得表10.2。據此，可按以下三種原理進行分類：

1)抵消輸入的方法（以下稱輸入反射方式）；

2)附加阻尼力的方法（以下稱阻尼器附加方式）；

3)避免與輸入產生共振的方法（以下稱固有周期變化方式）。

表 10.1 控振原理的分類

座標系	控振方式	控振原理	控振效果	控制系統使用的物	控制力	備考
相對座標	開迴路（正反饋線方式）	輸入反射方式	消除振動系的應力（將振動體剛體化）	地面加速度	$P = m\ddot{y}$	控制力大
	閉迴路（負反饋線方式）	輸入反射方式	消除振動系的應力（將振動體剛體化）	相對反應加速度、速度和位移三成分	$P^{*} = F - m(\ddot{x} + \ddot{z}) - c(\dot{x} + \dot{z}) - k(x + z)$	控制力大
		阻加阻尼器方式	減小共振振幅	相對反應速度	$P = -c'(\dot{x} + \dot{z})$	控制力小
		固有周期變化方式	避免共振現象（質量、剛度變化）	相對反應加速度或相對反應位移	$P = -m'(\ddot{x} + \ddot{z})$ 或 $P = -k'(x + z)$	也可採用半主動控制方式
絕對座標	開迴路（正反饋線方式）	輸入反射方式	消除絕對振動量（隔絕地面運動）	地面運動速度和位移	$P = -(c\dot{y} + ky)$	控制力大（但當底部柔軟時控制力小）
	閉迴路（負反饋線方式）	輸入反射方式	消除絕對振動量（隔絕地面運動）	絕對反應加速度、絕對反應速度和絕對反應位移	$P^{*} = F - m(\ddot{x} + \ddot{y} + \ddot{z}) - c(\dot{x} + \dot{y} + \dot{z}) - k(x + y + z)$	控制力大（但當底部柔軟時控制力小）
		阻加阻尼器方式	避免共振現象（附加阻尼力）	絕對反應速度	$P = -c'(\dot{x} + \dot{y} + \dot{z})$	控制力小
		固有周期變化方式	避免共振現象（質量、剛度變化）	絕對反應加速度或絕對反應位移	$P = -m'(\ddot{x} + \ddot{y} + \ddot{z})$ 或 $P = -k'(x + y + z)$	也可採用半主動控制方式

表中 P ——主動控制力； P^{*} ——對觀測 F 的結構應修正的最佳控制力； F ——實際觀測到的力； m,c,k ——振動系的質量、阻尼係數、剛度； m',c',k' ——根據控制力變化了的振動系的質量、阻尼係數、剛度；$\ddot{x},\dot{x},x$ ——由地動引起的相對反應量；$\ddot{z},\dot{z},z$ ——由控制力引起的反應量； $\ddot{y},\dot{y},y$ ——地動輸入量。

表 10.2　可能實用化的各種控振方法

控振原理	輸入反射方式	附加阻尼器方式		固有周期變化方式
		結構桿件阻尼器方式	空間固定阻尼方式	
控制方式	負反饋控制方式 正反饋控制方式	負反饋控制方式		正、負反饋控制方式的共同使用半主動控制方法
對象結構物	根部較柔的結構物	一般結構物		剛性較小的結構物
加力的方式和位置	底部固定加力方式	頂部慣性反力方式 底部固定加力方式		頂部慣性反力方式 底部固定加力方式
應參照的物理量	3 個絕對反應量	相對反應速度	絕對反應速度	絕對位移和地面運動周期 相對位移和地面運動周期
控振效果的概念	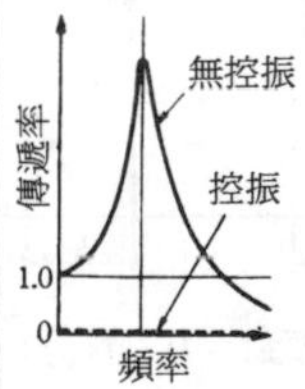	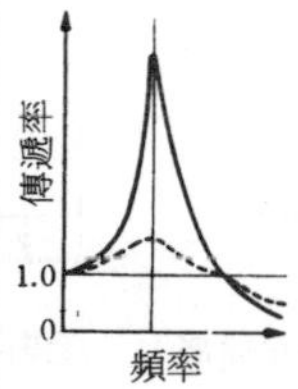	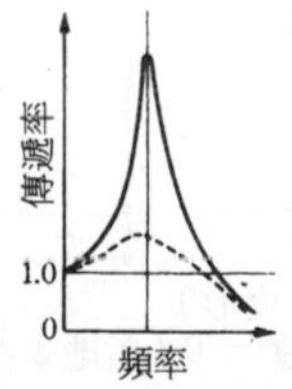	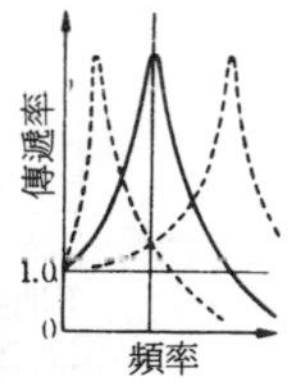
	消除建築物的絕對振動量	減低共振振幅	減低共振振幅 高頻領域內控振	避免共振

另外，根據控振目的不同，可分爲以下兩大類：

1)縮小結構物相對地基的相對反應位移，適當減小結構物的損傷。

2)減小輸入加速度，以防止結構物的損傷及內部機器、家具等的倒伏等。

在此情況下一併使用某種延長結構固有周期的方法或隔震裝置，在實用上是有效的。

現根據上述三種控制原理，就有關爲了達到控振目的而採用的具體手段，特別是以控振方式，結構對象應測定的物理量反控振效果等爲重點敘述如下：

1)輸入反射方式

可採用正、負反饋兩種控制方式。在無驅動延遲時，時間滯後的理想控制狀態下如圖 10.14 所示，相對座標系下的相對反應量爲零，結構物如同剛體一樣，與地面進行同樣的運動，加速度設有增幅。由於這種情況下結構物的反應加速度與地動加速度完全相等，一般來說不大可能期待有何控制效果。

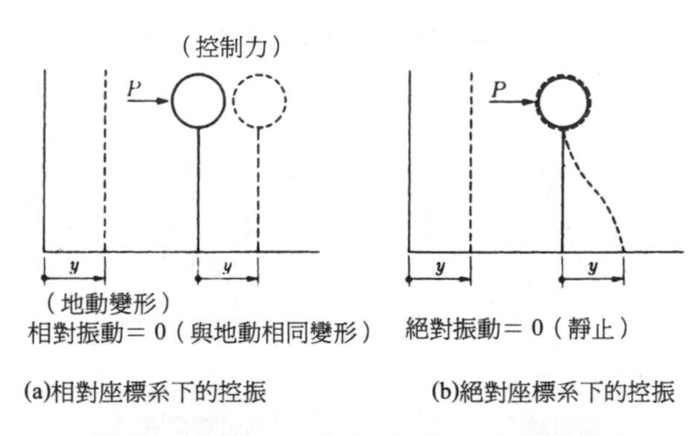

圖 10.4　輸入反射方式引起的變形狀態

在絕對座標系情況下，由於絕對反應量爲零，在空間上保持靜止。內部機器的安全性雖然可以確保，但結構物與地基之間要產生相對變形。在這種情況下，一般需要較大的控制力。作爲對策，例如，假定爲用疊合橡膠或摩擦較小的滑動支承等支承的隔震建築物，則對驅動裝置的控制是有利的。

還有對風等上部加振力，也可以按同樣的想法，由負反饋控制方式，可以得到一定的控振效果。

2)阻尼器附加方式

使用相對速度反應量及絕對速度反應量進行控制時，控制力分別如式(10.11)及式(10.12)所示，將其代入式(10.3)和式(10.4)，如果變成相對地動的表達式則為式(10.13)及式(10.14)。

$$m(\ddot{x}+\ddot{z})+(c+\dot{c})(\dot{x}+\dot{z})+k(x+z)=m\ddot{y} \qquad (10.13)$$

$$m(\ddot{x}+\ddot{z})+c(\dot{x}+\dot{z})+c(\dot{x}+\dot{z}+\dot{y})+k(x+z)=-m\ddot{y} \qquad (10.14)$$

式(10.13)附加用相對速度的反應量 $c(\dot{x}+\dot{z})$ 來表示結構構件的阻尼，其效果是一樣的（以下稱結構構件阻尼器方式）。而式(10.14)則相當於在絕對靜止空間安裝了用絕對速度反應量 $c(\dot{x}+\dot{z}+\dot{y})$ 表示的虛擬阻尼器（以下稱空間虛擬阻尼器方式）。

式(10.13)，式(10.14)的控振效果的不同及與無控振情況的加速度傳遞比率的比較如圖 10.5 所示。根據此圖可以看出，上述兩種方式都具有抑制固有頻率附近振動增幅的特性。在地動頻率比結構物的固有頻率高得多的頻域範圍中，結構構件阻尼器方式的情況比起無控振狀態來，

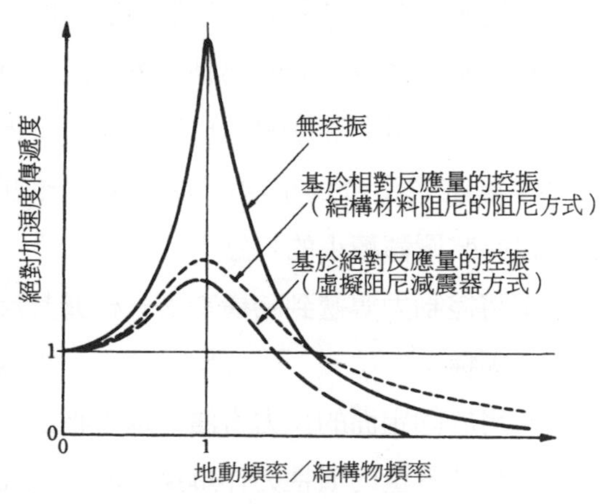

圖 10.5　阻尼器附加方式的控振效果

傳遞比率增加，頻率比接近1，即結構固有頻率接近地動頻率時，與地動的相對位移變大。而虛擬阻尼器方式的情況，其傳遞比率通常比無控振的情況小，同時逐漸收斂，絕對振動變小。

這樣在結構物中附加阻尼器的控振效果，主要是減小了共振的反應量，因此，控振力並不需要像輸入反射方式那麼大。

3)固有周期變化方式

此方法，是用控制力使結構物的形式上的周期特性發生變化，從而避免與輸入的主要振動分量發生共振，如控制結構支撐的拉力等改變周期特性的半主動控制方法，也屬於這種方式。這種方法是檢知地震力的周期特性，在可能調整的周期範圍內，調整得到最佳同期，以達到控振的目的。

10.1.3 加力方式

加力裝置可參考各種方式，然而對於像地震動那樣的隨機干擾的振動控制，作爲可能的驅動裝置來說，可列舉出電動油壓式和電磁式兩種。電動油壓式由於快速反應可得到大輸出功率而便於使用；電磁式迄今爲止還不易得到輸出功率，但因不要油壓源，所以有裝置體積小的特點。

爲了將控制力傳遞到結構物上，根據其反力方式的不同，可分爲以下兩種：

⑴作用於固定面的反力方法（以下稱固定反力方式）

⑵將輔助質量的慣性力作爲反力的方法（以下稱慣性反力方式）

1)的方法，易於得到較大的反力，但加力的位置僅限於結構物的底部；

2)的方式加力位置自由，但不容易得到很大的反力，在控振力的周期範圍變長時更爲困難，因此，必須根據控振的對象和目的在以上的兩者間進行選擇。

10.1.4　加力位置

主動控振力的加力位置主要分爲以下三類：

⑴從結構物的屋頂加力的方式（以下稱頂部加力方式）。

⑵從結構物中間層加力的方式（以下稱中間層加力方式）。

⑶從結構物底部加力的方式（以下稱爲底部加力方式）。

⑴的方式，適合於一般結構物的控振。結構物最容易發生搖動的位置，是相當於由固有値分析得到的固有振型的波「腹」的位置，而各次振型波「腹」的位置都在建築物的頂部。加力方式如圖10.6(a)所示的慣性反力方式。振動水平較低的情況（如以風

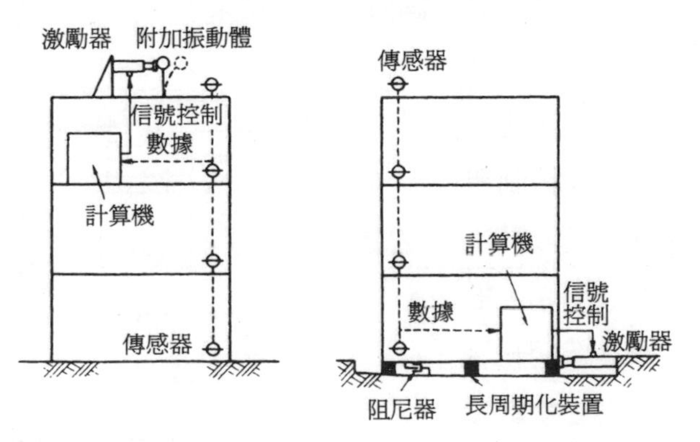

(a)屋面或中間層慣性反力方式　(b)底部（固定反力方式）

圖10.6　加力位置的比較

爲控振目的）的例子，如紐約 63 層的國際貿易大廈。

⑵的方式在進行特定次數振型或內部加振源等的控振時是有效的，可作爲一種輔助方式與 1)併用。

⑶的方式對由疊合橡膠、滑動支承等在水平方向較爲柔軟的構件支撐的隔震結構等是有效的方法。這是因爲當與上部結構的剛度相比，底部支承部分的剛性較小時，與頂部同時成爲加力位置的底部，幾乎所有各次振動的固有振型也都形成「波腹」。

10.1.5 控制系統的設計法

控制系統的設計分成基於古典控制理論的設計方法和基於現代理論的設計方法。就古典設計理論來說，如何考慮控系統的設計，會產生什麼樣的效果，有必要首先進行一定程度的理解。如果系統儘管非常有效，但隨著控制因素變多，系統變得複雜，給控制廻路的設計造成相當大的困難。前述的原理和方法，也可看成是基於這個古典控制理論而得到的結果。

另一方面，伴隨著近、現代控制理論的發展，基於最優化控制理論的控振系統的設計，在建築方面也引起了重視。以下舉例說明在結構物中適應線性規劃問題的基本考慮方法。此例是圖 10.7 所示的單質

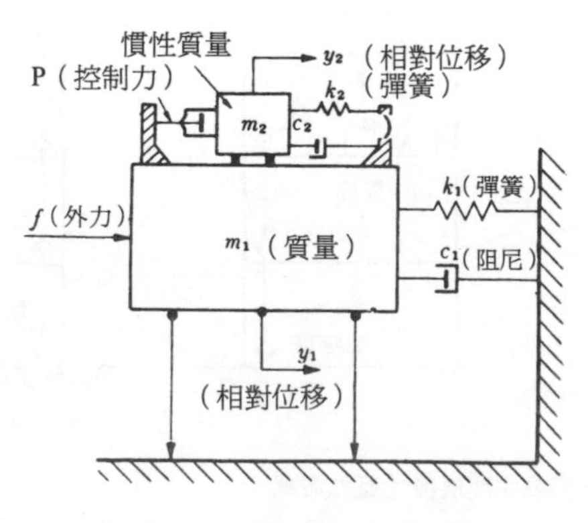

圖 10.7 慣性質量控振模型

點系〔質量： m ；剛度： k ；阻尼； c ；相對位移： g ；控制力： p ；外力（地震力等）： f 〕上加一慣性質量，構成常係數的線性控制系統。其狀態方程式爲式(10.5)。

$$X = AX + BP + F \tag{10.15}$$

式中

$$X^T = [\ y_1 \quad y_2 - y_1 \quad y_1 \quad y_2 - y_1\ ]$$

$$A = \begin{pmatrix} 0 & 0 & 1 & 0 \\ 0 & 0 & 0 & 1 \\ -k_1/m_1 & k_2/m_2 & -c_1/m_1 & c_2/m_1 \\ k_1/m_1 & -(k_2/m_2 + k_2/m_1) & c_1/m_1 & -(c_2/m_2 + c_2/m_1) \end{pmatrix}$$

$$B^T = [\ 0 \quad 0 \quad 1/m_1 \quad 1/m_1 + 1/m_2\ ]$$

$$F^T = [\ 0 \quad 0 \quad f/m_1 \quad -f/m_1\ ]$$

基於狀態向量 x ，確定使式(1.16)所示的評價函數 J 爲最小的控制力 P 。

$$J = \frac{1}{2}\int_0^\infty (X^TQX + P^TRP)dt \tag{10.16}$$

式中 Q、R 是權函數。

若系統控制是可能的話，則使 J 爲最小的控制力 P 由式(1.17)求得。

$$P = -R^{-1}B^TLX \tag{10.17}$$

這裡， L 必須滿足線性代數中的 Riccati 方程，即

$$LA + A^TL - LBR^{-1}B^TL + Q = 0 \tag{10.18}$$

此例是非常簡單的例子，但說明採用所謂古典控制理論以外的數學近似法有可能求得最優控制的解；另外，除了所謂最優控制法，也有基於預測控制概念的展開方法應用的實例[10]。關於這

樣的現代控制理論的理論展開不是本書的重點，所以在此只作簡略介紹。下一節以易於理解的與控制設計法有關的概念爲主，用古典控制理論的方法進行說明。

10. 2 使用主動控制方法的建築物模型的反應

本節以圖 10.8 所示的剛性較大的中低層建築物爲對象進行考察，這種建築物的底部插入了疊合橡膠和滑動支承等以增長建築物的周期（以下稱此種建築物爲隔震建築物）。這種建築物的一次振型是起決定性作用的，所以可近似成單自由度體系。爲了控制振動，取消在上層的控制力，僅在底部給予控制力。據此，由於可預料能控振，作爲加力方法，可採用在建築物底部的固定反力方式。

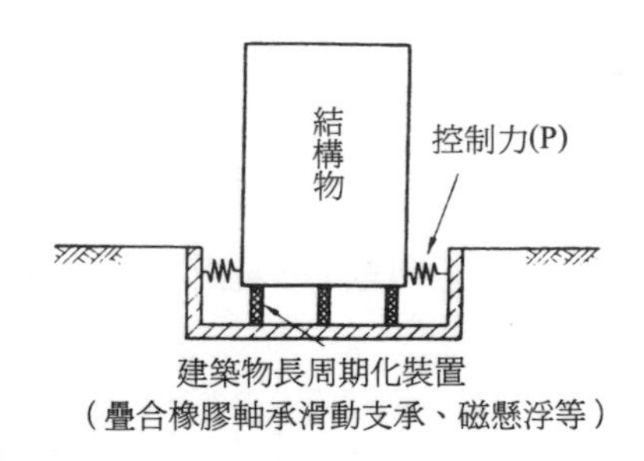

圖 10.8 對象結構物和控振方法

若參照表 10.2 的分類，就控振原理而言，有可能使用阻尼器附加方式和輸入反射方式，並且一般可以採用負反饋方式的控制方法。

在下面的 10.2.1 段是以達到減小結構物的振動，防止內部機械傾覆等爲目的，其方法是通過檢出絕對反應量進行控制，並對輸入反射方式的控振效果進行了數值分析研究。10.2.2 段則是爲了達到減小結構物反力的目的，採用阻尼器附加方式，通過檢知相對反應值進行控振；具體上使用了結構構件阻尼器的方式，進行同樣的研究。前者根據隔震裝置部分的柔性和較大的變形能力，以盡量隔絕輸入地震動，控制結構的絕對振動；後者是適當地降低結構物的反應，同時控制隔震部分的過大位移，以提高其安全性。這些方法的隔震效果如圖 10.9 所示。

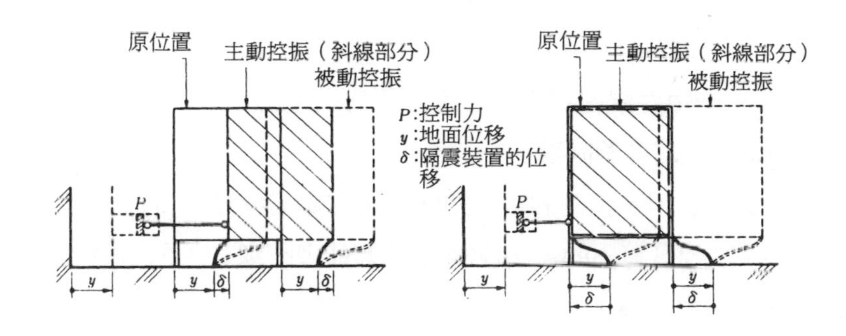

(a)結構構件阻尼方式
（基於相對反應量的控振）

(b)輸入反射方式
（基於絕對反應量的控振）

圖 10.9 控振效果

10.2.1 基於絕對反應量的控振

本節初步地敘述以使結構物在絕對空間中靜止爲目的的控振方法。爲了研究控振系統的現實性，採用單質點的簡單體系，對檢知傳感器的特性、驅動時間的延遲、結構模型的評價誤差等與控振系統有關的、影響控振效果的因素進行敘述。

(一)輸入反射方式的控振

本方法的基本思想是絕對座標系上使用主動控制抵消輸入地震力。由振動方程式得到的基本式如 10.2.2 中所述，在此主要對一些實用性的問題進行探討。

1)基本式

這種方式的最佳控制力 P^* 如式(1.10)所示，在此，重寫此式如下

$$P^* = F - \{m(\ddot{x} + \ddot{y} + \ddot{z}) + c(\dot{x} + \dot{y} + \dot{z}) + k(x + y + z)\} \tag{10.10}$$

式中 F ——實際觀測到的力；

P^* ——相對觀測到的 F，應修正的控制力。

2)實用化的各個問題

通過傳感器，正確的檢知式(10.10)右邊的成分，當沒有時間延遲時，採用計算出的最優控制力 P^* 若能進行驅動，則結構物在絕對空間上完全靜止。

但實際上這種理想狀態的實現是不可能的，其原因是出現了以下幾個問題：

a)振動傳感器的特性產生的影響；

b)主動控制力的時間延遲的影響；

c)結構模型的質量 m 、阻尼係數 c 和剛度 k 的評價誤差的影響。

在此，振動傳感器以動線圈型振盪計為對象。這種傳感器的原理雖是檢測——柔軟彈簧支承的質點的相對振動量，但由於此質點的長周期性，從而成為近似地測定絕對振動量。此外，控制用的驅動裝置在指令信號和實際動作之間還有時間差。為了研究這些因素對控振效果的影響，進行如下的假定：

a)將傳感器作為一單質點系處理。

b)與結構物的重量相比，傳感器的質點重量非常小，所以將兩者都作爲獨立體系來處理。

c)傳感器相對於結構物的相對振動量，是將結構物的絕對反應加速度作爲向傳感器的輸入來進行計算。

d)控制力的驅動，比控制信號命令遲一步。

根據上述假定，在第 i 步時控制的分析按如下步驟進行：

i.計算對於輸入地動 $m\dot{y}_i$ 和前一步的最優控制力 P^*_{i-1} 的結構絕對反應加速度 $(\ddot{x}+\ddot{y}+\ddot{z})_i$。

ii.計算輸入 $(\ddot{x}+\ddot{y}+\ddot{z})_i$ 時，傳感器對結構物的相對反應加速度 $(\ddot{x})_i$，相對反應速度 $(\dot{x})_i$，相對反應位移$(x_1)_i$。

iii.令 $(\ddot{x}+\ddot{y}+\ddot{z})_i \cong (\ddot{x}_1)_i$　$(\dot{x}+\dot{y}+\dot{z})_i \cong (\dot{x}_1)_i$　$(x+y+z)_i \cong (x_1)_i$，計算第 i 步的最優制振力 P^*_i：

$$\Delta P_i = -\{m(\ddot{x}_1)_i + c(\dot{x}_1)_i + k(x_1)_i\}$$

$$P^*_i = P^*_{i-1} + \Delta P_i$$

以上三點涉及控振效果的影響因素，可根據以下的時程分析進行討論。

3)對穩態輸入的數值解

以固有頻率 $f = 1.0$ Hz，阻尼比 $h = 2\%$，重量 W 爲 1000t 的結構物爲對象，傳感器的阻尼比常爲 $1/\sqrt{2}$。輸入地動是以頻率爲參數的 10 個波的正弦波，求出其絕對反應比率，以進行控振效果的研究。

a)僅有傳感器特性變化的影響

不考慮控制時間的延遲，僅考慮傳感器特性的影響，按步驟 c 求得 P^*_i，將其作爲同一步的 P^*_{i-1}，返回到步驟 a，再度求得反應值，由此在同一步內，使負反饋完全結束，除掉時間延遲的影響。

傳感器的周期爲 1s、2s、5s、10s，情況的傳遞率如圖 10.10 所示。據此可以看出，傳感器的固有周期越長，由於固有振動中發生的相位特性的影響變小，制振效果越大。

b)同時包含傳感器特性和驅動延遲情況的影響。

考慮傳感器的特性與驅動延遲的影響同時混合在一起的情況。這種情況下與 a 的不同點是同一步內的負反饋沒有完全終結，不平衡力 ΔP_i 被帶到下一步中去。

設驅動時間的延遲爲 0.01s，傳感器的特性與 a 相同，數值解的結果如圖 10.11 所示。與僅考慮傳感器特性的情況（如圖 10.10）相比較，高頻時由於時間延遲，控振的效果變小，反之低頻時由於傳感器特性與時間延遲的相關影響控振的效果較好。

c)同時包含傳感器特性，驅動時間延遲及結構模型的評價誤差的影響。

採用 b 中控振效果最大的周期爲 10s 的傳感器，進一步研究包含結構模型評價誤差的情況。具體地是在用式(10.10)計算主動控制力 P^* 時，誤將建築物 1.0Hz 的固有頻率取爲 1.5Hz 的情況下，其傳遞率如圖 10.12 所示。從圖上可以看出，在錯誤頻率的 1.5Hz 附近，傳遞率產生了一個峰值，這個值與地動輸入值相比，產生了相當大的增幅，但是在其他的頻域內仍有控振效果。很明顯，如能將這個峰值減低，還會產生相當的控振效果，下一節中討論對此的改善方法。

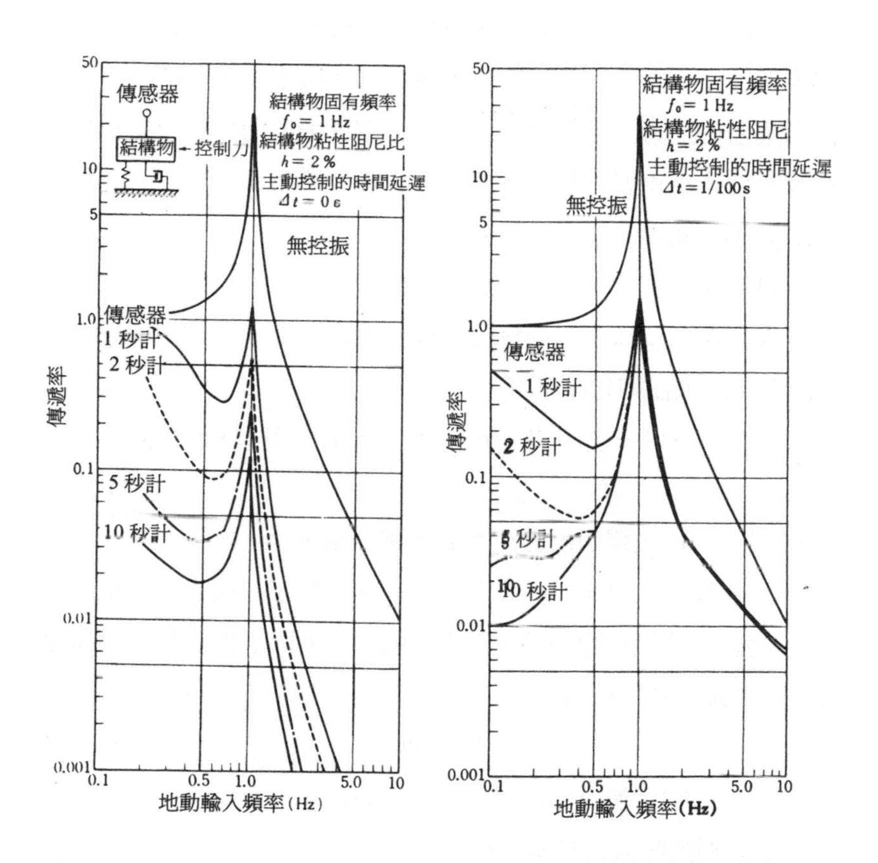

圖 10.10　用絕對反應量的輸入反射方式產生的控振效果（傳感器的影響）

圖 10.11　用絕對反應量的輸入反射方式產生的控振效果（傳感器和主動控制的時間延遲的影響）

(二)併用輸入反射方式與虛擬阻尼器方式的控振

上述的輸入反射方式在理論上可以完全使結構物在絕對空間上保持靜止。但這是以裝置等在理想狀態下動作爲條件的，而考慮現實的裝置特性後，輸入並沒有完全被反射，其中的一部分還是進入了結構物中，爲了抑制這種情況，採用如 10.1.2 段中所述的阻尼器附加方式是行之有效的。在這裡由於把控振目標絕對系的反應值作爲絕對振動來處理，考慮聯合使用輸入反射方式和阻尼器附加方式中的虛擬阻尼器方式。

1)基本公式

在用絕對反應成分的負反饋控制方式上進一步使用虛擬阻尼器的控制力如式(10.19)所示：

$$P^{*}=F-\{m(\ddot{x}+\ddot{y}+\ddot{z})+(c+c')(\dot{x}+\dot{y}+\dot{z})+k(x+y+z)\} \quad (10.19)$$

式中 c'——由虛擬阻尼器產生的阻尼係數。

此式基本上與(10.10)式相同，只是增加了一項虛擬阻尼係數 c'，此阻尼係數與臨界阻尼係數的比 h_B（以下稱附加粘性阻尼比），如式(10.12)所示：

$$c'=2h_B\sqrt{mk} \quad (10.20)$$

在以後的討論中，採用附加粘性阻尼比。

2)對穩態輸入的數值分析

a)同時包括傳感器特性和驅動時間延遲情況的影響。

爲了研討式(10.19)的控振效果，取數值分析的條件與前述的輸入反射方式情況完全相同，即，結構的固有頻率爲 1.0Hz，時間延遲 Δt 爲 0.01s，傳感器的固有周期爲 10s，虛擬阻尼器的附加粘性阻尼比 h_B 爲 10％～1000％，共六個種類，各情況的傳遞率如圖 10.13 所示。

如圖 10.13 所示，由於虛擬阻尼器的併用，減低了共振的峰

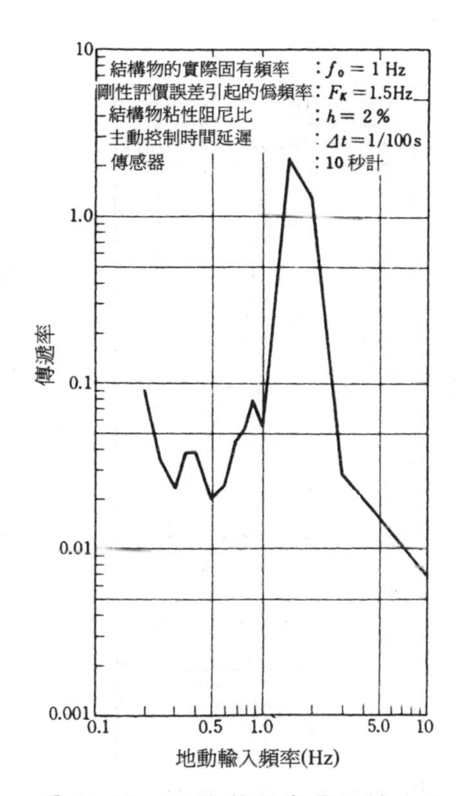

圖 10.12　用絕對反應量的輸入反射方式產生的控振效果（剛度評價誤差的影響）

值。在固有頻率附近 h_B 越大，控振效果越好，但在高頻領域中，傳遞率卻有所增加。由此可見，本例 h_B 的最佳值爲 100 %～200 %。當 h_B = 200 % 時，傳遞率的峰值約降爲 1/70。這說明併用虛擬阻尼器後即使現實地考慮了裝置特性的各種問題，也仍得到較大的控振效果。

b)同時包含傳感器特性、驅動時間延遲及結構模型的評價誤差情況的影響。

將 1.0Hz的固有頻率誤取爲 0.5Hz～20Hz，在 h_B 爲 200 %，進行與(a)的同樣的計算，其結果如圖 10.14 所示。

從圖 10.14 可以看出，即使結構的振動特性誤算時，仍可得到與圖 10.13 相同的控振效果，即模型化的評價誤差造成的影響有可能由這種併用方式的主動控制予以改善。

3)相對於地震輸入的數值解

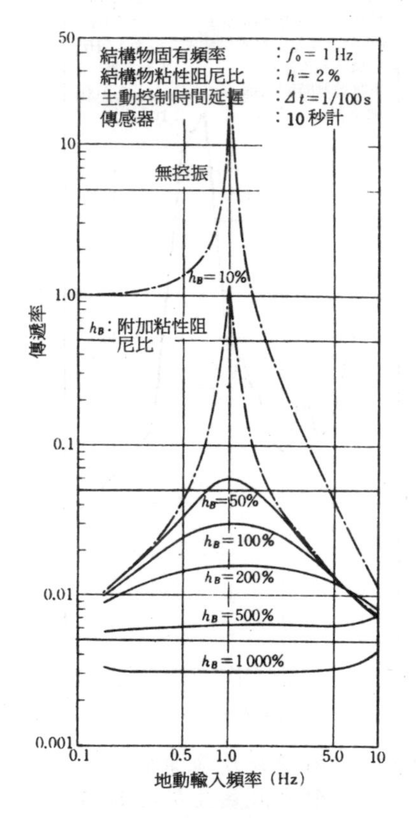

圖 10.13 輸入反射方式＋虛擬阻尼器的控振效果（附加粘性阻尼比的影響）

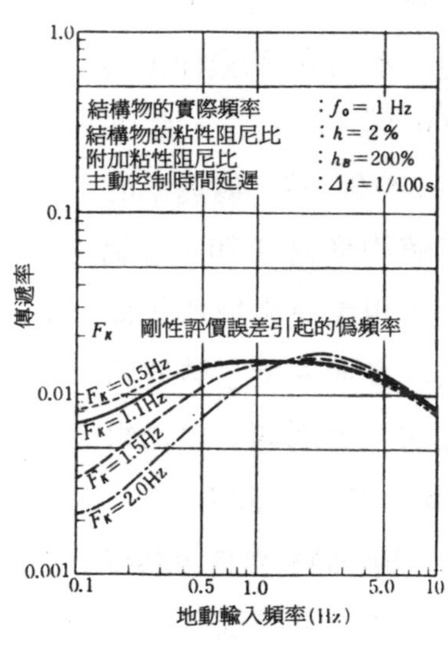

圖 10.14 輸入反射方式＋虛擬阻尼器的控振效果（剛度評價誤差的影響）

這裡進行輸入地震動時的數值分析。分析條件如下：輸入地震波是濾掉了10s以上的長周期成分，並規格化爲1gal的El Centro 40 NS 波。傳感器的周期爲 10s；主動控制的時間延遲爲 0.02s；

附加粘性阻尼比 h_B 爲 200 %，經結構物的固有頻率作爲參數進行變化。

圖 10.15 是加速度反應比率的計算結果與無控振情況的比較，

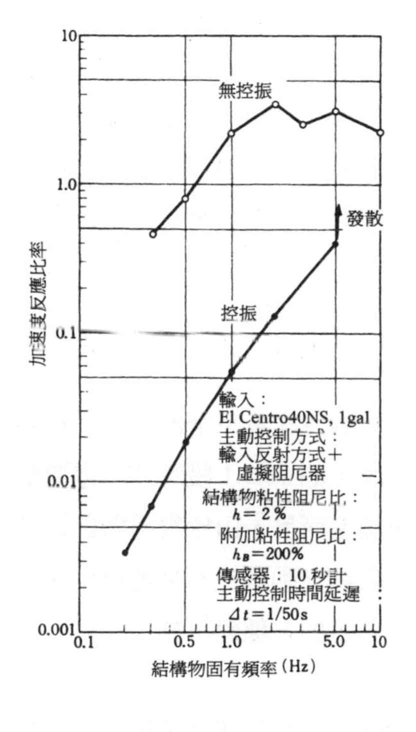

圖 10.15　輸入反射方式＋虛擬阻尼器的控振效果（相對於非穩態輸入波的反應）

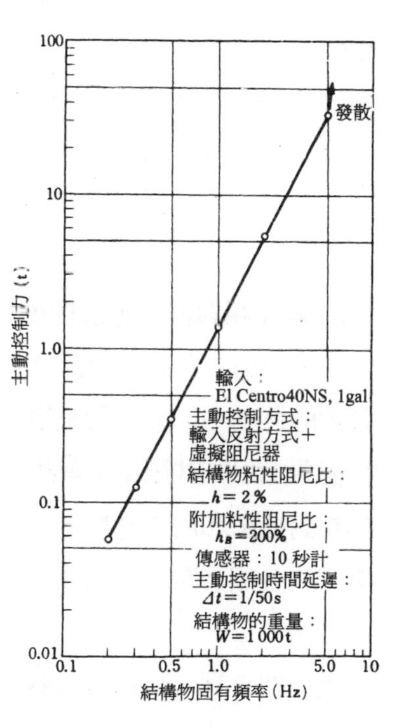

圖 10.16　輸入反射方式＋虛擬阻尼器的控製力（相對於非穩態輸入波的反應）

從圖 10.15 可以看出：結構物的固有頻率越高，控振的效果越小。這可考慮爲結構物的固有頻率和主動控制力的時間延遲而引起的結果。

輸入波爲 1gal，結構物的重量爲 1000t（重力 10000kN）時，主動控制力的最大值如圖 10.16 所示。從圖 10.16 上可以看出，結構物的固有頻率越高，控制力越大。在結構物底部加設了長周期化的裝置後，固有周期爲 2.5s 的隔震建築物受到 30gal 左右的大地震時，使用 70t(700kN)左右的控振力，反應加速度可降爲 4gal 左右。

10.2.2 基於相對反應量的控振

輸入反射方式將絕對反應量或相對反應量完全消除，一般需要較大的控制力，對絕對座標系來源。如 10.2.1 段所述，需要對結構對象加以某些限定；對相對座標系而言，由於需將對象結構物的相對振動和內力降爲零，所以需將地動原封不動地作用在對象結構物各個質點上。因此，這並不是對各種建築物皆爲行之有效的方法。

因而在這裡，以適當抑制結構物的相對位移及地震能量輸入爲控振目的，闡述基於相對反應量的某一個成分進行控振的方法。以下採用底部固定反力方式，根據數值分析，主要基於速度反應，討論施加控制力的結構構件阻尼器方式的控振效果。

(一)結構構件阻尼器方式的控振

1)控振力的計算

a)阻尼力

如圖 10.9(a)所示的單質點系結構上加控制力 P_i 時的振動方程如式(1.21)所示。其中由於結構物的阻尼一般較小，已被忽略，式中 $\ddot{x}$ 與 $\dot{x}_i$ 與 10.2.1 的情況不同，包含著控振力 P_i 產生的反應 i 爲某一時間步長，$i-1$ 是 i 的一個步長時時間延遲：

$$m\ddot{x}_i + kx_i = -m\ddot{y} + P_i \tag{10.21}$$

式中 $\ddot{x}, \dot{x}_i, x$ ——相對反應加速度，相對反應速度和相對位移（包含控振力 P_i 產生的反應）；

$\ddot{y}$ ——地面運動加速度。

當控制力 P_i 的驅動時間延遲極小時，根據如 10.1.2 節段所述的基於相對速度給予的控振力的結果，可近似得到式(10.22)

$$m\ddot{x}_i + c\dot{x}_i + kx_i = -m\ddot{y}_i \tag{10.22}$$

數值分析時，控振力 P_i 可用第 $i-1$ 步的反應值，根據式(10.23)求得：

$$P_i = -c'\dot{x}_{i-1}, c' \geq 0 \tag{10.23}$$

式(10.23)中的係數 c'，相當於由控制力附加到結構物上的阻尼係數，一般可用式(10.24)表示其大小通過附加粘性阻尼比 h_B 來決定：

$$c' = 2h_B\sqrt{mk} \tag{10.24}$$

此情況下，控振力是作爲 c' 與反應速度的乘積，即作爲阻尼力參與作用。

b)等效阻尼力

另一方面，由於控振力的存在，振動體系的共振頻率 ω_0 變爲 ω_r，若假定結構物的反應爲此 ω_r 的穩態反應，則下式成立：

$$\dot{x}_{i-1} = \omega_r x_{i-1} \tag{10.25}$$

引進剛度 k ，式(1.23)則變為下式：

$$P_i = c'\omega_r x_{i-1} = -(c'\omega_r/k)kx_{i-1}$$

$$= -(c'\omega_r/k)Q_{i-1} \quad (10.26)$$

式中 Q_{i-1} ——控振振動系的反應剪力值。

現引入係數α且用式(10.27)定義，則控制力最終成為式(10.28)，可作為控振振動體系的剪力反應值 Q 的函數來評價。α則成為評價控制力的大小，即決定驅動裝置的容量時的一種大致標準。

$$\alpha = \dot{c}\omega_r/k, \alpha > 0 \quad (10.27)$$

$$P_i = -\alpha k x_{i-1} = -\alpha Q_{i-1} \quad (10.28)$$

利用式(10.25)的關係，式(10.28)的 P_i 還可作為等效阻尼力變成式(10.29)的形式：

$$P_i = -(\alpha k/\omega_r)\dot{x}_{i-1} = -(\alpha/\omega_r)Q_{i-1} \quad (10.29)$$

在以下的數值分析中，相對剪力反應值給出控制力大致標準的係數α與 ω_r 和 k 等無關，可任意設定。進行反應分析時，將控制力 P_i 作為用式(10.29)所示的等效阻尼力來進行評價。為此，振動方程式取式(10.22)一樣的形式為

$$m\ddot{x}_i + (\alpha k/\omega_r)\dot{x}_i + kx_i = -m\ddot{y}_i \quad (10.30)$$

與式(10.28)中的控制力一般有歷程阻尼的效果相對應，式(10.29)那樣的控制力的處理阻尼效果，對應於將阻力效果在共振圓頻率 ω_r 內當作等效粘性阻尼來處理。

在式(10.30)的振動方程式（剛度為 k ，固有圓頻率 ω_r 的振動體系）中的附加粘性阻尼比 h_B ，如式(10.31)所示：

$$h_B=\frac{\alpha k/\omega_r}{2\sqrt{mk}}=\frac{\alpha\omega_r}{2\omega_r} \tag{10.31}$$

式中 $\omega_0=\sqrt{\frac{k}{m}}$ ——無控振時的固有圓頻率。

在以下的分析中，設 ω_0 與 ω_r 大致相同，在按式(10.29)計算控制力時，可取 $\omega_r=\omega_0$。

2)對地震輸入的數值分析

在這裡以式(10.28)中的控制力與控振振動體系的剪力反應值的比α爲參數，表示控制力的大小引起的控振效果。計算時間間隔爲 0.01s，控制力的驅動時間延遲亦爲 0.01s。

a)單質點的反應

建築物的模型爲圖 10.17 所示的單質點系線性模型，重量爲 3000t（重力 30000kN），設初始周期 T_0 分別爲 1.0s、2.0s、3.0s，建築物的阻尼比爲 2%，輸入地震波分別爲 El Centro 40 NS, Taft 52 EW, Hachinohe 68 EW 三個波，採用它們的速度爲 50kine 那樣的最大加速度。

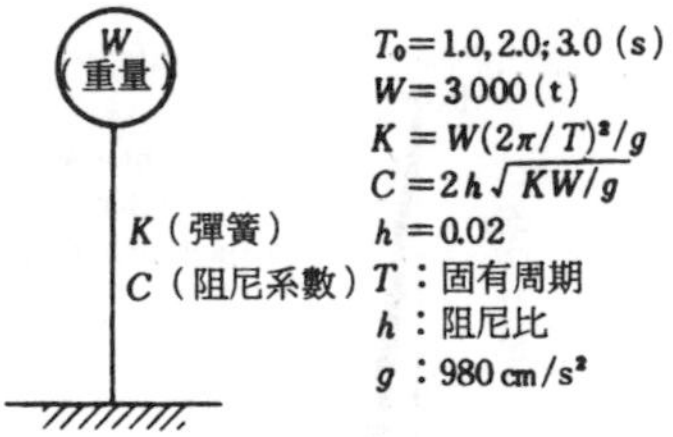

W（重量）
K（彈簧）
C（阻尼系數）
$T_0=1.0, 2.0; 3.0$ (s)
$W=3000$ (t)
$K=W(2\pi/T)^2/g$
$C=2h\sqrt{KW/g}$
$h=0.02$
T：固有周期
h：阻尼比
g：980 cm/s²

圖 10.17　數值分析模型的各個參數

底部固定的方式應給建築物底部施加的控制力 P_i 可由反應剪力速度 $\dot{Q}$ 的(10.29)式近似地按(10.32)式來計算。

$$P_i=-\alpha\left(\frac{1}{\omega_r}\right)\dot{Q}_{i-1}=-\alpha\left(\frac{1}{\omega_r}\frac{Q_{i-1}-Q_{i-2}}{\Delta t}\right) \tag{10.32}$$

式中，設 $\omega_r=\omega_0$, ω_0 ——無控振時的固有圓頻率；

Q——控振振動體系的反應剪力。

控振力的大小與控振效果的關係如圖 10.18、圖 10.19 所示。兩圖分別是相對反應位移和總輸入能量與無控振情況的比較。控振的效果隨輸入地震波及無控振振動系的初始周期 T_0 的不同而異，當α＝ 1.2 左

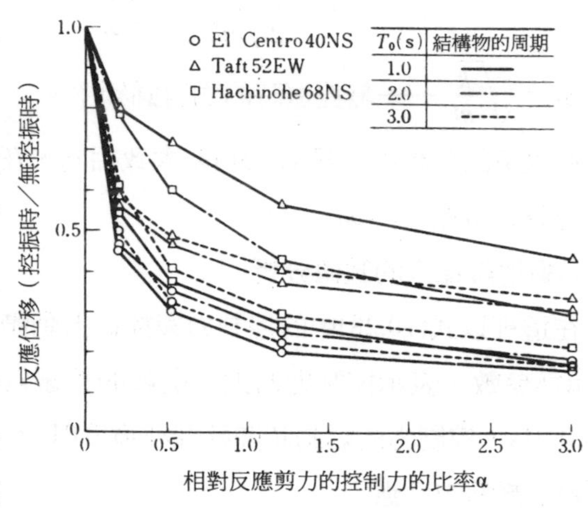

圖 10.18　反應位移的控振效果

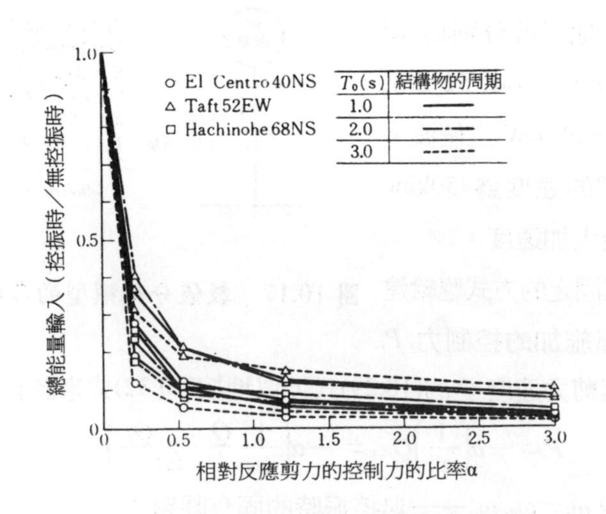

圖 10.19　總能量輸入的控振效果

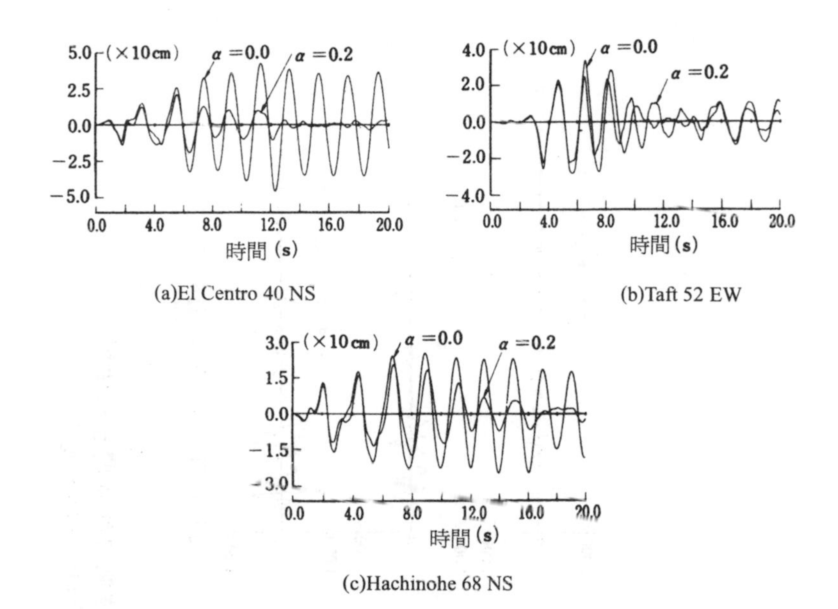

(a)El Centro 40 NS

(b)Taft 52 EW

(c)Hachinohe 68 NS

圖 10.20　反應位移的時間歷程曲線(T_0= 2.0s)

右時，相對位移約下降爲 20 %～50 %，而總能量輸入時的降低效果則特別大，當α= 0.2 左右時亦爲 10 %～40 %。圖 10.20 是反應位移波形的一個例子，總能量輸入的大幅度降低效果可從圖中的波形明顯地看出。向結構物的總能量輸入的減少部分是由驅動裝置承擔的。圖 10.21 是以控制力的大小α爲參數。相對反應位移及由式(10.32)得到的控制力的波形的一個例子。從圖上可以看出，當α增加時，相對反應位移減小而控制力增大。

另外反應剪力本身隨著α的增加，可得到與相對反應位移同等程度以上的減低效果，但就反應加速度而言，由於輸入地震波的種類不同，反應值分散，控振力未必能得到使反應加速度減小的效果。還有這裡表示的是驅動時間延遲爲 0.01s 的情況，但假

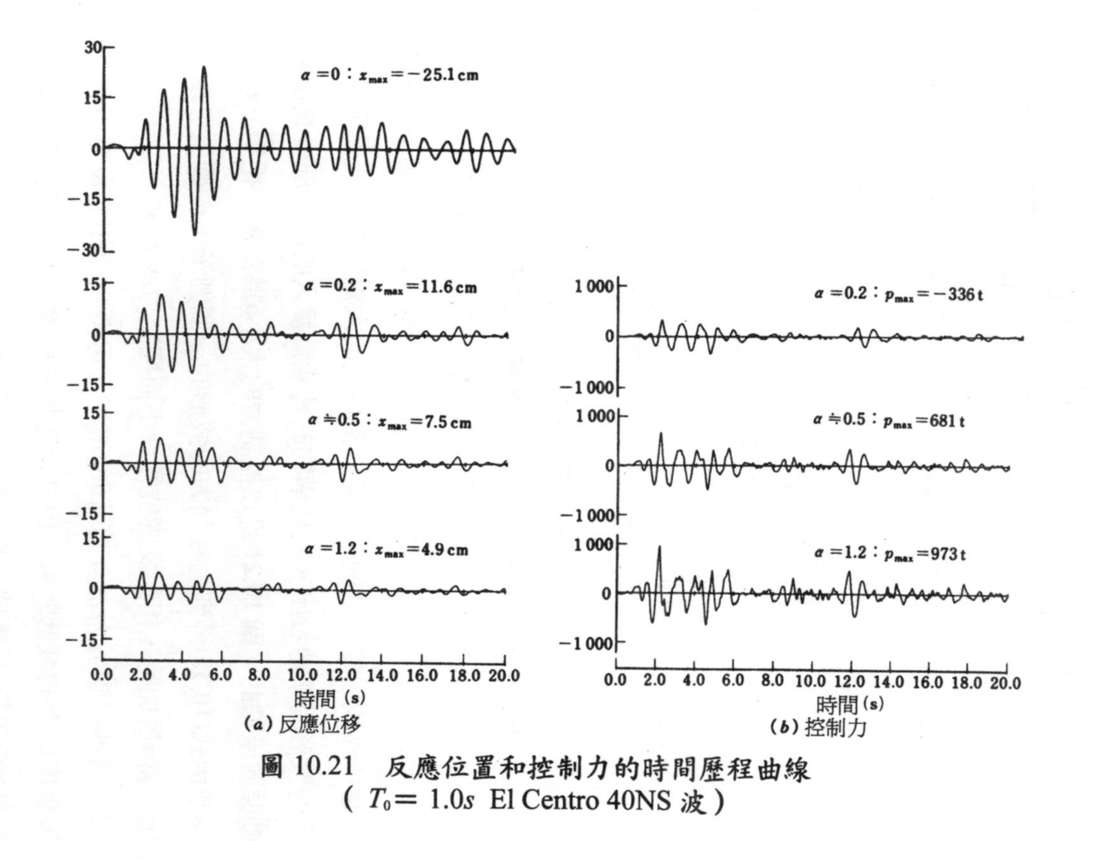

圖 10.21 反應位置和控制力的時間歷程曲線
(T_0= 1.0s El Centro 40NS 波)

如對於 $T_0 = 2.0s$ 的結構物，其時間延遲爲 0.1s時，則可得到控振效果並未消失的結果。

b)多質點系的反應

採用前述的控振方法對多層建築物的控振效果進行研究。以第一篇第 5 章所述的五層隔震建築物爲對象。隔震裝置的剛性僅考慮疊合橡膠，在大變形範圍內研究其控振效果。考慮到隔震裝置的存在，將分析模型處理爲 6 質點模型。建築物的一次周期爲 3.11s的長周期，一次振型的振型參與函數起控制性作用，另外，相對於一次周期的阻尼比爲 2 %，輸入地震波和它的大小與單質點系的情況相同。

多質點情況時，應在底部施加的控制力 P_i 應按式(10.32)計算。但此時，作爲反應剪力 Q 使用第一層的反應剪力 Q_1 。

數值解的結果如圖 10.22、圖 10.23 及表 10.3 所示。

圖 10.22 是隔震裝置部分的反應位移及總輸入能量與控振效果的關係；當α＝ 0.5，即控制力爲反應剪力的一半時，與無控振的情況相比，變位約下降爲 50 %，總輸入能量約下降爲 20 %。

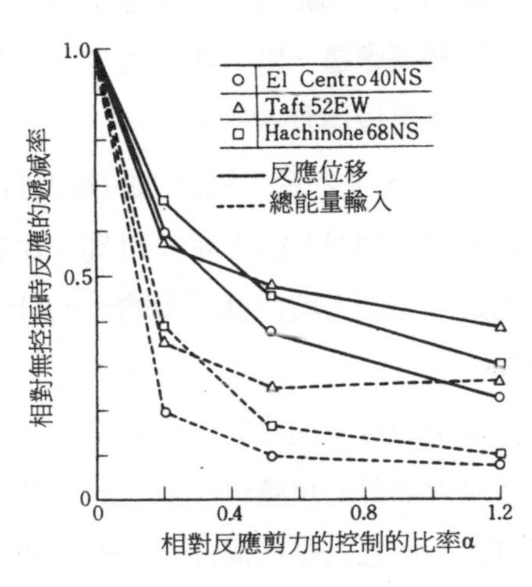

圖 10.22　多層建築物模型的控振效果

圖 10.23是在Hachinohe 68NS 波作用下，從基礎向上，各層的相對位

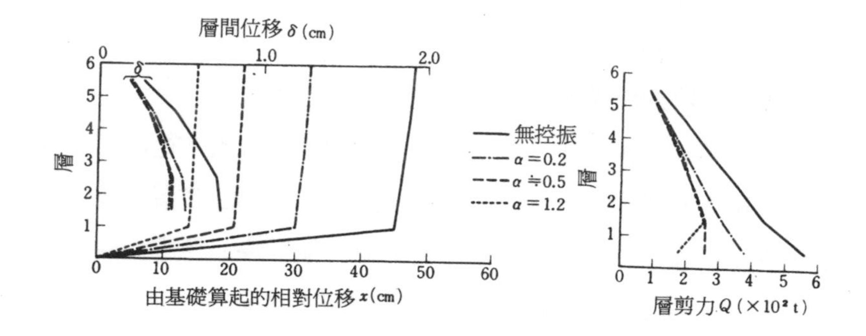

圖 10.23 層間變形、相對位移和各層的剪力分布
(Hachinohe 68 NS 波)

移、層間位移及層剪力沿高度方向上的最大值分布情況由圖可見，即使控制力變大，上層部分的層間變形，剪力並不比無控振的情況大。因而僅在建築物底部加控制力的控振方法，對多層隔震建築物的上部結構不致產生不利影響，反之從能夠抑制隔震部分的位移反應這一點來說，此方法作爲一個在大地震時建築物的控振方法是極爲有效的。

表 10.3 中表示了控制力的最大值。控制力約爲總重量 3000t（重力 30000kN）的 3％～10％。由於存在高次振動的影響，多質點系的強制力與反應剪力的比α，比當初設定的α有若干增加的傾向。

以上取長周期化的隔震建築物作爲研究對象，以，降低大地震時隔震部分的反應位移爲目的，基於數值分析，對基礎固定反力方式，而且是結構構件阻尼器方式產生的控振效果進行了研究探討。從反應的結果來看，可以認爲這種積極減小地震輸入的方法，是降低建築物相對反應位移，減小地震能量輸入的有效方法。

表 10.3　最大控制力（單位：t）

a	El Centro 40NS	Taft 50EW	Hachinohe 68 NS
0.2	106	100	93
0.5	206	188	189
1.2	303	295	295

㈡驅動時間延遲和控振效果

當控制力的驅動時間延遲極小時，可期待得到與前述的目的大致相應的控振效果。另一方面，例如即使以附加阻尼效果爲目標，如果驅動延遲時間較長，也可能考慮效果的降低或形成反效果。在此，以單質點系結構在穩態外力作用下的情況爲例，從控制力引起結構剛性及阻尼歷程變化的觀點出發，討論控制力的驅動時間延遲與控振效果的關係。

1)基本公式

在此，進行如下假定：

a)忽略結構的阻尼。

b)設地面運動爲定穩態外力，結構物的反應也爲穩態反應。

c)控制力基於反應剪力來決定，控制力的驅動時間延遲由控制力與控振時反應剪力的相位差來評價。

包含控振力的單質點系振動方程式見下式：

$$m\ddot{x} + Q + P = -m\ddot{y} \tag{10.33}$$

$$\left.\begin{aligned} Q &= kx \\ P &= \alpha Q^{*} = \alpha k x^{*} \end{aligned}\right\} \tag{10.34}$$

式中 x ——反應位移（也包括控制力 P 產生位移）；

α——決定相對控振體系反應剪力的控振力大小的係數；

Q^*, x^*——對當前的反應剪力和反應位移，相位差爲ϕ的反應剪力和反應位移。

設地震爲複數外力($Ee^{i(pt+\psi_0)}$)，反應位移也採用以下的複數振幅形式進行表達；以下設外力圓頻率 $p > 0$；

$$x = x_0 e^{ipt}, x^* = x_0 e^{i(pt+\psi)} \tag{10.35}$$

式中ϕ爲相位差。

使用了式(10.35)後，反應剪力與控制力的和如下式所示：

$$Q + P = kx_0(e^{ipt} + \alpha e^{i(pt+\psi)}) = kx_0 e^{ipt}(1 + \alpha e^{i\pi})$$
$$= k〔(1 + \alpha\cos\psi) + i\alpha\sin\psi〕x \tag{10.36}$$

式(10.33)可用式(10.37)所示的形式表示：

$$m\ddot{x} + Ax = -Ee^{i(pt+\psi_0)} \tag{10.37}$$

這裡

$$A = K + iK' \tag{10.38}$$

$$K = k(1 + \alpha\cos\psi) \tag{10.39}$$

$$K = k\alpha\sin\psi \tag{10.40}$$

即：在外力爲複數穩態外力時，可以將反應剪力和控制力都處理成複數。作爲式(10.38)所示的複數彈簧常數的特點是實虛部都是相位角 ψ 的函數。式(10.38)也可表示成以下的形式(1)：

$$A = \overline{K}e^{i\Theta} \tag{10.41}$$

這裡

$$\overline{K} = \sqrt{K^2 + K'^2} = k\sqrt{1 + \alpha^2 + 2\alpha\cos\psi} \tag{10.42}$$

$$H = \tan^{-1}〔(\frac{K'}{K})〕 = \tan^{-1}(\frac{\alpha\sin\psi}{1 + \cos\psi}) \tag{10.43}$$

2)恢復力特性

與實數位移 $x = x_0\cos pt$ 相對應，複數彈簧 A 的恢復力特性，

可取 A ・ x 的實部，如下式所示：

$$\bar{A} = Real〔(K + iK')x_0e^{ipt}〕= \bar{K}x_0\cos(pt + \Theta)$$
$$= k\sqrt{1 + \alpha^2 + 2\alpha\cos\psi}\, x_0\cos(pt + \Theta) \qquad (10.44)$$

$\dot{x} = - px_0\sin pt$ ，一個循環中恢復力所做的功（吸收能量）為 ΔW ，則：

$$\Delta W = \oint \bar{A} \cdot dx = \int_0^{2\pi/p} \bar{A}\dot{x}dt = - \bar{K}px_0^2\int_0^{2\pi/p}\cos(pt + \Theta)\sin pt \cdot dt$$
$$= \pi\bar{K}x_0\sin\Theta = \pi\bar{K}x_0^2\ \frac{K'}{K} = \pi K'x_0^2 \qquad (10.45)$$

所以， ΔW 與外力的圓頻率 p 無關。

可是，式(10.44)所示的恢復力特性為相位差ψ及α的函數，相當複雜；若設 $\phi = -\pi/2$ ，則可簡化為下列：

$$\bar{A} = k\sqrt{1 + \alpha^2}x_0\cos(pt + tin^{-1}(-\alpha))$$
$$x = x_0\cos pt$$

圖 10.24 是令 $\psi = -\pi/2$ 時，以α為參數的一個恢復力特性的例子。由圖可見，｜α｜越大時，恢復力的最大值越大；當α＞ 0 時，位移先行於力；從而成為控制力為結構提供能量的結果。

3)反應比率

單位外力 e^{ipt} 作用在式(10.38)表示的複數彈簧系統上的位移反應如下求得。共振的圓頻率 ω_r 如式(10.46)所示，另外定義等效阻尼比 h 為吸收能量 ΔW 與彈簧 K 的勢能 W 的比，如式(10.47)所示；傳遞函數 $H(ip)$ 如式(10.48)所示：

$$\omega_r = \sqrt{K/m} = \omega_0\sqrt{1 + \alpha\cos\psi} \qquad (10.46)$$

$$h = \pi K'x_0^2/(4\pi\frac{1}{2}Kx_0^2 = \frac{K'}{2K} = \frac{\alpha \cdot \sin\psi}{2(1 + \alpha cos\psi)}) \qquad (10.47)$$

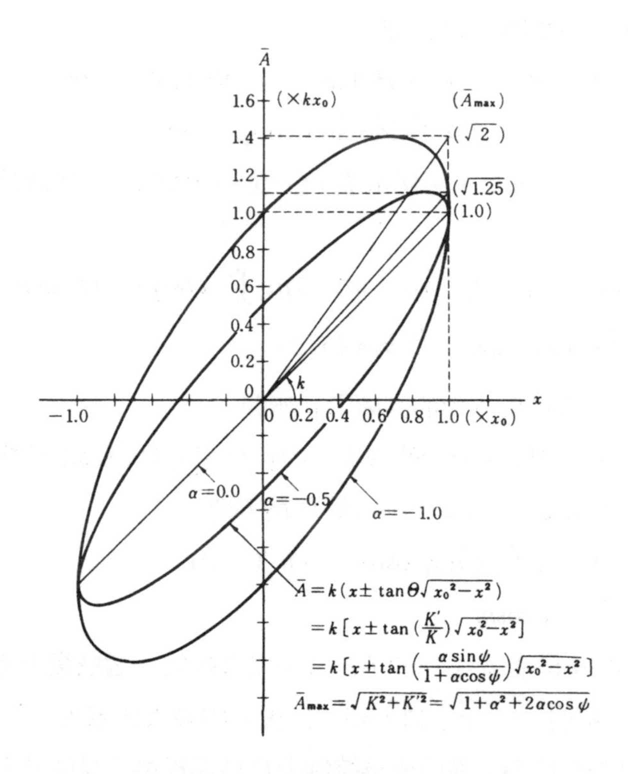

圖 10.24　恢復力特性 ($\psi=-\pi/2$)

$$H(ip)=\frac{1}{-p^2+K+iK'}\cdot\frac{1}{m}=\frac{1}{-p^2+\omega_r^2(1+2h_i)}\cdot\frac{1}{m}$$

$$=\frac{1}{1-(p/\omega_r)^2+2hi}\cdot\frac{1}{K}=\frac{1}{\sqrt{\{1-(p/\omega_r)^2\}^2+4h^2}}-e^{-i\theta}\cdot\frac{1}{K} \tag{10.48}$$

這裡　　$\theta=\tan^{-1}(\frac{2h}{1-(p/\omega_r)^2})$

圖 10.25 是按式(1.48)計算的控振與無控振的一個傳遞函數的

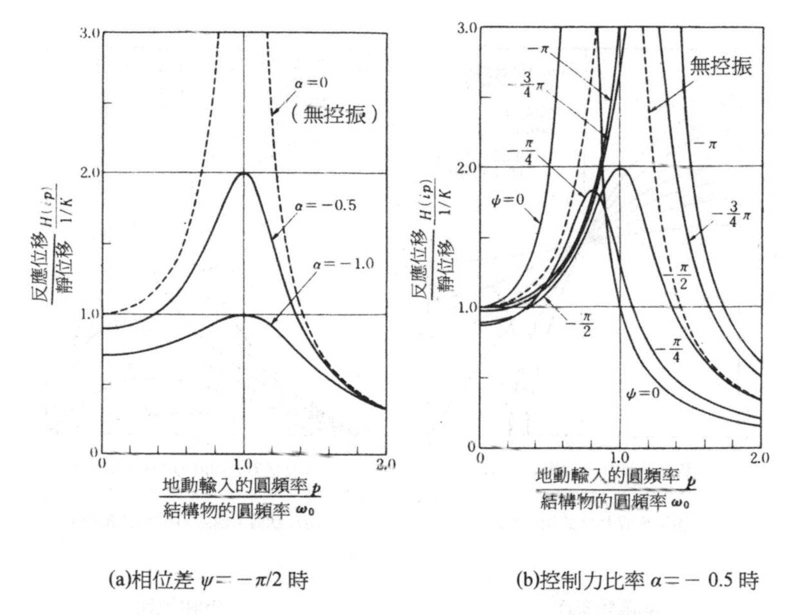

(a)相位差 $\psi=-\pi/2$ 時　　(b)控制力比率 $\alpha=-0.5$ 時

圖 10.25　結構構件阻尼器方式的位移反應比率

例子，在圖上分別表示了控振力的相位差 $\psi=-\pi/2$ 及α＝－ 0.5 的情況。圖中的橫軸是外力的圓頻率與控振時結構圓頻率的比，縱軸是動位移與靜位移的比率。從圖(a)可知，伴隨控振力的增大，共振振幅減少；另外由圖(b)可知，由於控振力的時間延遲，共振點和共振振幅一起發生變化。

4)剛度及阻尼特性

以α爲參數由式(10.38)的複數彈簧體系計算出的共振圓頻率 ω_r 及等效阻尼比 h 和位相差的關係如圖 10.26 所示。ω_r 及 h 分別由式(10.46)及式(10.47)算出。圖 10.26 中橫軸的上段和下段所示相位角的ψ及ψ'，分別是控制力相對於反應剪力及控制力相對於反

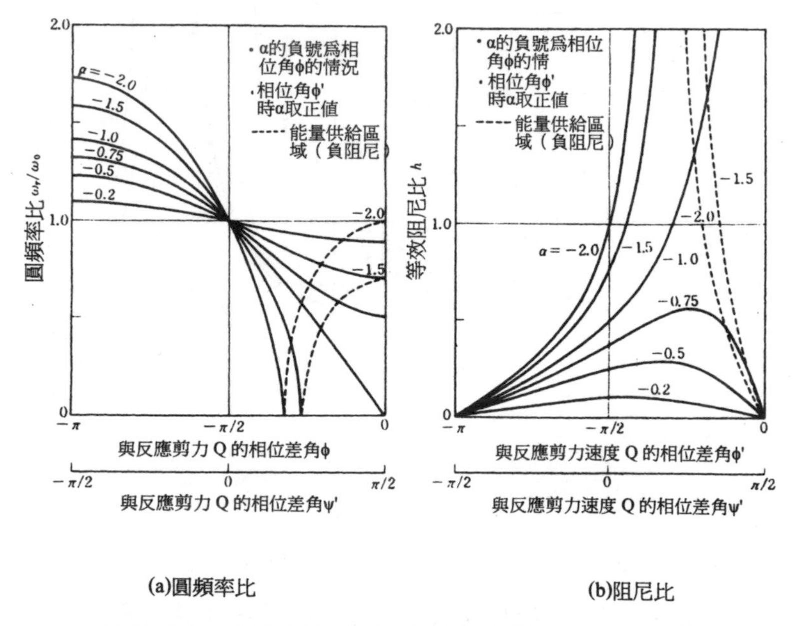

(a)圓頻率比　　(b)阻尼比

圖 10.26　由控制力產生的剛度和等效阻尼的變化

應剪力速度的相位延遲；圖 10.26(a)縱軸是控制力作用下結構物的共振圓頻率 ω_r 與無控振時固有圓頻率 ω_r 的比。圖 10.26 中係數α的符號在研究控振力與反應剪力的相位延遲ψ時必須反號；另外圖中的虛線是由於控振力提供給結構物的能量，反而振動被激勵的情況。

由圖 10.26(a)(b)，可得以下看法：

a)由於採用主動控制方法對結構施加控制力，結構的周期（剛度）發生變化。

b)控制力越大，結構物的周期變化越大。

c)施加控制力，可使結構的阻尼增大。

d)控制力越大，阻尼附加效果越大，但此效果隨控制力和反應各量的相位差驅動（時間延遲）的變化而變化。另外，在10.2.2⑴節段中給出的控制力是與反應剪力速度的相位差$\psi'\approx 0$的控制力，若從附加阻尼效果方面看，未必能說是最佳的方法。

下面，將就控制力效果產生的共振圓頻率ω_r及等效阻尼比h，應用到10.2.2⑴所示的粘性阻尼振動系上的情況加以討論。

首先，與反應剪力的相位差爲$\psi=-\dfrac{\pi}{2}$時，共振圓頻率ω_r與無控振時的圓頻率ω_0相等；這與一般的複數彈簧系相對應，⑴作用了控制力的振動方程式與式(10.22)相同，這個振動系的附加粘性阻尼比h_B可以認爲與履歷衰減得到的等效阻尼比h相等。

其次，當ψ不等於$-\dfrac{\pi}{2}$時，由於ω_r與ω_0不等，作用了控制力的運動方程式應採用新的振動系來評價。其主要著眼點在共振點附近，振動方程式如式(10.49)所示，控振力如式(10.50)所示：

$$\ddot{x}+2h\omega_r\dot{x}+\omega_r^2x=-\ddot{y}$$

$$m\ddot{x}+2h\sqrt{mk}\dot{x}+k'x=-m\ddot{y} \tag{10.49}$$

$$P=-2h\sqrt{mk'}\dot{x} \tag{10.50}$$

式中 ω_r——按式(10.46)定義的共振圓頻率；

h——按式(10.47)所定義的由履歷衰減得到的等效阻尼比；

$k'=m\omega_r^2$

以上，本章表示了主動控制方法的基本概念，並對數值分析例題進行了討論，但在推行實用化時仍需要進一步對也包含加力裝置特性的全系進行綜合而詳細的研究。

附錄

作爲參考，對如式(10.41)所示的複數彈簧系的傳遞函數 $H(ip)$ 解釋如下：

對於式(10.41)圖頻率$\overline{\omega_r}$用式(10.51)定義

$$\overline{\omega_r}=\sqrt{\overline{K}/m}=\omega_0^4\sqrt{1+\alpha^2+2\alpha\cos\psi} \tag{10.51}$$

$$\overline{h}=\pi K'x_0^2/(4\pi\cdot\frac{1}{2}\overline{K}x_0^2)=\frac{K'}{2K}=\frac{1}{2\sqrt{1+\alpha^2+2\alpha\cos\psi}} \tag{10.52}$$

$$H(ip)=\frac{1}{-p^2+\overline{K}e^{i\Theta}}\cdot\frac{1}{m}=\frac{1}{-p^2+\overline{K}\{(K/\overline{K})+i(K'/\overline{K})\}}\cdot\frac{1}{m}$$

$$=\frac{1}{-p^2+\overline{\omega_r}^2(\sqrt{1-4h^2}+2\overline{h}i)}\cdot\frac{1}{m}$$

$$=\frac{1}{\sqrt{1-4\overline{h}^2}-(p/\overline{\omega_r})^2+2\overline{h}i}\cdot\frac{1}{K}$$

$$=\frac{1}{\sqrt{\{1-(p/\overline{\omega_r})^2+2(1-\sqrt{1-4\overline{h}^2})(p/\overline{\omega_r})^2}}e^{-i\overline{\theta}}\frac{1}{K} \tag{10.53}$$

其中：$\overline{\theta}=\tan^{-1}\left(\frac{2\overline{h}}{\sqrt{1-4\overline{h}^2}-(p/\overline{\omega_r})^2}\right)$

式(10.53)的計算過程表明，式(10.48)與式(10.53)的內容完全一致，僅僅是靜剛度、圓頻率、等效阻尼比等的意義不同。

另外，圖 10.27 表示了以α爲參數的圓頻率 $\overline{\omega_r}$ 及等效阻尼比 $\overline{h}$ 與位相差的關係；$\overline{\omega_r}$ 、 $\overline{h}$ 分別由式(10.51)與式(10.52)計算。在此所有ψ的情況下 $\overline{\omega_r}$ 與ω都不同。爲了在粘性振動系考慮控制力作用時的效果，作爲振動方程式而言有必要用與(10.49)式同樣的新的振動系來評價。

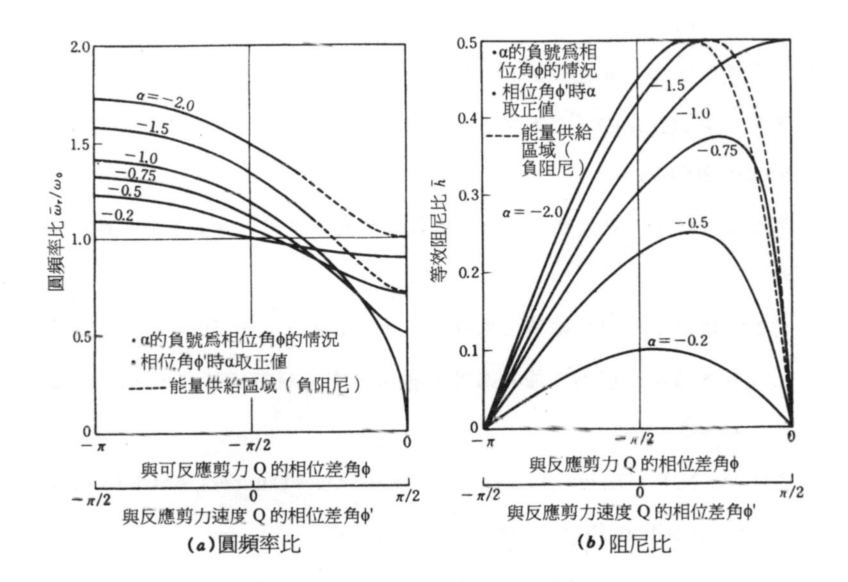

圖 10.27 控振力產生的剛性和等效阻尼比的變化

参考文獻

1) 辻　松雄：構造力學的耐風制振對策，日本風工學會誌，第 20 號，昭和 59 年 6 月。

2) 岩田義明ほか：減衰パラメータのオンライン制御によるセミアクティフサヌペンションの研究，機械學會第 24 回シンポジゥム講演論文集，No.870-3(87-7)。

3) 尾本義一ほか：自動制御理論，電氣學會大學講座，電氣學會，昭和 48 年。

4) 稲葉　博ほか：現代制御工學概論，オーム社，昭和 59 年。

5) 上滝致孝ほか：制御理論の基礎と應用，實用制御工學コース, オーム社，昭和 61 年。

6) Peterson, N. R.; Design of Large Scale Tuned Mass Dampers, ASCE Convention & Exposition, Boston, April 2-6, 1979.

7) 伊藤正美ほか：線形制御系の設計理論，計測自動制御學會，昭和 53 年。

8) 安藤和昭ほか：數值解析手法による制御系設計，計測自動制御學會，昭和 61 年。

9) Chang, T. and Soong, T. T.: Structural Control Using Active Tuned Mass Dampers, Proc. ASCE. ST6. pp. 1091-1098, 1980.

10) Rodeller, J., Alex, H. B. and Juan, M. M.: Predictive Control of Structures, Proc, of ASCE, ME6, pp. 797-812, 1987.

11) 柴田明德：最新耐震構造解析，最新建築學シリーズ 9，森北出版，1981.

附　錄

1. 日本工程常用單位制與國際單位制(SI)的對照

	工程單位制	國際單位制
力：	1 公斤力(kgf)＝ 9.8 牛頓(N)≈10N	
質　量：	1 公斤力・秒^2／米(kgf ・ s^2/m)＝ $\frac{1}{9.8}$ (kg)	
加速度：	1gal ＝ 1 厘米／秒^2(cm ／ s^2)	
速　度：	1kine ＝ 1 厘米／秒(cm/s)	

2. 本書中常用英文及英文縮寫

GL-Grourd Level	± 0 地平面
nFL-nFloov level	第 *n* 層樓面
RFL-Roof Floor Level	屋面
MnFL-Middle n Floor Level	第 *n* 個中間樓層
Mode	振型
CASE *n*	第 *n* 個工況

國家圖書館出版品預行編目資料

建築物隔震、防振與控振 / 武田壽一 等編著；王鎮遠 編譯. --初版. --台北市：鼎達實業. 2000[民 89]

面： 公分.

含參考書目

ISBN 957-97875-6-5 (平裝)

1. 建築物—防震

441.571 89014535

建築物隔震、防震與控振

定價：400 元

著　　者 武田壽一

譯　　者 王鎮遠

發 行 人 潘彥仰

執行編輯 趙　化

封面設計 黃一朗

出　　版 鼎達實業有限公司出版部

台北市羅斯福路三段 283 巷 4 弄 11 號 1 樓

Tel: (02)8369-2938 Fax: (02)2363-1063

總 經 銷 揚智文化事業股份有限公司

Tel：(02)2366-0309

Fax：(02)2366-0310

I S B N 957-97875-6-5

印　　刷 鼎易印刷事業有限公司

版　　次 2000 年 10 月 初版一刷